"十三五"应用型本科院校系列教材/化学类

主　编　金惠玉
副主编　任德财

现代仪器分析

Modern Instrumental Analysis

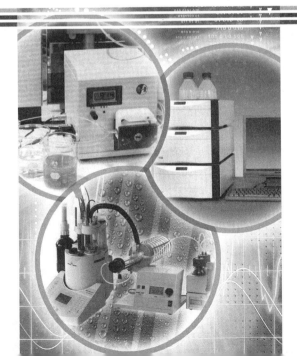

哈尔滨工业大学出版社

内 容 简 介

本书是依据教育部《关于"十二五"普通高等院校本科教材建设的若干意见》以及实用性原则,为应用型本科院校编写的仪器分析教材。

全书分为上篇和下篇,上篇为仪器分析理论基础,共13章,内容包括色谱分析、发射光谱分析、吸收光谱分析、质谱分析、核磁共振分析、电化学分析等。下篇为仪器分析实验,包含了21个与理论部分相配合的实验。本书注重了理论与实践的结合,注重了实验技术和仪器维护,关注了仪器分析方法的发展,知识点阐述精炼,好学易懂。

本书适合应用型本科非化学类相关专业现代仪器分析课程的基础教学,也可作为各相关领域技术人员的参考书。

图书在版编目(CIP)数据

现代仪器分析/金惠玉主编. —哈尔滨:哈尔滨工业大学出版社,2012.8(2022.1 重印)
ISBN 978 – 7 – 5603 – 3686 – 2

Ⅰ.①仪… Ⅱ.①金… Ⅲ.①仪器分析-高等学校-教材 Ⅳ.①O657

中国版本图书馆 CIP 数据核字(2012)第 163263 号

策划编辑	杜 燕
责任编辑	范业婷 夏 晔
出版发行	哈尔滨工业大学出版社
社 址	哈尔滨市南岗区复华四道街10号 邮编150006
传 真	0451–86414749
网 址	http://hitpress.hit.edu.cn
印 刷	哈尔滨市石桥印务有限公司
开 本	787mm×1092mm 1/16 印张 15.75 字数 355 千字
版 次	2012 年 8 月第 1 版 2022 年 1 月第 4 次印刷
书 号	ISBN 978–7–5603–3686–2
定 价	36.80 元

(如因印装质量问题影响阅读,我社负责调换)

《"十三五"应用型本科院校系列教材》编委会

主　任	修朋月	竺培国			
副主任	王玉文	吕其诚	线恒录	李敬来	
委　员	丁福庆	于长福	马志民	王庄严	王建华
	王德章	刘金祺	刘宝华	刘通学	刘福荣
	关晓冬	李云波	杨玉顺	吴知丰	张幸刚
	陈江波	林艳	林文华	周方圆	姜思政
	庹莉	韩毓洁	蔡柏岩	臧玉英	霍琳
	杜燕				

序

哈尔滨工业大学出版社策划的《"十三五"应用型本科院校系列教材》即将付梓,诚可贺也。

该系列教材卷帙浩繁,凡百余种,涉及众多学科门类,定位准确,内容新颖,体系完整,实用性强,突出实践能力培养。不仅便于教师教学和学生学习,而且满足就业市场对应用型人才的迫切需求。

应用型本科院校的人才培养目标是面对现代社会生产、建设、管理、服务等一线岗位,培养能直接从事实际工作、解决具体问题、维持工作有效运行的高等应用型人才。应用型本科与研究型本科和高职高专院校在人才培养上有着明显的区别,其培养的人才特征是:①就业导向与社会需求高度吻合;②扎实的理论基础和过硬的实践能力紧密结合;③具备良好的人文素质和科学技术素质;④富于面对职业应用的创新精神。因此,应用型本科院校只有着力培养"进入角色快、业务水平高、动手能力强、综合素质好"的人才,才能在激烈的就业市场竞争中站稳脚跟。

目前国内应用型本科院校所采用的教材往往只是对理论性较强的本科院校教材的简单删减,针对性、应用性不够突出,因材施教的目的难以达到。因此亟须既有一定的理论深度又注重实践能力培养的系列教材,以满足应用型本科院校教学目标、培养方向和办学特色的需要。

哈尔滨工业大学出版社出版的《"十三五"应用型本科院校系列教材》,在选题设计思路上认真贯彻教育部关于培养适应地方、区域经济和社会发展需要的"本科应用型高级专门人才"精神,根据前黑龙江省委书记吉炳轩同志提出的关于加强应用型本科院校建设的意见,在应用型本科试点院校成功经验总结的基础上,特邀请黑龙江省9所知名的应用型本科院校的专家、学者联合编写。

本系列教材突出与办学定位、教学目标的一致性和适应性,既严格遵照学科体系的知识构成和教材编写的一般规律,又针对应用型本科人才培养目标及与之相适应的教学特点,精心设计写作体例,科学安排知识内容,围绕应用讲授理论,做到"基础知识够用、实践技能实用、专业理论管用"。同时注意适当融入新理论、新技术、新工艺、新成果,并且制作了与本书配套的PPT多媒体教学课件,形成立体化教材,供教师参考使用。

《"十三五"应用型本科院校系列教材》的编辑出版,是适应"科教兴国"战略对复合型、应用型人才的需求,是推动相对滞后的应用型本科院校教材建设的一种有益尝试,在应用型创新人才培养方面是一件具有开创意义的工作,为应用型人才的培养提供了及时、可靠、坚实的保证。

希望本系列教材在使用过程中,通过编者、作者和读者的共同努力,厚积薄发、推陈出新、细上加细、精益求精,不断丰富、不断完善、不断创新,力争成为同类教材中的精品。

前　言

随着科研和生产的发展,仪器分析在分析检测工作中的作用越来越大,已成为分析化学的主要组成部分。仪器分析课程在高等院校是化学专业学生必修课程,而且食品、环境、生物、制药等专业也逐渐将仪器分析列为必修或选修课。为配合和适应应用型本科院校人才培养目标,编写了本书。

本书的主要特点是,以实用性为主,努力体现"应用为目的、必需够用为原则"的教学理念;以介绍仪器构造、理解基本原理为编写原则,减少了数学公式推导,加大了实用技术分量;重视先进性、前沿性,为开阔学生的视野,对各类仪器进行了前景展望和趋势介绍。

本书分为上下两篇,上篇为仪器分析理论基础,下篇为仪器分析实验。基本理论与基本实验相匹配,方便了理论与实践的同步教学。并考虑到各类仪器分析方法中样品前处理技术的快速发展,对每种分析方法的前处理方法也进行了较详细的介绍。下篇所选择的基本实验,在注重典型实验的基础上,增加了具有实际需求的应用性实验,既可满足学生掌握现代仪器需求,也可使学生接受到职业训练,有利于提高学生的学习兴趣以及对学生实际工作能力的培养。

本书由金惠玉任主编,任德财任副主编,其中上篇由金惠玉编写,下篇由任德财、金惠玉、杜宇虹编写,张煜参与仪器设备图的绘制和整理。在本书编写过程中,得到了黑龙江东方学院和食品与环境工程学部蔡柏岩主任的全力支持。在本书编写中参考了大量国内外教材、著作,还引用了某些图表和数据,在此谨向原作者表示衷心的感谢。

由于编者水平有限,不足之处在所难免,恳请广大专家和各位读者给予指正。

编　者
2012 年 3 月

目　　录

上篇　仪器分析理论基础

第 1 章　绪论 ··· 3
  1.1　仪器分析的特点和方法分类 ··· 3
  1.2　仪器分析方法的应用及发展趋势 ··· 4

第 2 章　色谱分析导论 ··· 6
  2.1　概述 ··· 6
  2.2　色谱分析法的基本原理 ··· 7
  2.3　定性和定量分析 ··· 12
  习题 ··· 15

第 3 章　气相色谱分析法 ··· 16
  3.1　气相色谱仪 ··· 16
  3.2　常用气相色谱检测器 ··· 18
  3.3　气相色谱固定相 ··· 22
  3.4　实验技术 ··· 25
  习题 ··· 29

第 4 章　液相色谱分析法 ··· 30
  4.1　概述 ··· 30
  4.2　液相色谱法的主要类型 ··· 31
  4.3　高效液相色谱仪 ··· 33
  4.4　实验技术 ··· 38
  习题 ··· 43

第 5 章　光谱分析导论 ··· 44
  5.1　概述 ··· 44
  5.2　光的基本性质 ··· 45
  5.3　原子光谱与分子光谱 ··· 48
  5.4　光谱仪 ··· 51
  5.5　光学分析法 ··· 53
  习题 ··· 54

第 6 章　原子发射光谱法 ········· 55
　　6.1　概述 ········· 55
　　6.2　原子发射光谱法的基本原理 ········· 56
　　6.3　原子发射光谱仪 ········· 57
　　6.4　实验技术 ········· 63
　　习题 ········· 65

第 7 章　原子吸收光谱法 ········· 66
　　7.1　概述 ········· 66
　　7.2　原子吸收光谱法的基本原理 ········· 67
　　7.3　原子吸收光谱仪 ········· 70
　　7.4　各种干扰及其抑制 ········· 76
　　7.5　实验技术 ········· 79
　　习题 ········· 82

第 8 章　氢化物发生-原子荧光光谱法 ········· 83
　　8.1　概述 ········· 83
　　8.2　原子荧光光谱法的基本原理 ········· 84
　　8.3　氢化物发生-原子荧光光谱仪 ········· 85
　　8.4　实验技术 ········· 87
　　习题 ········· 88

第 9 章　紫外-可见吸收光谱法 ········· 89
　　9.1　概述 ········· 89
　　9.2　紫外-可见吸收光谱法的基本原理 ········· 89
　　9.3　紫外-可见分光光度计 ········· 95
　　9.4　实验技术 ········· 97
　　习题 ········· 102

第 10 章　红外吸收光谱法 ········· 104
　　10.1　概述 ········· 104
　　10.2　红外吸收光谱法的基本原理 ········· 104
　　10.3　红外吸收光谱仪 ········· 111
　　10.4　实验技术 ········· 113
　　习题 ········· 116

第 11 章　核磁共振波谱法 ········· 117
　　11.1　概述 ········· 117
　　11.2　核磁共振波谱法的基本原理 ········· 117
　　11.3　核磁共振波谱仪 ········· 123
　　11.4　实验技术 ········· 126

  习题 ··· 127

第12章　质谱法 ·· 128
 12.1　概述 ··· 128
 12.2　质谱仪的构造及其工作原理 ··· 129
 12.3　质谱联用技术 ·· 136
 12.4　实验技术 ·· 137
  习题 ··· 139

第13章　电化学分析法 ·· 141
 13.1　概述 ··· 141
 13.2　电化学分析法的基础知识 ·· 141
 13.3　电位分析法 ··· 145
 13.4　伏安分析法 ··· 154
 13.5　电化学分析法新技术 ·· 164
  习题 ··· 165

下篇　仪器分析实验

仪器分析实验的基本要求 ··· 169
仪器分析实验预习的基本要求 ·· 170
实验1　气相色谱法测定苯系物 ·· 171
实验2　乙醇中微量水分的测定 ·· 173
实验3　气相色谱法测定葡萄酒中的乙醇含量 ·· 176
实验4　室内环境空气中甲醛含量的测定 ·· 178
实验5　高效液相色谱柱效能的评定 ··· 181
实验6　可乐、茶叶中咖啡因的高效液相色谱分析 ··· 183
实验7　原料乳与乳制品中三聚氰胺检测 ·· 186
实验8　婴幼儿食品和乳品中烟酸和烟酰胺的测定 ··· 188
实验9　婴幼儿食品和乳品中维生素A、D、E的测定 ·· 191
实验10　火焰原子吸收光谱法测定水中的铜 ··· 195
实验11　原子吸收光谱法测定奶粉中的钙、镁含量 ·· 197
实验12　微波消解原子荧光法测定食品中的砷 ·· 199
实验13　有机化合物紫外吸收光谱的绘制和应用 ··· 201
实验14　紫外分光光度法测定水杨酸含量 ··· 203
实验15　红外吸收光谱的测定及结构分析 ··· 205
实验16　红外吸收光谱测定聚乙烯膜和聚苯乙烯膜 ·· 207
实验17　氟离子选择电极测定水中的氟 ·· 210
实验18　自动电位滴定法测定水中Cl^-和I^-的含量 ·· 213
实验19　有机混合物气-质联用分离与鉴定 ··· 215

实验20 综合定性分析简单有机未知物 ··· 217
  实验21 设计实验 ··· 219
附　录 ··· 224
  附录1 紫外-可见分光光度计的常见故障和排除方法 ····································· 224
  附录2 比色皿的使用 ··· 225
  附录3 红外光谱仪的常见故障和排除方法 ·· 226
  附录4 原子吸收光谱仪的常见故障和排除方法 ··· 227
  附录5 气相色谱仪的常见故障和排除方法 ·· 228
  附录6 高效液相色谱仪的常见故障和排除方法 ··· 231
  附录7 固定萃取操作 ··· 234
参考文献 ··· 237

上篇 仪器分析理论基础

第 1 章

绪　论

1.1　仪器分析的特点和方法分类

1.1.1　仪器分析的基本内容和特点

仪器分析是以测量物质的物理性质或物理化学性质及变化规律为基础来确定物质的化学组成、含量以及化学结构的一类分析方法,由于这类方法需要比较复杂或特殊的仪器设备,故称为仪器分析。仪器分析是从分析化学中发展起来的一门学科,通常人们把分析化学中的方法分为化学分析和仪器分析两大类。近代化学分析起源于17世纪,而仪器分析则在19世纪后期才开始出现。前者是利用化学反应及其计量关系进行分析的方法,后者是利用精密仪器测量表征物质的某些物理性质或物理化学性质的参数来确定其化学组成、含量及化学结构的。

化学分析和仪器分析都是随着科学研究和技术的进步而发展起来的,它们各有所长、各有特点。仪器分析的主要特点如下。

1. 灵敏度高

仪器分析方法的灵敏度远高于化学分析,故可以测定样品中微量或痕量的组分。

2. 分析速度快

试样经预处理后直接上机,一般只需数分钟即可得出分析结果。而且随着计算机和仪器联用技术的发展,仪器分析更加迅速。

3. 样品用量少

仪器分析方法的高灵敏度,使得样品用量极少,有时只需数微克,甚至可以在不损坏试样的情况下进行无损分析。

4. 自动化程度高,重现性好

绝大多数仪器的自动化程度较高,人为的干扰因素少,分析结果的重现性较好。

5. 应用广泛

仪器分析方法众多,功能各不相同,不但可以定性、定量,还可以进行结构分析、形态分析、表面分析、微区分析及化学反应有关参数测定等。这使仪器分析不仅是重要的分析测试方法,而且是强有力的科学研究手段。

1.1.2 仪器分析方法的分类

原则上,凡能表征物质的物理性质和物理化学性质的参数都可被用做仪器分析依据,所以仪器分析的方法很多,并各自具有比较独立的方法原理。根据物质所产生的可测量信号的不同,仪器分析方法一般可分为表1.1所示的几类。

表1.1 仪器分析方法分类

分类	测量信号	分析方法	
		原子光谱法	分子光谱法
光学分析法	辐射的发射	原子发射光谱法、原子荧光光谱法、X射线荧光光谱法	分子发光(荧光,磷光,化学发光)光谱法、电子能谱等
	辐射的吸收	原子吸收光谱法、X射线吸收光谱法、γ射线吸收光谱法	紫外可见吸收光谱法、红外吸收光谱法、核磁共振波谱法
	衍射	X射线衍射法	电子衍射法
	散射		拉曼光谱法、浊度分析法
	转动		旋光色散分析法、偏振分析法、圆二色性分析法
	折射	折射分析法、干涉分析法	
电化学法	电位	电位分析法、电位滴定分析法	
	电流-电压	伏安分析法、极谱分析法	
	电阻	电导分析法	
	电量	库仑分析法	
色谱法	两相间的分配;分离-分析	气相色谱法、液相色谱法、毛细管电泳、薄层色谱、超临界流体色谱、离子色谱	
其他	质荷比	质谱分析法	
	热性质	热重分析法、差热分析法	
	核性质	中子活化分析	

1.2 仪器分析方法的应用及发展趋势

随着现代科学技术的发展,各学科相互渗透、相互促进、相互结合,一些新兴的领域不断开拓,使仪器分析的适用领域越来越广泛。21世纪是生命科学和信息科学的时代,它的四大领域(生命、信息、环境、资源)、五大危机(人口、粮食、能源、健康与环境)以及与国家安全相关的高技术都离不开分析化学的发展,仪器分析方法渗透在人们的衣食住行及国防中。因此,仪器分析不仅对化学领域本身的发展起着重大的推动作用,而且在国民经济建设、科学技术发展、食品安全、生命科学、环境保护等方面起着重要的作用,与环境科学、生命科学、新材料科学、食品安全检测有关的仪器分析法已经成为分析科学中最为热门的课题。

社会对仪器分析方法的新的需求正在日益增长,现在的检测目的已不再是获得已知分析物组成的定性、定量数据,而是要求用较少的时间、人力、物力和财力来获得有关研究体系的更深入的定性、定量和结构方面的信息,使之成为生产和科研问题的解决者。现代仪器分析正处于飞跃发展的新时期,并向着微观状态分析、痕量无损分析、活体动态分析、在线实时分析、微区分子水平分析、远程遥测分析、多技术综合联用分析、自动化高速分析的方向发展。目前主要的扩展方向有以下几方面。

1. 提高分析方法的灵敏度

例如引入激光技术用于光谱分析,促进激光共振电离光谱、激光拉曼光谱、激光诱导荧光光谱、激光质谱等10多种方法的发展,大幅度提高仪器灵敏度。

2. 提高分析方法的选择性

随着新化合物数量的快速增长,复杂体系的分离和测定已成为分析化学所面临的艰巨任务。开发以色谱、光谱和质谱为基础的各种联用技术,提高分析方法的选择性成为当前仪器分析方法研究的热点。

3. 扩展时空多维信息

现代仪器分析已不再局限于将待测组分分离和测量,而是成为一门为待测组分提供尽可能多的化学信息的科学。如现代核磁共振波谱、红外光谱、质谱等的发展,可提供有机物分子的精细结构、空间排列构型及寿命短至 1.0×10^{-12} s 的组分瞬态分析。

4. 微型化及微环境的表征与测定

电子学、光学和工程学的微型化发展,促进了现代分析化学深入到微观世界的进程。如电子探针技术可测定 1.0×10^{-15} g 的元素,所需试液只有 1.0×10^{-12} mL。电子光谱法的绝对灵敏度达到 1.0×10^{-18} g,可检测一个原子,到了定性分析的极限。微区分析法能在相当于一个原子直径(零点几纳米)的区域内测定。

5. 生物大分子及生物活性物质的表征与测定

采用超微型光学、电化学、生物选择性传感器和探针等手段,不但能在生命体和有机组织的整体水平上,而且能在分子和细胞水平上来认识和研究生命过程中某些大分子及生物活性物质的化学和生物本质。

6. 无损检测及遥测

傅里叶变换红外光谱、显微红外光谱等实现了非破坏性检测,如对稀有珍贵样品、文物、案件证物,可进行保全原物不受任何损坏的无损分析。应用激光雷达、激光散射等的遥测技术,还可为国防防御系统的设计提供理论和实验依据。

7. 自动化及智能化

目前,化学机器人已进入到生产过程,甚至生态过程控制的行列。专家系统作为人工智能可设计和开发实验方法,进行谱图分析和结构解释,使仪器分析真正向着快速、准确、自动、灵敏及适应特殊需求的方向迅速发展。

第 2 章

色谱分析导论

2.1 概述

色谱分析法是用来分离和分析多组分混合物质的一种极有效的分析方法。它利用混合物中各组分在两相间分配系数的差异,在两相相对运动过程中,使各组分在两相间经多次反复分配而获得分离,辅以各类检测器使其具有分离与检测为一体的功能。色谱法已在化学化工、食品安全检测、环境监测、制药、生命科学研究、材料科学研究等各领域广泛应用,它是近代分析化学中发展最快、应用最广的分离分析技术。

2.1.1 色谱分析法的发展

色谱分析法是将色谱法(分析技术)应用于分析化学中而发展起来的一门集分离和分析为一体的分析技术。

色谱法是由俄国植物学家茨维特(M. Tswett)于 1906 年首先提出来的。他把树叶的石油醚萃取液倒入一根预先填充好碳酸钙粉末的玻璃管中,然后不断地用纯净石油醚淋洗,随着提取液在淋洗液推动下缓慢移动,植物色素的各组分在柱内得到分离而形成了不同色层。茨维特把这种分离方法称为色谱法(Chromatography)。虽然后来的色谱法已不局限于有色物质的分离,但仍然沿用了色谱这个名称。茨维特实验中将相对于石油醚固定不动的碳酸钙称为固定相,装碳酸钙的玻璃管称为色谱柱,石油醚淋洗过程称为洗脱,洗脱液称为流动相,得到的色层图称为色谱图。

随着分离技术和色谱理论的研究和发展,色谱法不仅具有很高的分离能力,同时增加了检测能力,成为现代色谱分析法。在最近 50 多年中,先后出现了薄层色谱、气相色谱、高效液相色谱、离子色谱、凝胶色谱、毛细管色谱、超临界流体色谱、超高效液相色谱、合相色谱等,使得色谱分析法应用范围迅速扩大。

2.1.2 现代色谱分析法的特点及分类

1. 现代色谱分析法的特点

(1)高分离效能:可分离多组分复杂混合物。例如,一根长 30 m 的 SE-30 色谱柱,可以将炼油厂原油分离出 150~180 个组分。

(2) 高灵敏度:一次分析仅需 μg~ng 级样品,可检出 10^{-6}~10^{-14} g 的物质,因此在痕量分析中非常有用。

(3) 分析速度快:一般分析一个试样只需几分钟到几十分钟便可完成。

(4) 应用范围广:气相色谱适用于沸点低于 450 ℃ 的各种有机化合物和无机气体的分离分析。液相色谱适用于各类液体物质及生物试样的分离分析。离子色谱适用于无机离子及有机酸碱的分离分析。

2. 现代色谱分析法的分类

色谱分析法可以分为多种类型,但都是以固定相和流动相的相对运动为基础的,所以色谱分析过程一般都是通过以下流程完成的:

流动相 → 进样装置 → 分离柱(固定相) → 检测器 → 显示与数据处理

色谱分析法是一种包含多种分离类型、检测方法和操作方法的分离分析技术,分类可以从不同的角度进行。

(1) 按流动相和固定相的不同分类(表 2.1)。

表 2.1 色谱分析法分类

$$\text{色谱分析法}\begin{cases}\text{气相色谱法}\begin{cases}\text{气固色谱}\\\text{气液色谱}\end{cases}\\\text{液相色谱法}\begin{cases}\text{液固色谱}\\\text{液液色谱}\end{cases}\\\text{超临界色谱法}\\\text{合相色谱}\end{cases}$$

(2) 按分离机理的不同分类:在色谱分析分离过程中被测组分与固定相间的作用机理不完全相同,可将其分为:

① 吸附色谱法。利用组分在固定相上吸附力的不同而将组分分离的色谱。
② 分配色谱法。利用组分在液体固定相上溶解度的不同而将组分分离的色谱。
③ 离子交换色谱法。利用离子交换原理而将组分分离的色谱。
④ 凝胶渗透色谱法。利用分子大小不同而将组分分离的色谱。
⑤ 电色谱法。利用带电溶质在电场作用下移动速度不同而将组分分离的色谱。
⑥ 亲和色谱法。利用不同组分与固定相的高专属性亲和力来进行分离的色谱。
⑦ 其他。

(3) 按固定相形状分类:可分为柱色谱法、薄层色谱法、纸色谱法等。

2.2 色谱分析法的基本原理

2.2.1 色谱分离过程及原理

色谱分离过程是在色谱柱内完成的,分离原理因固定相性质的不同而不同,但是色谱分离的过程都具有以下共同点:

(1) 色谱分离都具有流动相和固定相,流动相带着样品对固定相进行相对运动。

(2) 被分离的组分对流动相和固定相有不同的作用力。这种作用力分为吸附能力、溶解能力、离子交换能力、渗透能力等。

当被分离试样由流动相携带进入色谱柱并与固定相接触时,会与固定相发生作用,即被固定相吸附、溶解等。随着后面流动相的不断涌入,被溶解或吸附的组分又从固定相中挥发或脱附出来,并被向前推进。随着流动相向前移动中吸附、脱附或溶解、挥发反复发生过程称为组分的分配过程。如果各组分在两相中的分配比例不同,则当分配过程达到一定次数后,各组分就将逐渐分开,在固定相中分配比例小的组分最先流出。将检测器响应信号对时间作图就可得到色谱流出曲线,称为色谱图(如图2.1所示)。

在色谱分离中,我们常用分配系数(K)来描述组分对流动相和固定相的作用力的差别,即

$$K = \frac{\text{组分在固定相中的浓度}}{\text{组分在流动相中的浓度}} = \frac{C_S}{C_M} \tag{2.1}$$

分配系数的大小与组分的热力学性质有关。在色谱分析中,只有当各组分的分配系数有差异时,各组分才能达到彼此分离。一定温度下,组分的分配系数越大,即组分在固定相中保留的浓度越大,流出色谱柱越迟缓。由此可见,色谱分离的根本原因是不同物质在两相间具有不同的分配系数。分离过程就是当两相(流动相和固定相)做相对运动时,试样中的各组分在两相中进行反复多次的分配,使得原来分配系数只有微小差异的各组分产生很大的分离效果,所以足够的分配次数是分离的必要条件。

2.2.2 色谱分析中的重要参数

色谱分析中的重要参数包括色谱图参数和色谱分离参数。色谱图提供了色谱分析的各种信息,是被分离组分在色谱分离过程中的热力学因素和动力学因素的综合体现,也是色谱定性定量的基础。色谱分离参数指出了物质分离的可能性,色谱柱对被测组分的选择性,以及色谱条件的选择依据。

1. 色谱图基本术语和参数

(1) 基线:当无试样通过检测器时,在实验条件下,反映检测器系统噪声随时间变化的线,称为基线。稳定的基线应该是一条水平的直线,即图2.1中 OC。

① 基线漂移:指基线随时间定向的缓慢变化。

② 基线噪声:指由各种因素所引起的基线起伏。

(2) 峰高(h):从基线到峰最大值的距离,即图2.1中 AB'。色谱峰的高度与组分的浓度有关,分析条件一定时,峰高是定量的依据。

(3) 区域宽度:衡量色谱峰宽度的参数,有以下三种表示方法:

① 标准偏差(σ):60.7%峰高处峰宽的一半,即图2.1中 EF 的一半。

② 峰底宽(Y):峰两侧拐点处切线与基线两相交点之间的距离,即图2.1中 CD,$Y = 4\sigma$。

③ 半峰宽($Y_{\frac{1}{2}}$):峰高一半处色谱峰宽,即图2.1中 GH,$Y_{\frac{1}{2}} = 2\sigma\sqrt{2\ln 2} \approx 2.355\sigma$。

(4) 保留值:描述各组分色谱峰位置的参数,表示试样中各组分在色谱柱中滞留情

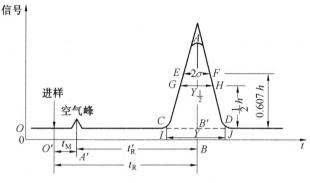

图 2.1 色谱流出曲线

况,常用时间或将组分带出色谱柱所需的流动相(载气)体积值来表示。条件固定时,任何物质都有一个确定的保留值(即具有特征性),这是色谱分析的定性依据。

用时间表示的保留值包括:

① 保留时间(t_R):指从进样开始到出现峰极大值时所需要的时间,如图 2.1 中 $O'B$。

② 死时间(t_M):指不与固定相作用的物质从进样到出现峰极大值时所需要的时间,如图 2.1 中 $O'A'$。常用不易被吸附的空气或不易被溶解的甲烷测定。它与色谱柱的空隙体积成正比。

③ 调整保留时间(t'_R):$t'_R = t_R - t_M$,代表了组分与固定相作用所需要的时间。

保留时间可作为色谱定性的依据,但同一组分的保留时间常受到流动相流速的影响,它们是条件的函数。因此保留值也可用保留体积表示,这样可以不随流动相流速变化。

用体积表示的保留值包括:

④ 死体积(V_M):指色谱柱管内固定相颗粒间空隙、管路和连接头空隙、检测器空隙的总和。$V_M = t_M \cdot q_{V,0}$,式中 $q_{V,0}$ 为柱出口处载气的平均流量,mL·min^{-1}。

⑤ 保留体积(V_R):$V_R = t_R \cdot q_{V,0}$。

⑥ 调整保留体积(V'_R):$V'_R = V_R - V_M$。V'_R、V_R 均与载气流量无关。载气流量 $q_{V,0}$ 提高,则 t'_R 值下降,两者乘积仍为常数,所以 V'_R、V_R 更能合理地反映被测组分的保留特性。V_M 反映了柱和仪器系统的几何特性,它与被测物质无关。

2. 色谱分离基本参数

(1) 相对保留值(r_{21}):指在相同色谱条件下,组分 2 与组分 1 的调整保留值之比,即

$$r_{21} = \frac{t'_{R(2)}}{t'_{R(1)}} = \frac{V'_{R(2)}}{V'_{R(1)}} \tag{2.2}$$

相对保留值反映了固定相对分离组分的选择性,也称为"选择因子(α)"。它仅与柱温及固定相性质有关,与其他操作条件,如柱长、柱填充情况及载气的流速都无关。在色谱定性分析中,常选用一个组分作为标准,其他组分与标准组分的相对保留值作为色谱定性的依据。

(2) 分配比(k):也称容量因子、容量比。指在一定温度、压力下,在固定相和流动相达到分配平衡时,组分在两相中的质量之比。

$$k = \frac{m_S}{m_M} = \frac{t'_R}{t_M} \tag{2.3}$$

分配比是衡量固定相对被分离组分的保留能力的重要参数。

分配系数和分配比的关系为

$$K = \frac{C_S}{C_M} = \frac{m_S/V_S}{m_M/V_M} = k\frac{V_M}{V_S} = k \cdot \beta \tag{2.4}$$

式中　　V_M—— 流动相的体积；

　　　　V_S—— 固定液的体积或吸附剂的表面容量，即比表面积；

　　　　β—— V_M 与 V_S 之比，称相比（相比率），它是反映色谱柱柱型特点的参数。

选择因子与分配系数、分配比的关系为

$$\alpha = \frac{t'_{R(2)}}{t'_{R(1)}} = \frac{k_{(2)}}{k_{(1)}} = \frac{K_{(2)}}{K_{(1)}} \quad （注意 t'_{R(2)} > t'_{R(1)}） \tag{2.5}$$

2.2.3　色谱法基本理论

色谱法基本理论有塔板理论和速率理论，分别从热力学角度和动力学角度阐述了色谱分离效能和影响分离效果的因素。

1. 塔板理论

该理论将色谱分离过程比做精馏过程，即假设色谱柱是由一系列连续的、相等高度的塔板组成，在每一块塔板上被分离组分很快达到分配平衡，色谱柱内每达成一次分配平衡所需要的柱长称为塔板高度 H，对于长度为 L 的色谱柱，组分分配的次数为

$$n = \frac{L}{H} \tag{2.6}$$

式中　　n—— 理论塔板数。

塔板理论的主要贡献是：

（1）推出色谱曲线方程，指出当 $n_{理论} > 50$ 时，色谱流出曲线趋于正态分布。

流出曲线方程为

$$c = \frac{c_0}{\sigma\sqrt{2\pi}}\exp\left[-\frac{1}{2}\left(\frac{t-t_R}{\sigma}\right)^2\right] \tag{2.7}$$

式中　　c—— 时间为 t 时某物质在出口处的浓度；

　　　　c_0—— 样品初始浓度；

　　　　σ—— 标准偏差；

　　　　t_R—— 保留时间。

（2）提出柱效的评价指标，由流出曲线方程可以导出理论塔板数与保留时间、半峰宽之间的关系为

$$n_{理论} = 5.54\left(\frac{t_R}{Y_{\frac{1}{2}}}\right)^2 = 16\left(\frac{t_R}{Y}\right)^2 \tag{2.8}$$

$$n_{有效} = 5.54\left(\frac{t'_R}{Y_{\frac{1}{2}}}\right)^2 = 16\left(\frac{t'_R}{Y}\right)^2 \tag{2.9}$$

式中　　$n_{理论}$——理论塔板数；
　　　　$n_{有效}$——有效塔板数。

由式(2.8)、式(2.9)可以看出,固定相不变的情况下,色谱峰越窄,塔板数越大。塔板数越大,表示组分在色谱柱中分配平衡的次数越多,组分间分配系数上的差异表现得越充分,分离效果越好,色谱柱的柱效能越高,因此 n 或 H 可作为柱效能的指标。

值得注意的是,在相同的色谱条件下,对不同的物质计算所得到的塔板数不同,也就是说同一根色谱柱,塔板高度是变化的,因此在评价柱效时,应注明测定物质。

色谱柱的塔板数越高,表示柱效越高,因而对分离越有利。但不能预言并确定各组分是否有被分离的可能,因为分离的可能性取决于试样混合物在固定相中分配系数的差异,而不取决于分配次数的多少,因此不应把 $n_{理论}$ 或 $n_{有效}$ 作为有无实现分离可能性的依据,而只能把它看作一定条件下柱分离能力发挥程度的指标。

2. 速率理论

速率理论的贡献是从动力学角度解释了影响塔板高度的因素,提出了 Van Deemter 方程

$$H = A + \frac{B}{u} + Cu \tag{2.10}$$

式中　　H——理论塔板高度；
　　　　u——流动相的平均线速度。

显然当 u 一定时,A、B、C 三项较小时才能使 H 较小,即柱效较高。在此方程中,A 是涡流扩散系数,与填充物的平均粒径大小和填充不规则因子有关,而与载气性质、线速度和组分性质无关,可以通过使用较细粒度和颗粒均匀的填料,并尽量填充均匀来减小涡流扩散；B 是分子纵向扩散系数,与组分的性质、载气的流速、性质、温度、压力等有关,为减小 B 项可以采用相对分子质量大的载气和增加其线速度的方法；C 是传质阻力系数,它与填充物粒度的平方成正比,对于液相色谱,传质阻力项是柱效的主要影响因素,减小固定相粒度或减小固定相液膜厚度是减小传质阻力项的最有效方法。

2.2.4　分离度

分离度也称分辨率,用 R 表示,常用其作为柱的总分离效能指标。定义其大小为相邻两色谱峰保留值之差与两峰底宽度总和的一半的比值,即

$$R = \frac{(t_{R2} - t_{R1})}{\frac{1}{2}(Y_1 + Y_2)} = \frac{(t'_{R2} - t'_{R1})}{\frac{1}{2}(Y_1 + Y_2)} \tag{2.11}$$

相邻两色谱峰保留值之差主要反映固定相对两组分的选择性,峰的宽窄则反映了分离过程的动力学因素。因此,R 是两组分热力学性质和分离过程的动力学因素的综合反映,分离方程式(2.12)表示了柱效 n、选择因子 α 和容量因子 k 三个参数对色谱分离度的影响。

$$R = \frac{\sqrt{n_{理论}}}{4}\left(\frac{\alpha - 1}{\alpha}\right)\left(\frac{k}{k+1}\right) = \frac{\sqrt{n_{有效}}}{4}\left(\frac{\alpha - 1}{\alpha}\right) \tag{2.12}$$

理论上证明,若两组分峰高接近,峰形对称且满足正态分布,则当 $R = 1.0$ 时,分离程度可达98%,基本分开;当 $R = 1.5$ 时,分离程度可达99.7%;当 $R < 1$ 时,明显分不开。因此 $R = 1.5$ 通常用作两组分是否分开的判据。

利用色谱流出图可直观地了解多个重要信息。

(1) 色谱峰的个数:可以判断混合物试样至少有几个组分。
(2) 色谱峰的位置:保留时间是试样的特征值,可对试样进行定性分析。
(3) 色谱峰的大小:信号与被测物质的含量成比例变化,可用于定量分析。
(4) 色谱峰的宽度:是评价色谱柱分离效能的依据。
(5) 色谱峰的峰间距:评价了固定相和色谱条件的选择是否适宜。

2.3 定性和定量分析

通过色谱分析法测定被测试样可以获得色谱图,它能够给出与试样的组成和含量有关的信息。但是需要了解和掌握定性和定量的具体方法,才能根据信息确定试样的组成和含量。气相色谱和液相色谱的定性、定量分析原理及方法是相同的。

2.3.1 定性分析

色谱定性分析就是要确定色谱图中各个峰的归属。色谱法定性是依据各种物质在一定的色谱条件(固定相、操作条件)下均有确定不变的保留值,因此保留值就可作为一种定性的指标。保留时间常常受到载气流速的影响,使重现性较差。因此常选择仅与柱温有关而不受操作条件影响的相对保留值 r_{21} 作为定性指标。

但是要注意在相同的色谱条件下,不同物质也可能有相近或相同的保留值,所以仅凭色谱法对未知物定性是有一定困难的,通常还要结合其他的仪器分析方法进一步确认。下面是几种色谱分析中常用的定性方法。

1. 纯物质对照法

对组成不太复杂的样品,在一定的操作条件下,可以通过比较已知纯物质和未知组分的保留时间来定性,如果保留时间相同,可初步认为它们属同一种物质。为了提高定性分析的可靠性,还可以进一步改变色谱条件(分离柱、流动相、柱温等)或在样品中添加标准物质,如果被测物的保留时间仍然与已知物质相同,则可以认为它们为同一种物质。

2. 文献值对照法

当没有纯物质时,可利用文献提供的保留值来定性。如相对保留值 r_{21}、柯瓦兹保留指数 I 等,在与文献相同的实验条件下测得的保留数据与文献值对照,即可确定被测组分。如果将对照法定性与保留值规律定性结合,如碳数规律、比保留体积等,则可以大大提高定性结果的准确度。

3. 联用技术法

将色谱与质谱、红外光谱、核磁共振谱等具有定性能力的分析方法联用,复杂的混合物先经色谱分离成单一组分后,再利用质谱仪、红外光谱仪或核磁共振谱仪进行定性。近年来,色谱 - 质谱联用、色谱 - 红外联用已成为分离、鉴定复杂体系最有效的手段。

2.3.2 定量分析

1. 定量依据

在一定的操作条件下,被分析物质的质量 m_i 与检测器上产生的响应信号(色谱图表现为峰面积 A_i 或 h_i) 成正比,即

$$m_i = f_i A_i \tag{2.13}$$

式中　f_i——绝对校正因子。

这是色谱定量分析的依据。

因此,定量分析时只要能准确测量峰面积 A_i,准确求出校正因子 f_i,并选用合适的定量方法就可以求出被测组分的含量。

2. 定量校正因子

$$f_i = \frac{m_i}{A_i} \tag{2.14}$$

式中　f_i——单位峰面积所代表的某组分的含量。

由于绝对校正因子 f_i 主要由仪器的灵敏度决定,并与操作条件密切相关,不易准确测得。在实际定量分析中,常采用相对校正因子 f'_i,即组分的绝对校正因子 f_i 与某一标准物质绝对校正因子 f_s 之比

$$f'_i = \frac{f_i}{f_s} \tag{2.15}$$

相对校正因子只与被测物质和检测器类型有关,与色谱条件和固定液的性质无关。一般文献上提到的校正因子就是相对校正因子。

同一检测器对不同物质具有不同的响应值,就是说等量的不同物质在同一检测器上产生的响应信号(峰面积、峰高)往往是不相同的,相同量的同一物质在不同检测器上的响应信号也不相同。所以引入相对校正因子加以校正,它能够把混合物中不同组分的峰面积(或峰高)校正为相当于某一标准物质的峰面积(或峰高),然后用校正的信号值计算各组分的含量。

常见化合物在热导检测器和火焰离子化检测器上的校正因子还可以从气相色谱手册和有关文献中查到,一般热导检测器常以苯作为标准物质,而火焰离子化检测器常以正庚烷为标准物质。

另外,某组分 i 与其等量的标准物质的响应值之比称为相对响应值 S_i,它与相对校正因子互为倒数,即

$$S_i = \frac{1}{f_i} \tag{2.16}$$

S_i 也是只与被测组分、标准物质及检测器类型有关,不受操作条件和固定液性质的影响。

3. 峰面积的测量

对于正态分布的色谱峰,峰面积 A 的计算式为

$$A = 1.065\, Y_{\frac{1}{2}} \cdot h \tag{2.17}$$

目前的色谱仪都配有电子积分仪或微处理机,能自动识别和分割各种峰,所以无论色

谱峰是否对称,都会准确测量出峰面积或峰高,精确度可达0.2%~1%,对于小峰或不规则的峰也能得到精确的结果。

4. 常用的几种定量方法

(1) 归一化法。是将试样中所有组分的含量之和按100%计算,即若试样中有 n 个组分,各组分的量分别为 $m_1, m_2, \cdots, m_n$,则 i 组分的含量 w_i 为

$$w_i = \frac{m_i}{m_1 + m_2 + \cdots + m_n} \times 100\% = \frac{f_i A_i}{\sum_{i=1}^{n}(f_i A_i)} \times 100\% \tag{2.18}$$

归一化法的优点是简便、准确,是相对定量方法,进样量和操作条件变动对测定结果影响不大。但缺点是仅适用于试样中所有组分全部出峰且分离的情况,所有组分的 f_i 均需测出才能计算。

(2) 外标法。又称标准曲线法。用待测试样的纯物质配成不同浓度的系列标准溶液,分别取相同体积进样分析,由所测得的峰面积或峰高对浓度作图即为标准曲线。然后在相同的色谱操作条件下,分析待测试样,根据待测试样的峰面积或峰高,在标准曲线查出或计算待测组分的含量。

外标法是最常用的定量方法。其优点是不需要测定校正因子,结果的准确性较高。缺点是操作条件变化对结果的准确性影响较大,对进样量的准确控制要求较高,适用于大批量试样的快速分析。

(3) 内标法。内标法是在未知样品中加入已知浓度的标准物质(内标物),然后比较内标物和被测组分的峰面积,从而确定被测组分的浓度的方法。

内标法的做法是准确称取一定量的含有 i 组分的试样 $m(g)$,再准确加入已知量的内标物 $m_s(g)$,混合后进样并测得 A_i 和 A_s,然后根据下式计算出 i 组分的浓度 w_i。

由 $m_i = f_i A_i, m_s = f_s A_s$,所以有

$$\frac{m_i}{m_s} = \frac{A_i f_i}{A_s f_s}$$

i 组分的试样含量 w_i 为

$$w_i = \frac{m_i}{m} \times 100\% = \frac{\frac{A_i f_i}{A_s f_s} m_s}{m} = \frac{m_s}{m} \frac{A_i f_i}{A_s f_s} \times 100\% \tag{2.19}$$

内标物选择需满足:① 内标物与被测组分的性质相似;② 内标物的出峰位置应该与被分析物质相近,且又能完全分离;③ 试样中不含有该物质。

内标法的优点是定量准确,不要求严格控制进样量和操作条件,试样中含有不出峰的组分不影响测定。由于试样与内标物处于同一基体中,测定条件的变化是相同的,可消除系统误差。

缺点是必须选择合适的内标物,并要多次准确称取或量取试样和内标物,比较费时,不适合大批量试样的快速测定。

为了减少称量和数据计算的麻烦,可用内标标准曲线法进行定量。由式(2.19)可见,如果将试样的取样量和内标物的加入量固定,则式(2.19)可以简化为

$$w_i = \frac{m_i}{m} \times 100\% = \frac{A_i}{A_s} \times 常数 \times 100\% \tag{2.20}$$

亦即被测物的质量分数与 $\frac{A_i}{A_s}$ 成正比。因此,可以配制含有等量内标物的系列标准溶液和试样溶液,在相同的色谱条件下进行测定,以 $\frac{A_i}{A_s}$ 对标准溶液浓度(w_i)绘制标准曲线,如图 2.2 所示,从图中查出被测组分的含量。若各组分的相对密度比较接近,则由于可用量取溶液的体积来代替称量,使方法更加简便。此方法不必测出校正因子,也不需严格定量进样,适合于液体试样的常规分析。

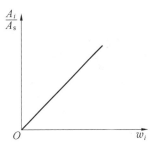

图 2.2　内标标准曲线

习　题

1. 色谱分析分离的依据是什么？一个组分的色谱峰可用哪些参数描述？色谱图上的色谱峰流出曲线反映了哪些具体信息？

2. 在某一个特定的色谱柱上,物质 A 和物质 B 的分配系数分别是 460 和 430,在色谱分离时首先流出的是哪种物质？为什么？

3. 当下列参数改变时:(1)柱长缩短;(2)固定相改变;(3)流动相流速增加;(4)相比减少,是否会引起分配系数的改变？为什么？

4. 当下列参数改变时:(1)柱长增加;(2)固定相量增加;(3)流动相流速减小;(4)相比增大,是否会引起分配比的改变？为什么？

5. 为什么可用分离度 R 作为色谱分离效能总指标？

6. 能否根据理论塔板数来判断分离的可能性？为什么？

7. 色谱定性的依据是什么？主要有哪些定性方法？

8. 色谱定量分析的依据是什么？主要的定量方法有哪些？它们各有什么特点？

9. 定量分析中为什么要用定量校正因子？哪些情况下可以不用校正因子？

10. 用一根长 3 m 的填充柱得到如图 2.3 所示的色谱图,若分离度达到 1.5,柱长度最短需多少？

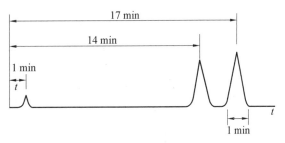

图 2.3　色谱图

11. 分析某种试样时,两个组分的相对保留值 $r_{21}=1.11$,柱的有效塔板高度 $H=1$ mm,需要多长的色谱柱才能完全分离？

第3章 气相色谱分析法

3.1 气相色谱仪

气相色谱法(Gas Chromatography)是用气体作为流动相的色谱法。它具有分离效能高、选择性好、灵敏度高、样品用量少、分析速度快及应用范围广等优点。气相色谱法主要应用于分析气体和沸点低于450 ℃的各类混合物。据统计,能用气相色谱法直接分析的有机物约占全部有机物的20%。

3.1.1 气相色谱法的一般流程

气相色谱法中把作为流动相的气体称为载气。它的一般流程如图3.1所示,载气自钢瓶经减压后输出,通过净化器、稳压阀或稳流阀、转子流量计后,以稳定的流量连续不断地流过汽化室、色谱柱、检测器,最后放空。被测物质(若是液体,须在汽化室内瞬间汽化)随载气进入色谱柱,根据被测组分的不同分配性质,它们在柱内形成分离的谱带,然后在载气携带下先后离开色谱柱进入检测器,转换成相应的输出信号,并记录成色谱图。

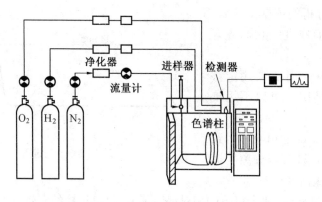

图3.1 气相色谱仪结构示意图

3.1.2 气相色谱仪的结构

气相色谱仪的型号和种类较多,但它们都是由气路系统、进样系统、色谱柱、检测系统、温度控制系统、检测器和信号处理系统等部分组成的。

1. 载气系统

载气系统包括气源、气体净化器、气路控制器,它的作用是提供稳定而可调节的气流以保证气相色谱仪的正常运转。常用的气源有 H_2、N_2、He 等。在实际应用中,载气的选择主要是根据检测器的特性来决定,同时考虑色谱柱的分离效能和分析时间,例如氢火焰离子化检测器中,氢气是必用的燃气,氮气用作载气。载气的纯度、流速对色谱柱的分离效能、检测器的灵敏度均有很大影响,所以常采用净化干燥管除去载气中的微量水和杂质,用稳压阀控制载气的恒定流速。

2. 进样系统

进样系统包括进样器和汽化室,它的作用是引入试样并使其瞬间汽化。进样方式有注射器手动进样和自动进样。一般气体样品可以用六通阀进样,进样量由定量管控制;液体样品可以用微量注射器或自动进样器进样,手动进样重复性比较差,大批量样品的常规分析上常用自动进样器,重复性很好。在毛细管柱气相色谱(流程如图 3.2 所示)中,由于毛细管柱样品容量很小,一般采用分流进样器,即在样品汽化后只允许一小部分被载气带入色谱柱,大部分被放空。进入柱内的样品量与进样量的比例,称为分流比。分流比的计算公式为

$$\text{分流比} = \frac{\text{分流出口流量} + \text{柱流量}}{\text{柱流量}}$$

例如,总流量为 100 mL·min^{-1},柱流量为 3 mL·min^{-1},隔垫吹扫 2 mL·min^{-1},分流流量为 95 mL·min^{-1},分流比就是 33∶1。

通常采用的分流比为 1∶10 ~ 1∶200。

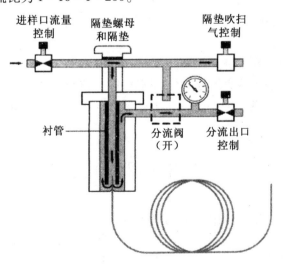

图 3.2 毛细管柱气相色谱分流/不分流进样口结构

3. 分离系统

分离系统就是色谱柱,是气相色谱仪的心脏,它的作用是使试样在柱内移动中得到分离。色谱柱基本有两类:填充柱和毛细管柱。填充柱是将固定相填充在金属或玻璃管中(常用内径 4 mm),固定相的填充情况及固定相的颗粒大小对柱效有很大影响。毛细管柱是柱内径通常为 0.1~0.5 mm 的空心弹性石英毛细管,柱长 30~200 m,可分为开管毛细管柱、填充毛细管柱等。近年应用得较多的是开管毛细管柱(即空心毛细管柱),它的固定相是通过在内壁涂渍或化学键合的方式固定在毛细管壁上的,其分离效率比填充柱要高得多。

空心毛细管柱的特点:

(1)柱效高。由于毛细管柱是内壁涂渍或键合一层固定相的空心管,涡流扩散不存在,传质阻力小,谱带展宽小,因此一根毛细管柱的理论塔板数可达 $10^4 \sim 10^6$。

(2)分析速度快。空心毛细管使得载气流速很高,组分在固定相中的传质速度极快。

(3)柱容量较小。一薄层固定液膜(约 0.1~1 μm),使容量因子 k 降低,允许的进样量很小。一般允许液体样品为 $10^{-2} \sim 10^{-3}$ μL。所以常采用分流进样。

4. 检测系统

检测系统通常是由检测元件、放大元件和显示记录元件组成,它的作用是对柱后已被分离的组分按其浓度或质量随时间的变化情况转换为电信号,经放大和记录,并给出色谱图。原则上,被测组分和载气在性质上的任何差异都可以作为设计检测器的依据,但在实际中常用的检测器只有几种,如热导检测器、氢火焰离子化检测器、电子捕获检测器等。

5. 温度控制系统

温度是色谱分离条件中的重要选择参数,温度控制系统通常有电源部件、温控部件和微电流器等。汽化室、检测器、色谱柱三部分均需准确温度控制。汽化室温度的控制是为了保证液体试样在瞬间汽化而不发生分解。控制检测器的温度是为了保证被分离的组分在此不冷凝,并且检测器的温度变化对检测灵敏度有影响。色谱柱的温度直接影响组分的分配系数,而且当分析复杂样品时需设定不同温度,即采用程序升温以保证各组分在最佳温度下分离。

6. 检测器和信号处理系统

检测器是将载气里被分离组分进行识别处理,并转变为电信号(常为电压或电流)的装置。由检测器输出的电信号,一般是非常微弱的,经放大处理后由自动积分仪或色谱工作站来记录色谱峰。

3.2 常用气相色谱检测器

3.2.1 检测器的类型和性能评价指标

1. 检测器的类型

气相色谱检测器种类较多,根据应用范围可分为通用型和选择型。

(1)通用型检测器:对所有物质均有响应,如热导检测器。

(2)选择型检测器:对某一类物质有响应,如火焰光度检测器仅对含硫、磷的物质有响应。

根据检测原理的不同,又可分为浓度敏感型和质量敏感型。

(1)浓度敏感型检测器:测量的是载气中某组分通过检测器时的浓度变化,如热导检测器。

(2)质量敏感型检测器:测量的是载气中某组分通过检测器时的质量变化,当进样量一定时,色谱峰面积与载气流速无关,但峰高与载气的流速成反比。所以用峰高定量时,要严格控制载气的流速,如氢焰离子化检测器、火焰光度检测器等。

2. 检测器的性能评价指标

(1)灵敏度(S):检测器灵敏度是评价检测器好坏的重要性能指标。检测器的灵敏度又称为响应值或应答值。

单位质量(m)的物质通过检测器时所产生的响应信号(R),称为检测器对该物质的灵敏度,即响应信号对进样质量的变化率。

$$S = \frac{\Delta R}{\Delta m} \tag{3.1}$$

在一定范围内,信号与通过检测器的物质质量呈线性关系时,$S = R/m$。对于浓度敏感型检测器,S 的单位为 (mV·mL/mg);对于质量敏感型检测器,S 的单位为(mV·s/mg)。

(2)检出限(D)和最小检出量(Q):检测器的灵敏度只能反映出检测器对某物质产生的响应信号的大小,并没有反映出检测器本身的噪声 R_N(见图3.3)。因为检测器的输出信号可以用电子放大器放大,但其噪声也被同时放大,所以检测器的性能如何,不仅要看灵敏度的高低,还要注意检出限的大小。

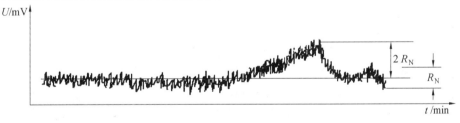

图3.3 噪声和检出限示意图

检出限是指检测器恰好产生与噪声相区别的信号时,在单位体积或时间需向检测器输入的物质的质量(单位为g)。一般认为可与噪声(R_N)相区别的信号至少等于噪声的2倍或3倍。即检出限(D)为

$$D = \frac{2R_N}{S} \tag{3.2}$$

一般说来,检出限越小,说明检测器越灵敏。

检测器恰能产生色谱峰高等于2R_N(噪声)时,需进入色谱仪的样品量称为最小检出量(Q)。最小检出量不仅与检测器性能有关,而且与分离柱及操作条件有关。

(3)线性范围:检测器的线性范围指样品浓度与检测器响应值之间的线性变化范围,即灵敏度保持不变的区域,用试样的最大进样量与最小进样量之比表示。

表 3.1 列出了常用气相色谱检测器的性能。

表 3.1 常用气相色谱检测器性能比较

检测器	类型	选择性	检出限	线性范围	适用范围
热导检测器	浓度	无	10^{-9} mg·mL^{-1}	10^5	各类化合物
氢火焰离子化检测器	质量	有	10^{-12} mg·s^{-1}	10^7	含碳有机化合物
电子俘获检测器	浓度	有	10^{-14} mg·mL^{-1}	$10^2 \sim 10^4$	含卤素、氧、氮化合物
火焰光度检测器	质量	有	10^{-13} mg·s^{-1}(P) 10^{-11} mg·s^{-1}(S)	10^4(P) 10^3(S)	含硫、磷化合物

3.2.2　常用检测器

1. 热导检测器 (Thermal Conductivity Detector , TCD)

热导检测器属于浓度敏感型检测器,即检测器的响应值与组分在载气中的浓度成正比。它是基于不同物质具有不同的热导系数的原理设计的,是目前应用最广泛的通用型检测器。

(1) 基本构造。

热导检测器由池体、热敏元件和测量电路连接而成。池体由不锈钢制成,分为测量池和参比池,内分别装有如铼丝、镍丝、铼—钨丝等金属丝作的热敏元件。热敏元件和外电路组成惠斯登电桥。

检测时,热丝和池体间存在一定温差,载气或载气加样品流过热丝表面时,引起热传导的变化,热敏元件电阻值也相应变化。

(2) 检测原理

热导检测器的工作原理如图 3.4 所示。两个装在热导池内的热敏元件 R_3、R_4 及电阻 R_1、R_2 组成惠斯登电桥的四个臂。检测时,当参比池 R_3 和检测池 R_4 都通入载气时,调节 R_1 使电桥平衡,此时没有信号输出,$R_1 \times R_4 = R_2 \times R_3$。但当参比池通入载气,而检测池通入由色谱柱分离后的被载气所携带的组分时,由于载气和组分的热导系数不同,带走热敏元件 R_4 的热量大小不同,致使 R_3 的电阻值与通入载气时的电阻值不同。$R_1 \times R_4 \neq R_2 \times R_3$,电桥失去平衡,这种阻值变化用惠斯通电桥测定出来。

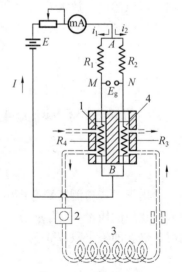

图 3.4　热导检测器示意图
1—参考池腔;2—进样器;3—色谱柱;
4—测量池腔

热导检测器操作时,要适当增加桥电流、选择与被测组分热导系数差大的载气。增加桥电流,加大热敏元件与池体间的温差,可提高检测器的灵敏度。选择的载气与组分间的热导系数差越大,检测也就越灵敏。最理想的载气是相对分子质量小的氢气和氦气,但氦气价格昂贵,所以比较常用氢气或氮气。

(3)特点。

热导检测器结构简单,稳定性好,线性范围较宽(105),价格便宜,对所有物质均有响应,但灵敏度较低。

2. 氢火焰离子化检测器(Flame Ionization Detector,FID)

氢火焰离子化检测器是气相色谱中最常用的检测器,是质量敏感型检测器,依据有机物质在氢火焰中燃烧时发生电离并产生微电流而设计的。

(1)基本构造。

主要部分是离子室。离子室一般用不锈钢制成,包括气体入口、石英火焰喷嘴、一对电极(发射极和收集极)和外罩。以氢气在空气中燃烧生成的火焰为能源。

(2)检测原理。

氢火焰离子化检测器的结构及检测示意图如图3.5所示。载气(包括从色谱柱分离出来的组分)和氢气混合后,以空气作为助燃气,在火焰喷嘴上燃烧。组分中的含碳有机物在高温火焰中被离子化,产生数目相等的正离子和负离子(电子)。当在发射极上加 50~300 V 负电压,与收集极形成电场时,负离子被收集极收集,形成离子流。由于有机物在氢焰中的离子化效率很低,电离程度约为 $1\times10^{-5} \sim 1\times10^{-14}$ A 的微弱离子流,这些微弱离子流通过电阻转换成电压信号,再经过放大送至记录仪记录。

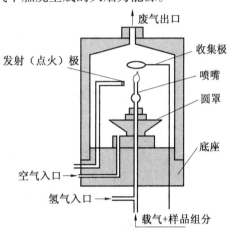

图 3.5 氢火焰离子化检测器示意图

(3)特点。

氢火焰离子化检测器死体积小,响应快,线性范围宽(1×10^{7}以上),对含碳氢的有机物具有很高的灵敏度($1\times10^{-10} \sim 1\times10^{-12}$ g)。缺点是对无机气体、水、四氯化碳等含氢少或不含氢的物质几乎无响应。

3. 电子俘获检测器(Electron Capture Detector,ECD)

电子俘获检测器是一种对电负性大的物质有响应的、气相色谱检测器中灵敏度最高的浓度敏感型检测器,依据含有电负性元素的物质具有俘获电子能力而设计的。

(1)基本构造。

如图3.6所示,检测池内有一个圆筒状 β 放射源(^{63}Ni 或 ^{3}H)作为阴极,不锈钢棒作为阳极,池上下有载气入口和出口,在两极间施加一直流或脉冲电压。

(2)检测原理。

当从色谱柱流出的载气(N_2)流经检测池时,载气在离子室内受放射源射出的 β 射线的轰击而被电离,形成正离子和电子,在电场作用下,正离子和电子发生迁移而形成电流(基流)。当含有较大电负性的组分被载气带入 ECD 时,基流的电子被电负性样品(AB)捕获,形成负离子,并与载气正离子复合成中性分子,然后被载气携带出检测器。其反应过程为

$$N_2 \xrightarrow{\beta} N_2^+ + e$$

$$AB+e \longrightarrow AB^- + E(能量)$$
$$AB^- + N_2^+ \longrightarrow AB + N_2$$

此时基流下降,即色谱图出现"倒峰"。

(3)特点。

对含有卤素、氧、氮等基团的物质具有很高的选择性和灵敏度,检出限可达 10^{-14} g·mL^{-1},线性范围 $10^3 \sim 10^4$。载气的纯度对基流有影响,所以氮气要除氧等电负性物质,且纯度大于 99.99%。为防止电极室污染,应始终保持电极室温度高于柱温 50 ℃。

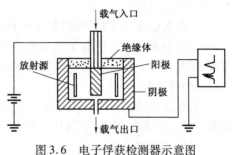

图 3.6 电子俘获检测器示意图

4. 火焰光度检测器(Flame Photometric Detector, FPD)

(1)基本构造。

火焰光度检测器主要由氢火焰和分光光度计两部分组成,包括火焰喷嘴、石英窗、滤光片和光电倍增管等。

(2)检测原理。

当含有硫或磷的化合物进入检测器后,在富氢-空气的火焰中燃烧和激发,发射出特征光谱,这些特征光谱通过分光,由光电转换器转换为电信号,并记录为色谱图。硫发射特征光谱为 394 nm(蓝紫色),磷发射特征光谱为 526 nm(绿色)。

(3)特点。

火焰光度检测器属质量敏感型检测器,对含 S、P 化合物有较高的灵敏度和选择性,检出限对磷可达 10^{-13} g·s^{-1},对硫可达 10^{-11} g·s^{-1},相对其他检测器价格较贵。

5. 质谱检测器(MS)

该检测器具有灵敏度高、定性能力强等特点,能提供被分离组分的相对分子质量和结构信息,GC-MS 联用既可以定量也可以定性。GC-MS 联用已经成为常规应用的分离分析方法,是复杂基质中痕量分析简便、灵敏的首选方法。质谱检测器(即质谱仪)的结构及工作原理将在第 12 章中详细叙述。

3.3 气相色谱固定相

气相色谱分离过程是在色谱柱中完成的,而分离的效果主要取决于柱中的固定相性质。分离对象的多样性决定了没有一种固定相能够满足所有试样的需要,因此对于不同的分离对象,需要采用不同的固定相。通常按照分离机理的不同分为气固色谱固定相和气液色谱固定相。

3.3.1 气固色谱固定相

1. 固定相的种类

气固色谱固定相的种类有限,常用的有非极性的活性炭、弱极性的氧化铝、极性的分子筛、强极性的硅胶及多种极性的高分子微孔球等。其性能和分离特征见表 3.2 和表 3.3。

表 3.2 气固色谱法常用的吸附剂及其性能

吸附剂	主要化学成分	最高使用温度/℃	性质	分离特征	备注
活性炭	C	<300	非极性	分离永久性气体*及低沸点烃类,不适合于分离极性化合物	—
石墨化炭黑	C	>500	非极性	分离气体及烃类,对高沸点有机化合物也能获得较高对称峰型	—
硅胶	$SiO_2 \cdot xH_2O$	<400	氢键型	分离永久性气体及低级烃,O_2,N_2,CO,CH_4,C_2H_6,C_2H_4,N_2O,NO,NO_2	CO_2,O_2,对CO_2可逆性吸附
氧化铝	Al_2O_3	<400	弱极性	分离烃类及有机异构物,在低温下可分离氢的同位素,O_2,N_2,CO,CH_4	对CO_2强吸附,故不适合分离
分子筛	$x(MO) \cdot y(Al_2O_3) \cdot z(SiO_2) \cdot nH_2O$	<400	极性	特别适用于永久性气体和惰性气体的分离,H_2,O_2,N_2,CO,CH_4,CO,He,Ne,Ar	—
GDX	多孔聚合物	见表3.3	极性不同	见表3.3	—

注:* 永久性气体:沸点和临界点都低于室温的气体。

表 3.3 国内外高分子多孔微球的性能比较

来源	牌号	化学组成	极性	温度上限/℃	分离特征
国内产品	GDX-101	二乙烯苯交联共聚	非极性	270	气体及低沸点化合物
	GDX-201	二乙烯苯交联共聚	非极性	270	高沸点化合物
	GDX-301	二乙烯苯,三氯乙烯共聚	弱极性	250	乙炔、氯化氢
	GDX-401	二乙烯苯,含氮杂环共聚	中极性	250	氯化氢中微量水
	GDX-501	二乙烯苯,含氮极性有机物共聚	中强极性	270	C4,烯烃异构体
	GDX-601	含强极性基团的二乙烯苯共聚	强极性	200	分析环乙烷、苯
国外产品	Porapark-P	苯乙烯,乙基苯乙烯,二乙烯苯共聚	最小极性	250	乙烯与乙炔
	Porapark-P-S	Porapark-P 硅烷化	—	250	—
	Porapark-Q	乙基苯乙烯,二乙烯苯共聚	最小极性	250	正丙醇与叔丁醇
	Porapark-Q-S	Porapark-Q 硅烷化	—	250	—
	Porapark-R	苯乙烯,二乙烯苯及极性单体共聚	中极性	250	正丙醇与叔丁醇
	Porapark-S	同上	中强极性	300	—
	Porapark-N	同上	中极性	200	—
	Porapark-T	同上	强极性	200	—

高分子多孔微球(国产商品牌号为 GDX)是以苯乙烯和二乙烯苯作为单体,经悬浮共聚所得到的交联多孔聚合物,由于 GDX 系列不仅具有各种极性,而且具有耐腐蚀、耐辐射等性能,所以成为应用较多的固定相。高分子多孔微球有别于其他吸附剂,对水、羟基化合物的亲和力极小,并且基本按照相对分子质量大小分离,故特别适于分析试样中的痕量水含量,并会在一般有机物之前出峰,也适用于多元醇、脂肪酸、腈类等强极性物质的测定。

2. 分离原理

在气固色谱中,固定相是表面具有吸附活性的吸附剂,当含有多组分的样品随载气通过色谱柱时,因为吸附剂对各组分的吸附能力不同,经过多次反复地吸附与脱附过程,各种组分彼此得到分离。组分在吸附剂表面的吸附情况,可用吸附等温线描述。

3. 气固色谱的特点

固体吸附剂的特点是吸附容量大、化学稳定性和热稳定性好,主要应用于分离永久性气体和相对分子质量低的烃类化合物,特别对烃类异构体有较好的选择性和较高的分离效率。缺点是吸附剂的性能与制备、活化条件都有很大关系,故不同批次、不同厂家及不同活化条件都能使分离效能差异较大。吸附剂本身的吸附等温线也常常不呈线性,所得的色谱峰往往不对称。加之固体吸附剂的种类较少,使得应用范围受到限制。

3.3.2 气液色谱固定相

气液色谱固定相由固定液和担体构成。固定液是指涂渍在担体表面上,在使用温度下呈液态的能使混合物获得分离的物质;担体是指能为固定液的涂渍提供大的惰性固定表面的物质。由于固定液的种类繁多,气液色谱成为气相色谱的主流。

1. 担体(载体)

气液色谱中所用载体多为化学惰性的、具有较高的热稳定性和机械强度的多孔固体颗粒,分为硅藻土型和非硅藻土型两类。硅藻土型是由天然硅藻土经过煅烧而成的,非硅藻土型主要是氟担体、玻璃微球担体和高分子微球担体。使用最多的是硅藻土型担体。

2. 固定液

固定液通常都是高沸点、难挥发、热稳定的有机化合物或高分子聚合物。固定液的特点是组分在两相中的分配是线性的,可得到良好的对称色谱峰;组分保留值的重现性好,色谱柱寿命长;固定液的种类繁多,选择余地大。

一般按照分子结构、极性、应用等将固定液进行分类。在各种色谱手册中,一般将固定液按有机化合物的分类分为脂肪烃、芳烃、醇、酯、聚酯、胺、聚硅氧烷等,并给出每种固定液的相对极性、使用温度、常用溶剂等数据。表 3.4 中列出了部分常用固定液及其性能。

3. 气液色谱的分离原理

气液色谱分离是根据混合物中各组分在固定液中的溶解度不同,或者说它们的分配系数不同,通过在气液两相间的多次分配平衡而实现的。分配系数的大小是由组分与固定液分子间的作用力所决定的。

分子间的相互作用力包括取向力、诱导力、色散力和氢键力。取向力是极性分子与极性分子之间的作用力,分子的极性越大,取向力就越大。诱导力是极性分子和非极性分子之间的作用力。色散力是非极性分子之间的相互作用力,一般相对分子质量越大,色散力越大。氢键力是在含有活泼氢原子的分子和含有电负性大的原子(如 N、O、F 等)的分子之间的作用力,氢键力介于化学键力和色散力之间,在分子间作用力中最强。极性是固定液最重要的分离特性。

表 3.4 常用固定液及其性能

固定液名称	极性	最高使用温度/℃	溶剂	用途
角鲨烷(异三十烷) 2,6,10,15,19,23-六甲基二十四烷	非	140	乙醚、甲苯	非极性标准固定液,分析烃类和非极性化合物
甲基聚硅氧烷(SE-30)(OV-1)	非	300	氯仿	高沸点、非极性或弱极性化合物
苯基(50%)甲基聚硅氧烷(OV-17)	中等	350	丙酮	弱极性化合物、甘油三酯、酚、甾类等化合物
邻苯二甲酸二壬酯(DNP)	中等	130	乙醚	烃、酮、酯及弱极性化合物
聚丁二酸二乙二醇酯(DEGS)	强	250	丙酮	极性化合物
聚乙二醇(PEG)(M_w 300~20 000)	氢键型、强极性	60~225	氯仿、乙醇	极性化合物,如醇、醛、酮、酯

3.4 实验技术

3.4.1 固定相及使用条件的选择

1. 固定相的选择原则及方法

对于气固色谱,可选择的固定相的种类较少,因此根据试样的性质及吸附剂应用范围进行简单选择。对于气液色谱,固定液的选择依据"相似相溶"原则,被测组分将按照组分与固定液间作用力大小的不同而先后出峰。选择固定液的具体方法如下:

(1) 分离非极性样品时,通常选用非极性固定液。对于非极性和弱极性分子而言,物质间的主要作用力为色散力,组分按沸点的高低先后流出,沸点低的先出峰。

(2) 分离极性样品时,一般选用极性固定液。物质间的主要作用力为取向力,极性越强作用力越大,按极性顺序流出,极性低的先流出。

(3) 分离极性和非极性混合物时,通常选用极性固定液。物质间较强的作用力为取向力和诱导力。此时,非极性组分先出峰,极性或易被极化的组分后出峰。

(4) 分离能形成氢键的组分时,一般选择极性或氢键型固定液,试样各组分按与固定液分子间形成氢键能力的大小不同流出色谱峰,易形成氢键的最后流出。

2. 柱温的确定

柱温主要影响分配系数,因此直接影响分离度和保留时间。选择柱温的原则,一般是在保证能使最难分离物质分离的条件下,尽可能采用低柱温,这样的优点是可以增加固定相的选择性,减少分子扩散,提高柱效,减少固定液的流失。柱温一般选择接近或略低于组分平均沸点。

对于组分复杂、沸程宽的试样,一般采用程序升温法进行分离。即在分离过程中,柱温按预先设定的程序随时间线性或非线性的增加,使各组分均能在最适宜的温度下分离。

图 3.7 为宽沸程试样在恒定柱温及程序升温时的分离结果比较。图 3.7(a)为柱温恒定于 45 ℃ 时的分离结果,只有 5 个组分流出色谱柱,低沸点组分分离较好;图 3.7(b)为柱温恒定于 120 ℃ 时的分离情况,因柱温升高,t_R 缩短,但低沸点组分分离不好;图 3.7(c)为程序升温时分离情况,从 30 ℃ 起每分钟升温 5 ℃,显然,这种方式能将低沸点及高沸点组分在各自适宜的温度下得到良好的分离。

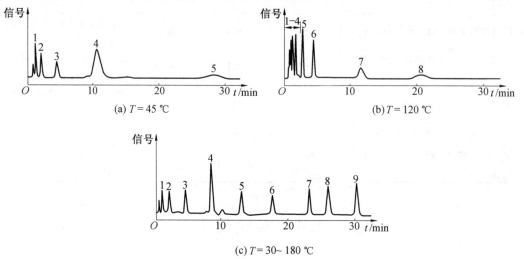

图 3.7 宽沸程试样在恒定柱温及程序升温时的分离结果比较

3.4.2 载气种类及流速的选择

1. 载气种类的选择

气相色谱中载气种类的选择应考虑三个方面:载气对柱效的影响、检测器的要求及载气的性质。载气的种类主要影响峰展宽和检测器的灵敏度。一般热导检测器需要使用热导率较大的氢气,以提高检测灵敏度。在氢火焰离子化检测器中,氮气仍是首选载气。对于电子俘获检测器,必须选择高纯氮气做载气。选择载气时还应综合考虑载气的安全性和经济性。

2. 载气流速的选择

载气的流速主要影响分离效率和分析时间。为获得高柱效,应选择最佳流速。根据速率方程式(2.10)

$$H = A + \frac{B}{u} + Cu$$

用在不同流速下测定的塔板高度 H 对流速 u 作图,得 H-u 曲线图(见图 3.8)。在曲线的最低点,塔板高度最低。但为缩短分析时间,一般选择载气流速要高于最佳流速。

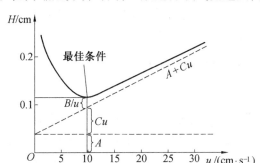

图 3.8 塔板高度与载气流速的关系

3.4.3 进样量及汽化温度的选择

1. 进样量的选择

进样量应控制在柱容量允许及检测器线性检测的范围之内。一般只要检测器的灵敏度足够高,进样量越少,越有利于得到良好的分离。通常气体样品为 0.1~1 mL,液体样品为 0.1~1 μL。进样速度要快,时间要短,以减小纵向扩散。

2. 汽化温度的选择

汽化温度取决于样品的挥发性、沸点范围及进样量等因素。汽化温度选择不当,会使柱效下降。对于气相色谱,一般选择汽化温度比柱温高出 30~50 ℃,应避免汽化温度过高而造成试样分解。

以上介绍的是气相色谱条件选择的基本原则,实际应用中还是应以实验结果为准。

3.4.4 微量注射器的结构与使用

液体样品一般是通过汽化室把溶剂和样品转化为蒸汽,然后进入色谱柱。微量注射器是容量精度很高的器件,其误差小于±0.5%,气密性为 0.2 MPa。它是由玻璃和不锈钢材料制成的,其结构有两种。一种是有死角的固定针尖式注射器,容量为 10~100 μL 的注射器属于这种结构。它的针头有寄存容量,吸取溶液时,容量会比标定值多 0.5 μL 左右(即针头容量)。另一种是无死角的注射器,与针尖连接的针尖螺母是可以旋下的,紧靠针头部位垫有硅橡胶垫圈,以保证注射器的气密性良好。注射器芯子使用的是直径为 0.1~0.15 mm 不锈钢丝,直接通到针尖,故无寄存容量,0.5~1 μL 的微量注射器属于此种结构。

微量注射器进样操作是用注射器定量量取试样,由针刺入进样器的硅橡胶密封垫圈,手动推芯子注入试样。微量注射器的优点是使用灵活,缺点是进样重复性较差,进样相对误差为 2%~5%,在多次进样后易漏气,需要及时更换。微量注射器型号有 1 μL、5 μL、10 μL、50 μL、100 μL 等。

微量注射器使用时应注意以下几点:

(1)注射器要保持清洁,使用前后都要用丙酮或乙醚等溶剂进行洗涤。

(2)用注射器取液体试样时,针管要用试液润洗,然后再慢慢抽入试样,并经过排气泡后进行进样操作。

（3）取好样品后应立即进样,完成后立即拔针。针尖在进样器中的位置、插入速度、停留时间和拔出速度等,都会影响进样的重复性。

3.4.5 气相色谱仪的日常维护

1. 清洗

气路的清洗:色谱仪工作一段时间后,在色谱柱与检测器之间的气路可能被污染,最好卸下来用乙醇浸泡冲洗几次,干燥后再接上。空气压缩机出口至色谱仪空气入口之间,经常会出现冷凝水,应将入口端卸开,再打开空气压缩机吹干。为清洗汽化室,可先卸掉色谱柱,在加热和通载气的情况下,由进样口注入乙醇或丙酮反复清洗,继续加热通载气使汽化室干燥。

热导池检测器的清洗:拆下色谱柱,换上一段干净的短管,通入载气,将柱箱及检测器升温到200～250 ℃,从进样口注入2 mL乙醇或丙酮,重复几次,继续通载气至干燥。如果没清洗干净,可小心卸下检测器,根据污染物的性质先用高沸点溶剂进行浸泡清洗,然后再用低沸点溶剂反复清洗。切勿将热丝冲断或使其变形,与池体短路。洗净后使溶剂挥发,装到仪器上,然后加热检测器,通载气数小时后即可使用。

氢火焰检测器的清洗:若检测器沾污不太严重时,将色谱柱取下,用一根管子将进样口与检测器连接起来,然后通载气将检测器升温至120 ℃以上,从进样口注入20 μL左右蒸馏水,再注入几十微升的丙酮或氟利昂溶剂反复清洗。发现离子室发黑、生锈、绝缘能力降低而发生漏电时,必须卸下收集极、极化极和喷嘴,用乙醇浸泡擦洗,然后用吹风机吹干。再将陶瓷绝缘体用乙醇浸泡、冲洗、吹干。各部件烘干、部件装入仪器后,要先通载气运行至少30 min,再升高检测室的温度。实际操作过程中最好先在120 ℃下保持数小时后,再升至工作温度。

2. 色谱柱的日常维护

（1）新制备或新安装的色谱柱使用时必须在进样前进行老化处理。

（2）色谱柱暂时不用时,应将其从仪器上拆下,在柱两端套上不锈钢螺帽,以免柱头被污染。

（3）每次关机前应将柱温度降到50 ℃以下,一般为室温,然后再关电源和载气。

（4）对于毛细管柱,使用一段时间后柱效会有大幅度降低,往往表明固定液流失太多,有时也可能只是由于一些高沸点的极性化合物的吸附而使色谱柱失去分离能力。这时可以在高温下老化,用载气将污染物冲洗出来。若柱的性能仍不能恢复,就得从仪器上拆下,将柱头截去10 cm或是更长,去除掉最容易被污染的柱头后再安装测试,往往能恢复柱的性能。如不起作用,可再反复注射溶剂进行清洗,常用的溶剂依次为丙酮、甲苯、乙醇、氯仿和二氯甲烷。每次进样5～10 μL,这一方法常能奏效。

3. 检测器系统的日常维护

（1）热导检测器(TCD)的维护

①尽量采用高纯气源;载气与样品气中应无腐蚀性物质、机械性杂质和其他污染物。

②至少通入0.5 h载气后再升温和接通桥电流,保证将气路中的空气赶走,以防止热

丝元件的氧化。未通载气严禁加载桥电流,否则将热丝烧坏。实验中先通入载气,再开电源。实验结束时,首先切断桥电流,检测室温度低于 100 ℃时,关掉电源,再关载气。

③根据载气的性质,桥电流不允许超过额定值。如载气用 N_2 或 Ar 时,桥电流应控制为 100～150 mA;用 H_2 或 He 时,则应为 100～270 mA。

(2)氢火焰离子化检测器(FID)的维护

①尽量采用高纯气源,空气必须经过 5A 分子筛充分净化;用 N_2 做载气比用其他气体做载气灵敏度高。

②在一定范围内增大空气和氢气流量可以提高灵敏度,但 H_2 流量过大反而会降低灵敏度,空气流量过大会增加噪声,一般应在最佳的 N_2/H_2 比以及最佳空气流速条件下使用,参考最佳流量比为氮气∶氢气∶空气=1∶1∶10。

③色谱柱必须经过严格的老化处理后再与检测器连接。

④长期使用会使喷嘴堵塞,应经常对喷嘴进行清洗。经常用无水乙醇等有机溶剂清洗离子化室。

习　　题

1. 简要说明气相色谱分析的分离原理。
2. 气相色谱仪主要由哪几部分组成？各有什么作用？
3. 常用气相色谱检测器有几种？各有什么特点？
4. 试述热导检测器的工作原理。有哪些因素影响热导检测器的灵敏度？
5. 试述氢火焰离子化检测器的工作原理。
6. 分离温度与组分保留时间有什么关系？温度升高,色谱峰将如何改变？
7. 选择气液色谱固定液的基本原则是什么？如何判断化合物的出峰顺序？
8. 毛细管柱的结构特点是什么？为什么具有很高的分离效率？

第4章 液相色谱分析法

4.1 概 述

高效液相色谱法(High Performance Liquid Chromatography,HPLC)是1964~1965年开始发展起来的一项新颖快速的分离分析技术。它是在经典液相色谱法的基础上,引入了气相色谱的理论,在技术上采用了高压、高效固定相和高灵敏度检测器,使之发展成为高分离速度、高分辨率、高效率、高检测灵敏度的液相色谱法。目前该方法已成为分析复杂物质的有力武器,特别是在对高沸点、热不稳定的有机化合物、天然产物及生化试样的分析方面具有难以取代的地位。

HPLC是在GC高速发展的情况下发展起来的。它们之间在理论上和技术上有许多共同点,两种色谱的基本理论相同,定性定量的方法相同。而在分析对象、流动相和操作条件上有如下差别。

(1)分析对象。GC虽然具有分离能力强、灵敏度高、分析速度快的特点,但是一般只能分析沸点低于450℃、相对分子质量较小的物质,而对热稳定性差、沸点较高的物质,都难用气相色谱分析。因此,GC只能分析占有机物总数约20%的物质。而HPLC只要求试样制成溶液,不受试样挥发性的限制,所以对于高沸点、热稳定性差、相对分子质量大的有机物原则上都可以分析。

(2)流动相。GC用气体做流动相,可做流动相的种类较少,主要起到携带组分流经色谱柱的作用。HPLC用液体做流动相,液体分子与样品分子之间的作用力不能忽略,由于流动相对被分离组分可产生一定亲和力,流动相的种类对分离起各自不同的作用,因此液相色谱分析除了进行固定相的选择外,还可通过调节流动相的极性、pH值等来改变分离条件,比GC增加了一个可供选择的重要参数。

(3)操作条件及仪器结构。GC通常采用程序升温或恒温加热的操作方式来实现不同物质的分离,而HPLC则通过在常温下采取高压的操作方式以克服液体流动相带来的阻力。为了提高分离效能,HPLC常配备梯度洗脱装置。

4.2 液相色谱法的主要类型

根据分离机制(固定相)的不同,高效液相色谱法可分为下述几种类型:液-固吸附色谱法、液-液分配色谱法、离子对色谱法、离子交换色谱法、离子色谱法、空间排阻色谱法和亲合色谱法等。根据仪器类型不同,又可分为高效液相色谱仪、超高效液相色谱仪、离子色谱仪和凝胶色谱仪,超临界色谱仪,合相色谱仪等。

4.2.1 液-固吸附色谱法

液-固吸附色谱法就是使用固体吸附剂作为固定相,利用不同组分在固定相上吸附能力的不同而分离。分离过程是吸附-解吸附(脱附)的平衡过程,是溶质分子(X)和溶剂分子(S)对吸附剂表面的竞争吸附。

$$X_m + nS_a \rightleftharpoons X_a + nS_m$$

式中 m、a——流动相和固定相;

n——吸附的溶剂分子数。

这种竞争达到平衡时,就有

$$K = \frac{[X_a][S_m]^n}{[X_m][S_a]^n} \tag{4.1}$$

式中 K——吸附平衡常数,K 值大表示组分在吸附剂上保留的能力强,难于洗脱。K 值可通过吸附等温线数据求出。

常用的吸附剂为硅胶或氧化铝,其中前者应用最为广泛。硅胶的吸附活性是表面的硅羟基产生的。硅胶如果吸水,一部分硅羟基因会与水形成氢键而失去活性,致使吸附能力下降。

液-固吸附色谱适用于分离相对分子质量为 200~1 000、且能溶于非极性或中等极性溶剂的脂溶性样品的分离,特别适用于分离同分异构体。不适用于分离含水化合物和离子型化合物。

4.2.2 液-液分配色谱法

液-液分配色谱法的流动相和固定相都是液体,并且是互不相溶的,对于亲水性固定液,宜采用疏水性流动相。作为固定相的液体是涂在或化学键合在惰性载体上的,涂渍在载体上的固定液易被流动相逐渐溶解而流失,所以目前多用化学键合固定相。

化学键合固定相(Chemically Bonded Phase)是利用化学反应将有机分子以化学键的方式固定到载体表面,形成均一、牢固的单分子薄层。但当固定液分子不能完全覆盖担体表面时,其担体表面的活性吸附点也会吸附组分。这样对于这种固定相来说,具有吸附色谱和分配色谱两种功能。所以,键合液-液色谱的分离原理,既不是完全的吸附过程,也不是完全的液-液分配过程,两种机理兼而有之,只是按键合量的多少而各有侧重。

液-液分配色谱中不仅固定相的性质对分配系数有影响,而且流动相的性质也对分配系数有较大影响,因此,在液-液分配色谱中往往采用改变流动相的手段来改变分离效果。

根据固定相和流动相的相对极性不同,液-液分配色谱法又分为正相色谱法和反相色谱法。正相色谱法的固定相极性大于流动相极性,适合极性化合物的分离,极性小的组分先流出;反相色谱法的固定相极性小于流动相极性,适合分离非极性和极性较弱的化合物,极性大的组分先流出。所以液-液色谱可用于极性、非极性、水溶性、油溶性、离子型和非离子型等几乎所有物质的分离和分析。反相色谱法是目前液相色谱分离模式中使用最为广泛的一种模式。

4.2.3 离子对色谱法

分离分析强极性有机酸和有机碱时,直接采用正相或反相色谱存在困难,因为大多数可离解的有机化合物在正相色谱的固定相上作用力太强,致使被测物质保留值太大、出现拖尾峰,有时甚至不能被洗脱;而在反相色谱的非极性(或弱极性)固定相中的保留又太小。在这种情况下,比较合适的方法是采用离子对色谱。

离子对色谱法是将一种(或数种)与溶质离子(X)电荷相反的反离子(Y)加到流动相或固定相中,使其与溶质离子结合形成疏水型离子对化合物,从而用反相色谱柱实现分离的方法。

$$X^+ + Y^- \xrightarrow{K_{XY}} X^+ Y^-$$

K_{XY} 是其平衡常数,则有

$$K_{XY} = \frac{[X^+ Y^-]}{[X^+][Y^-]} \tag{4.2}$$

根据定义,溶质的分配系数(D_X)为

$$D_X = \frac{[X^+ Y^-]}{[X^+]} = K_{XY}[Y^-] \tag{4.3}$$

流动相中的反离子浓度的大小,会影响分配系数,反离子浓度越大,分配系数越大。因此分离性能取决于反离子的性质、浓度和流动相的选择。常用的反离子试剂有烷基磺酸钠和季铵盐两类。前者适用于分离有机碱类和有机阳离子,后者适用于有机酸类和有机阴离子。

4.2.4 离子交换色谱法和离子色谱法

离子交换色谱中使用的固定相为阴离子交换树脂或阳离子交换树脂,多数也是键合固定相。离子交换色谱法是基于离子交换树脂上可解离的离子与流动相中具有相同电荷的溶质离子进行可逆交换。凡是在溶剂中能够解离的物质通常都可以用离子交换色谱法来进行分析。被分析物质解离后产生的离子与树脂上带相同电荷的离子进行交换而达到平衡,其过程可用下式表示。

阳离子交换:$R-SO_3^- H^+$(树脂)$+ M^+$(溶剂中)$\rightarrow R-SO_3^- M^+$(树脂)$+ H^+$(溶剂中)

阴离子交换:$R-NR_3^+ Cl^-$(树脂)$+ X^-$(溶剂中)$\rightarrow R-NR_3^+ X^-$(树脂)$+ Cl^-$(溶剂中)

一般离子在交换树脂上的保留时间较长,需要用浓度较大的淋洗液洗脱。

离子色谱(IC)法是利用离子交换树脂为固定相,以电解质溶液为流动相,以电导检测器为通用检测器的方法。离子色谱法又分为抑制型和非抑制型。抑制型(称双柱离子

色谱)离子色谱系统中,为了消除流动相中强电解质背景离子对被测物电导检测的干扰,在分离柱后设置了抑制柱,以此降低洗脱液本身的电导,同时提高被测离子的检测灵敏度。单柱型离子色谱只能采用低浓度、低电导率的洗脱液,灵敏度比双柱型离子色谱低。离子色谱法是目前离子型化合物的阴离子分析的首选方法。

4.2.5 空间排阻色谱法

溶质分子在多孔填料表面受到的排斥作用称为排阻。该法中被测组分受到的排斥作用是由于分子的大小不同而引起的,所以称为空间排阻色谱,还称为体积排阻、尺寸排阻、凝胶渗透、凝胶色谱等。

空间排阻色谱是以具有一定大小孔径分布的凝胶为固定相的。分离原理是利用凝胶中孔径大小的不同,分离组分中不同体积的分子。

空间排阻色谱分离过程类似于分子筛的筛分作用,当溶质通过多孔凝胶时,小分子可以通过所有孔径而形成全渗透,大于凝胶孔径的大分子,因不能进入孔内而被流动相携带着沿着颗粒间隙最先流出色谱柱,中等体积的分子能部分进入合适的孔隙中,它们以中等速度流出色谱柱,而小体积的组分被最后淋洗出色谱柱。这样,样品分子基本上按其大小,经排阻先后由柱中流出。

该法的特点是样品在柱内停留时间短,全部组分在溶剂分子洗脱之前洗脱下来;可预测洗脱时间,便于自动化;色谱峰窄,易检测,可采用灵敏度较大的检测器;一般没有强保留的分子积累在色谱柱上,柱寿命长。主要缺点是不能分离相对分子质量相近的组分,适用于相对分子质量大于100、差别大于10%、能溶解于流动相中的任何类型化合物,特别适用于高分子聚合物的相对分子质量分布测定。

4.3 高效液相色谱仪

高效液相色谱仪的结构如图4.1所示,一般可分为4个主要部分:高压输液系统、进样系统、分离系统和检测系统。此外还配有辅助装置,如在线脱气、梯度淋洗、自动进样及数据处理等。

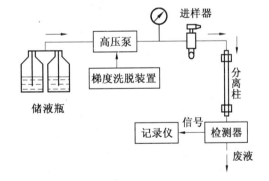

图4.1 高效液相色谱仪结构示意图

4.3.1 高压输液系统

高压输液系统包括储液器、高压泵、过滤器、梯度洗脱装置,其核心部分是高压泵。

1. 高压泵

高效液相色谱仪利用高压泵输送流动相通过整个色谱系统,泵的性能直接影响分析结果的可靠性,因此高压泵应具备压力稳定,无脉冲,流量调节准确,密封性能好、耐腐蚀、耐磨损等性能。为了使流动相顺利通过色谱柱,一般需控制泵压在25~40 MPa之间,而对于超高效液相色谱仪,目前泵压已经超过100 MPa。

泵的种类很多,按输液性质可分为恒压泵和恒流泵,使用较多的是恒流泵。恒流泵按结构又可分为螺旋注射泵、柱塞往复泵(见图4.2)和隔膜往复泵。柱塞往复泵的液缸容积小,易于清洗和更换流动相,特别适合于再循环和梯度洗脱。柱塞往复泵的缺点是有输液脉冲,因此目前多采用双柱塞或双泵系统来克服。

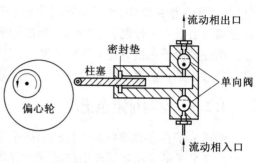

图4.2 柱塞往复泵结构示意图

流动相由高压泵输送和控制流量,使用前需要过滤和脱气,并在抽液管前端设置微孔砂芯过滤器,防止微小固体颗粒进入高压泵而造成损坏。

2. 梯度洗脱装置

梯度洗脱也称溶剂程序,指在分离过程中,随时间按一定程序连续地改变流动相的组成,即改变流动相的强度(极性、pH值或离子强度等)。在气相色谱中,可以通过控制柱温来改善分离条件,调整出峰时间。而在液相色谱中,可以通过改变流动相的组成和极性来同样达到改变分配系数和选择因子、提高分离效率的目的。在工作状态下改变流动相组成的装置就是梯度洗脱装置,它的工作模式可分为高压梯度和低压梯度,如图4.3所示,这两种方式都可以按设定的程序实现连续变化。

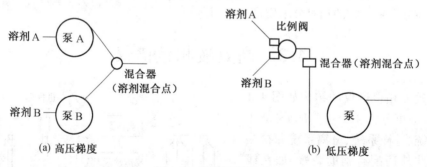

图4.3 梯度洗脱模式

高压梯度(又称内梯度)是先加压后混合,即每台泵输送一种溶剂,一般利用两台泵,将两种不同极性的溶剂按一定比例送入混合器后,再送入柱系统。而低压梯度(又称外梯度)是先混合后加压,即通过比例阀,将两种或多种不同极性的溶剂按一定的比例抽入混合室混合,然后用高压泵输送至柱系统,只需一个泵,相对经济实用。

4.3.2 进样系统

进样系统常用六通进样阀和自动进样器。

1. 六通进样阀

六通进样阀的关键部件由圆形密封垫(转子)和固定底座(定子)组成,通过它可在高压下(35～45 MPa)直接将样品送入色谱柱中。用六通进样阀进样,进样量准确,重复性好,操作方便。

2. 自动进样器

由计算机自动控制定量阀取样、进样、清洗等工作。一般可以自动进样几十个或上百个,适用于大量样品的常规分析。

4.3.3 分离系统

色谱柱是液相色谱的心脏部件,它包括柱管与固定相两部分。柱管通常是不锈钢柱。一般色谱柱长5～30 cm,内径为4～5 mm,凝胶色谱柱内径3～12 mm,制备柱内径较大,可达25 mm以上。固定相大多是新型的固体吸附剂、化学键合相(如C_{18})等。

完整的分离系统包括预柱(保护柱)、色谱柱和柱温箱。预柱是连接在进样器和色谱柱之间的短柱,一般长度为10～50 mm,柱内径装有与色谱柱相同的填料,用以防止来自流动相和样品中的不溶性微粒堵塞色谱柱。

4.3.4 检测系统

气相色谱和液相色谱对检测器的要求基本一致,都是要求灵敏度高、线性范围宽、重复性好和适用范围广,但是对于液相色谱,要求检测器对温度变化和流量脉冲不敏感,这样才能用于梯度洗脱。目前常用的检测器中有些就不适合采用梯度洗脱。

高效液相色谱仪中常用的检测器主要有紫外吸收检测器、示差折光检测器、荧光检测器、电导检测器、蒸发光散色检测器等。

1. 紫外吸收检测器(Ultraviolet Detector, UVD)

紫外吸收检测器是HPLC中应用最广泛的检测器,几乎所有的高效液相色谱仪都配备有紫外吸收检测器。它是基于被分析组分对特定波长的紫外光有选择性吸收而设计的。

可变波长紫外吸收检测器的结构如图4.4所示,由光源、单色器、样品池(也称吸收池)和检测器等基本单元组成。

从光源发出的连续光经聚光透镜、狭缝、棱镜或光栅分光后,某一单色光聚焦到样品池上,此单色光通过样品池的样品吸收后照射到光电倍增管上,光电倍增管将由于样品浓度不同所引起透光强度的变化转换成光电流变化,放大并输入到对数转换器,使测得的透光率转换成光吸光度 A 输出。此时的吸光度 A 与被测组分的浓度符合朗伯 – 比尔定律。

$$A = -\lg \frac{I}{I_0} = \varepsilon L c \tag{4.4}$$

式中　　A——吸光度(消光值);
　　　　I_0——入射光强;
　　　　I——透射光强;
　　　　ε——样品的摩尔吸光系数;
　　　　L——光程;

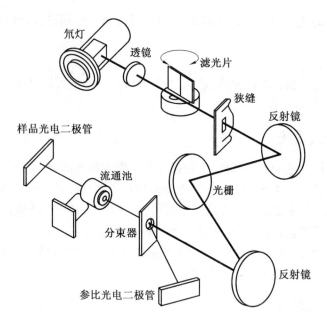

图 4.4　可变波长紫外吸收检测器光学系统图

c——样品浓度。

紫外吸收检测器按光路系统不同可分为单光路和双光路。单光路没有光路补偿,稳定性较差,做梯度洗脱时洗脱液组成的变化将会引起基线漂移。双光路以洗脱液做光路补偿,稳定性好,做梯度洗脱时,由于光路补偿基线很稳定,一般高档仪器都采用双光路。

紫外吸收检测器按波长方式不同可分为固定波长检测器、可变波长检测器;根据检测方式不同又分为二维和三维检测器、单道和多道检测器。紫外吸收检测器样品池结构目前有三种:Z 形、H 形和圆锥形。标准池体积为 5～8 μL,光程为 5～10 mm。最新型的圆锥式样品池可为检测器提供更大的稳定性和灵敏度。

紫外吸收检测器的特点是灵敏度高,检出限可达 10^{-9} g·mL^{-1};线性范围宽;吸收池体积小,池体积越小,检测器死体积也越小,对柱效影响也越小;光程长,光程越长,检测器灵敏度越高;噪声低;对流速和温度均不敏感,可用于梯度洗脱。

2. 示差折光检测器(RID)

示差折光检测器是一种通用型检测器,凡是具有与流动相折射率不同的组分,均可以使用这种检测器。它是依据每种物质均具有不同的折光率的原理制成的,利用流动相中出现试样组分时所引起折光率的变化进行检测。它可以连续检测参比池流动相和样品池中流出物之间的折光率差值,而差值和样品的浓度成比例关系。

示差折光检测器分为偏转式、反射式和干涉式三种,图 4.5 所示为偏转式示差折光检测器的光路系统图。

在检测器中如果工作池和参比池都通过的是纯流动相,则光束无偏转,信号相等,输出平衡信号。如果有试样通过工作池,则折光率发生改变,造成光束偏移,从而使到达棱镜的光束偏离,两个光电管所接受的能量不等,因此输出一个偏转角,即试样浓度信号被检测。

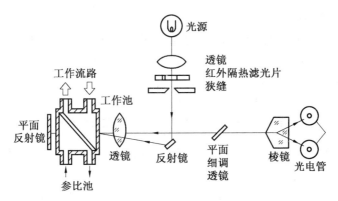

图 4.5　偏转式示差折光检测器光路系统图

示差折光检测器的特点是不破坏样品,操作方便,灵敏度可达 $10^{-7} \sim 10^{-6}$ g·mL^{-1},不适用于痕量分析;对温度变化敏感,要求检测器的温度变化应控制在±0.001 ℃,因此不能用于梯度洗脱。为保证检测准确度,需检测器保持恒温和使用柱温箱,一般用于无紫外吸收的物质分析。

3. 荧光检测器(FD)

许多物质,特别是具有对称共轭结构的有机芳环分子受到紫外光激发后,能发射出比接收的紫外光波长更长些的荧光,如多环芳烃、维生素 B、黄曲霉素、卟啉类化合物等,利用这个特性,荧光检测器可以检测许多生化物质,包括代谢产物、药物、氨基酸、胺类、甾类化合物。荧光强度与被测物质的浓度成正比。

荧光检测器的特点是灵敏度较高,检出限比紫外吸收检测器低 2 个数量级;选择性好;线性范围较窄,线性范围约为 10^3,也是高效液相色谱比较常用的检测器。

4. 电导检测器(ECD)

电导检测器属于电化学检测器,是离子色谱使用最多的检测器。其检测原理是根据物质电离后的导电性质,所产生的电导值与导电离子的数量成正比。

电导检测器的特点是结构简单,成本低;灵敏度较高,检出限约为 10^{-8} g·mL^{-1};线性范围为 10^4;响应值受温度影响较大,必须严格控制温度,不适合梯度洗脱。适用于检测可解离的物质、表面活性剂、酸、碱等。

5. 蒸发光散射检测器(ELSD)

蒸发光散射检测器(Evaporative light Scattering Detector,ELSD),任何挥发性低于流动相的样口均能被检测,它是利用不挥发溶质颗粒的光散射性进行检测的。蒸发光散射检测器的检测原理为,首先将色谱柱流出液雾化形成气溶胶,然后在加热的漂移管中将溶剂蒸发,最后余下的不挥发性溶质颗粒在光散射检测池中得到检测。

ELSD 特点是它是一种通用型的检测器,响应不依赖于样品的光学特性,任何挥发性低于流动相的样品均能被检测,不受其官能团的影响。响应值与样品的质量成正比,因而能用于测定样品的纯度。ELSD 灵敏度比示差折光检测器高,对温度变化不敏感,基线稳定,适合与梯度洗脱液相色谱联用。ELSD 最大的优点在于能检测不含发色团的化合物,被广泛应用于碳水化合物、脂类、未衍生脂肪酸和氨基酸、表面活性剂、药物以及聚合物等的检测。

6. 质谱检测器(MS)

该检测器具有高选择性、高灵敏度，能提供相对分子质量和结构的信息，HPLC-MS 联用既可以定量，也可以定性。HPLC-MS 联用已经成为常规应用的分离分析方法，是复杂基质中痕量分析的首选方法。

高效液相色谱常用检测器的性能比较见表 4.1。

表 4.1　高效液相色谱常用检测器的性能比较

检测器	测量参数	检出限 /(g·mL^{-1})	线性范围	温度影响	梯度洗脱	适用范围
紫外(UVD)	吸光度	10^{-9}	10^5	无	能	具有共轭双键的有机物质
示差(RID)	折光率	10^{-7}	10^4	有	不能	所有物质
荧光(FD)	荧光强度	10^{-12}	10^3	无	能	具有对称共轭结构的芳环物质
电导(ECD)	电导率	10^{-8}	10^4	有	不能	可解离的物质
蒸发光(ELSD)	散色光	10^{-8}	10^4	无	能	所有物质

4.4　实验技术

4.4.1　高效液相色谱分离类型的选择

应用高效液相色谱对试样进行分离时，相对分子质量是分离类型选择的重要依据。相对分子质量较低、挥发性较高的试样，适合用气相色谱。标准液相色谱(液-固吸附色谱、液-液分配色谱、离子对色谱、离子交换色谱等)适合于分离相对分子质量为 200 ~ 2 000 的试样，而大于 2 000 的高分子物质，则宜用空间排阻色谱法。另外，试样的溶解度也是分离类型选择需要考虑的因素。分离类型的选择方法如图 4.6 所示。

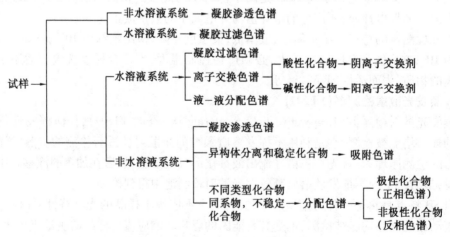

图 4.6　高效液相色谱分离类型的选择方法

4.4.2 固定相和流动相的选择

由于在液相色谱中,存在着组分与固定相和流动相三者之间的作用力,因此固定相和流动相的选择是完成分离的重要因素。目前使用的固定相多数是键合固定相和高分子聚合物,只有液固吸附色谱极性固定相是硅胶或氧化铝等物质。

化学键合固定相具有稳定、耐有机溶剂等优良特性。它利用硅胶表面存在的硅羟基,通过化学反应将有机分子键合到硅胶表面。硅氧硅碳键型键合固定相应用最广,如应用较多的 C_{18} 键合固定相即属于这种类型。例如,ODS 柱是将 $C_{18}H_{37}SiCl_3$ 键合到硅胶表面(见图 4.7),这种化学键合相具有稳定、耐水、耐有机溶剂、无固定液流失、寿命长、有利于梯度洗脱的特点,且可以键合各种不同官能团。

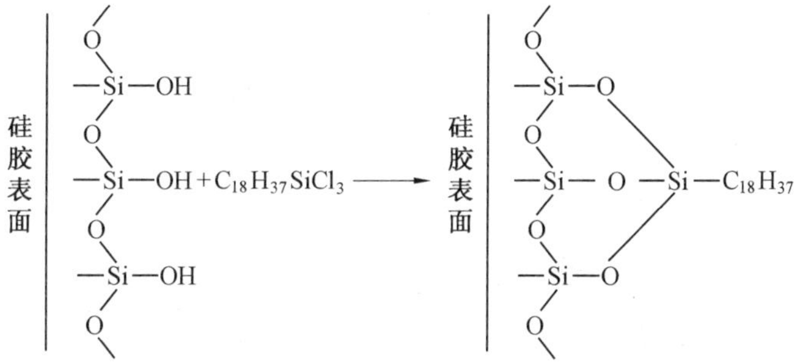

图 4.7　$C_{18}H_{37}SiCl_3$ 键合到硅胶表面

流动相的选择依据是溶剂的极性,常用溶剂及极性从大到小的顺序为:水(最大)、甲酰胺、乙腈、甲醇、乙醇、丙酮、二氧六环、四氢呋喃、甲乙酮、正丁醇、乙酸乙酯、乙醚、异丙醚、二氯甲烷、氯仿、苯、四氯化碳、二硫化碳、环己烷、己烷、煤油(最小)。

流动相的选择通常是亲水性固定相采用疏水性流动相,而疏水性固定相采用亲水性流动相。具体做法是对于极性固定相,以弱极性溶剂如己烷、环己烷为流动相主体,再适当加入氯仿、四氢呋喃等中等极性的溶剂作为改性剂,以调节流动相的极性,实现样品中组分的良好分离。而对于非极性固定相,所选流动相以水为主体,再加入弱极性溶剂作为改性剂来调节。梯度洗脱时,正相色谱通常逐渐增大洗脱剂中极性溶剂的比例,而反相色谱则与之相反,逐渐增大甲醇、乙腈的比例。

各类液相色谱法中常用的固定相和流动相见表 4.2。

4.4.3 样品的前处理

色谱分析样品的采集和制备是一个非常重要和复杂的过程,通常将样品的采集和样品的制备统称为样品的前处理。所以一般样品的前处理过程包括取样、萃取、净化、浓缩、定容,其中萃取是最重要的步骤。由于色谱分析技术涉及的样品种类繁多,样品组成及其浓度复杂多变,样品物理形态范围广泛,对色谱分析方法的直接分析测定构成的干扰因素特别多,所以需要选择科学有效的处理方法和技术。

近年来,研究并应用于各领域样品前处理的新技术有固相萃取、固相微萃取、膜萃取、超临界流体萃取、微波萃取技术等。其中在色谱分析中应用较多的是固相萃取、固相微萃取和基质固相微萃取技术。

表 4.2 液相色谱法常用的固定相和流动相

样品种类	色谱类型	固定相	流动相
低极性 不溶于水	反相色谱	—C_{18}	甲醇-水 乙腈-水 乙腈-四氢呋喃
	液固色谱	硅胶	己烷、二氯甲烷
中等极性 可溶于醇	正相色谱	—CN —NH_2	己烷、氯仿、异丙醇
	反相色谱	—C_{18} —C_8	甲醇、水、乙腈
强极性 可溶于水	反相色谱	—C_{18}、—C_8 —CN	甲醇、水、乙腈、 缓冲溶液
	反相离子对色谱	—C_{18}	甲醇、水、乙腈、 反离子缓冲溶液
	阳离子交换色谱 阴离子交换色谱	—SO_3^- —NR_3^+	水和缓冲溶液、 磷酸缓冲溶液
高分子化合物	凝胶色谱	多孔硅胶、有机凝胶	水、四氢呋喃

1. 固相萃取（Solid Phase Extraction，SPE）

固相萃取是一种用途广泛而且越来越受欢迎的样品前处理技术，它建立在液固萃取和液相柱色谱基础之上，是美国环保局作为环境分析的标准前处理法。SPE 的优点在于分析物回收率高；与干扰组分分离效果好；不需要使用超纯溶剂，且用量少；能处理小体积试样；操作简单。

SPE 实际也是一个柱色谱分离过程，分离机理、固定相及溶剂的选择方法等与高效液相色谱有许多相同之处，只是 SPE 柱的柱效较低。固相萃取的原理是依据萃取剂、样品在通过填充了各类填料的一次性萃取柱后，分析物和杂质被保留在柱上，然后分别用选择性溶剂去除杂质，洗脱出分析物，从而达到分离的目的。它的主要作用是作为萃取剂，吸附液体样品中的目标化合物；分离和富集痕量组分；变换试样溶剂，使之与分析方法相匹配等，其中净化和富集是最主要的作用。固相萃取剂也分为正向、反相、离子交换和吸附等，选择原则也依据"相似相溶"原理，目标化合物的性质与萃取剂的性质越相似，越能够达到最佳保留。

固相萃取仪如图 4.8 所示，主要由萃取小柱和负压系统组成，目前，商品化的固相萃取小柱种类较多，一般填料的选择方法如图 4.9 所示。

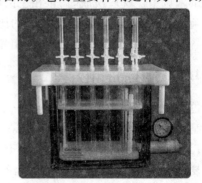

图 4.8 固相萃取仪

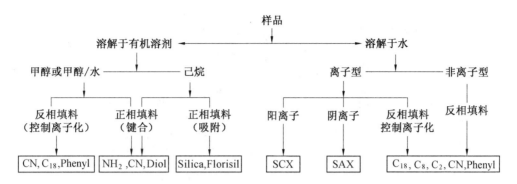

图4.9 一般填料的选择方法

一般的固相萃取操作步骤为:
(1)活化。除去小柱内的杂质并创造一定的溶剂环境。
(2)上样。将溶剂溶解的样品转移到固相萃取小柱,并使其保留在柱上。
(3)淋洗。最大限度除去干扰物。
(4)洗脱。用小体积的溶剂将被测物质洗脱下来并收集。

2. 固相微萃取(Solid Phase Micro-extraction, SPME)

固相微萃取是一种无溶剂的样品萃取或浓缩技术,操作简单、快速,所需的样品量较少。固相微萃取不是将样品中的目标化合物全部提取出来,而是通过目标化合物在样品和固相涂层之间的平衡来达到提取或浓缩的目的。

固相微萃取的装置是一个SPME手柄,如图4.10所示。固相微萃取的关键是吸附材料即固相涂层,目前已有的吸附材料有:聚二甲基硅氧烷、聚丙烯酸酯、聚乙二醇-二乙烯基苯及正在研究中的聚二甲基硅氧烷-聚乙烯醇、多孔聚丙烯膜的空管纤维涂层等。

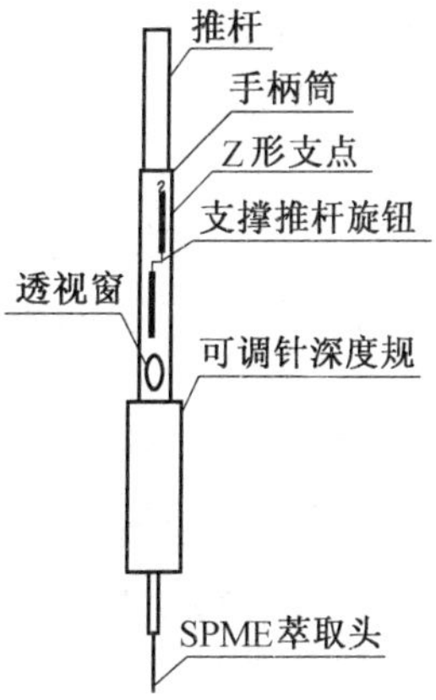

SPME的使用成本相对于固相萃取来说较低,因为一般吸附材料可以重复使用多次。但由于固相微萃取是一种不完全提取的方法,适合做半定量分析,所以在一般的定量分析的时候,最好使用内标法,以便于精确定量。

3. 基质固相分散萃取(Matrix Solid Phase Dispersion, MSPD)

图4.10 SPME手柄

如图4.11所示,与经典的固相萃取装置不同,基质固相分散萃取是将样品(固态或者液态)与固相吸附剂(C_{18}、硅胶等)一起研磨之后,使样品成为微小的碎片分散在固相吸附剂表面。然后将此混合物装入空的SPE柱或注射针筒,用适当的溶剂将目标化合物洗脱下来。

基质固相分散萃取的主要优点是:适用于固体、半固体及黏稠样品的萃取;萃取溶剂与目标化合物的接触面增大,有利于对目标化合物的萃取;溶剂完全渗入样品基质中,提高了萃取效率;所需样品量小,萃取速度也比液-液萃取提高约90%。

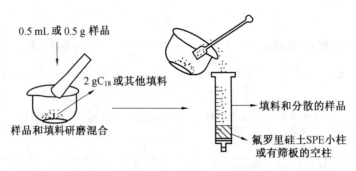

图 4.11　基质固相分散萃取过程示意图

4.4.4　高效液相色谱仪的日常维护

1. 流动相的储存

(1) 储液瓶应使用棕色瓶以避免生长藻类,要定期(至多三个月)清洗储液瓶和溶剂过滤器。砂芯玻璃过滤头可用35%的硝酸浸泡1 h后用二次蒸馏水洗净。烧结不锈钢过滤头可用5%～20%的硝酸溶液超声清洗后用蒸馏水洗净。

(2) 除纯的HPLC级溶剂及超纯水外,流动相必须在使用前用0.45 μm的滤膜过滤。应使用新鲜配制的流动相,特别是含水溶剂和盐类缓冲溶液,存放时间不可超过2天。

2. 泵的使用和维护注意事项

(1) 防止任何固体微粒进入泵体,因为尘埃或其他任何杂质微粒都会磨损柱塞、密封环、缸体和单向阀,因此应预先除去流动相中的任何固体微粒。可采用滤膜(0.2 μm或0.45 μm)等过滤器。泵的入口都应连接砂芯或不锈钢微孔过滤器,且滤器应经常清洗或更换。

(2) 含有缓冲液的流动相不应保留在泵内,尤其是在停泵过夜或更长时间的情况下。如果将含缓冲液的流动相留在泵内,由于蒸发或泄漏,甚至只是由于溶液的静置,就可能析出盐的微细晶体,这些晶体将和上述固体微粒一样损坏密封环和柱塞等。因此,必须泵入纯水将泵充分清洗后,再换成适合于色谱柱保存和有利于泵维护的溶剂。

(3) 流动相应该先脱气,以免在泵内产生气泡,影响流量的稳定性。流动相的脱气有加热、抽真空、超声波以及通惰性气体等方法。

3. 手动进样器

(1) 使用进样阀专用的平头液相色谱仪注射器。

(2) 为确保进样量的重现性,用部分注入方式进样的样品量应在定量环管体积的一半以下;全量注入的样品量应是3倍定量环的体积。

(3) 样品要求无微粒和能阻塞针头和进样阀的物质,故样品进样前应过滤。

4. 色谱柱

(1) 在进样阀后加流路过滤器(0.45 μm烧结不锈钢滤器)可以阻挡来自样品和进样阀垫圈的碎屑进入色谱柱。流路过滤器需要定期清洗,清洗方法同溶剂过滤头。

(2) 除样品应过滤外,易污染色谱柱的成分应通过预处理除去,复杂样品在分析柱前加保护柱。

5. 色谱柱的使用和维护注意事项

色谱柱的正确使用和维护十分重要,稍有不慎就会降低柱效、缩短使用寿命甚至损坏。

(1)避免压力和温度的急剧变化。温度的突然变化和柱压的突然升高或降低都会引起柱效变化,因此在调节流速时应该缓慢进行,在阀进样时阀的转动不能过缓。

(2)系统更换互不相溶的溶剂时,应逐渐改变溶剂的组成,要用异丙醇过渡,特别是反相色谱中,不应直接从有机溶剂改变为全部是水,反之亦然。

混合溶剂的黏度常随组成而变化,因而在梯度洗脱时常出现压力的变化。例如水和甲醇黏度都较小,当二者以相近比例混合时黏度增大很多,此时的柱压大约是水或甲醇单独作为流动相时的两倍。因此要注意防止梯度运行过程中压力超过输液泵或色谱柱能承受的最大压力。

(3)避免将基质复杂的样品尤其是生物样品直接注入柱内,需要对样品进行前处理,或者在进样器和色谱柱之间连接一保护柱。保护柱一般是填有相似固定相的短柱。

(4)在进行清洗时,对输液系统中流动相的置换应以相混溶的溶剂逐渐过渡,每种流动相的体积应是柱体积的 20 倍左右。每次工作完成后,最好用洗脱能力强的洗脱液冲洗,例如 ODS 柱宜用甲醇冲洗至基线平衡。当采用盐缓冲溶液做流动相时,使用完后应用无盐流动相冲洗。含卤族元素(氟、氯、溴)的化合物可能会腐蚀不锈钢管道,不宜长期与之接触。

6. 检测器

(1)检测器的光源都有一定的寿命,最好检测时打开。

(2)检测是在常压下进行,试样和流动相要完全脱气后进入液相色谱系统和检测器,以此保证流量稳定和检测数据准确。

(3)水性流动相长时间留在检测池中会有藻类生长,藻类能产生荧光,干扰荧光检测器的检测,所以检测后要用含乙腈或甲醇的流动相冲洗净。

(4)定期拆开检测池和色谱柱的连接管路,用强溶剂直接清洗检测池。如果污染严重,就需要依次采用 1 mol·L^{-1} 硝酸、水和新鲜溶剂冲洗,或者取出池体进行清洗、更换窗口。

习 题

1. 从分离原理、仪器构造及应用范围上简要比较气相色谱及液相色谱的异同点。
2. 液相色谱中影响色谱峰扩展的因素有哪些?与气相色谱比较,主要有哪些不同之处?
3. 在液相色谱中,提高柱效的途径有哪些?其中最有效的途径是什么?
4. 液相色谱可分为几种类型?各自的分离原理是什么?最适宜分离哪类物质?
5. 何谓化学键合固定相?它有什么突出的特点?
6. 高效液相色谱进样技术与气相色谱进样技术有何不同?
7. 什么是梯度洗脱?它与气相色谱中的程序升温有什么异同点?
8. 试述紫外吸收检测器和示差折光检测器的设计依据和适用范围。
9. 试述示差折光检器与蒸发光散射检测器的异同点。

第 5 章

光谱分析导论

5.1 概 述

利用待测物质受到光的作用后产生光的信号(或光信号的变化),或待测物质受到光的作用后产生的某些分析信号(如声波),对其进行检测和处理,从而获得待测物质的定性和定量信息的分析方法,称为光学分析法。

光学分析法有许多不同的分类方式,最常见的分类方式是分为光谱分析法和非光谱分析法。光谱分析法是通过待测物质的某种光谱,根据光谱中的波长特征和强度进行定性和定量分析;非光谱分析法是通过光的其他性质(如反射、折射、衍射、干涉等)的变化作为分析信息的分析方法,如旋光分析法、折射率分析法等。光谱分析法是现代仪器分析中应用最为广泛的一类分析方法。

光学分析法的一般分类方式如图 5.1 所示。

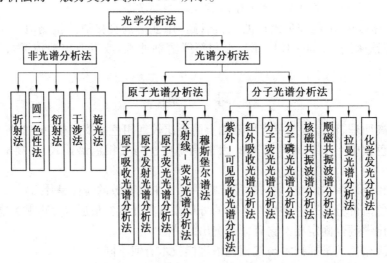

图 5.1 光学分析法的一般分类方式

5.2 光的基本性质

5.2.1 光的波粒二象性

光是一种电磁波,是以极大的速度(在真空中光速为 $c = 2.99792 \times 10^{10}$ cm·s^{-1})通过空间,而不需要以任何物质作为传播媒介的能量形式,是振动的电场和磁场在空间的传播。它具有波动性和粒子性,所以称其为光的波粒二象性。描述光的波动性的基本参数有:光速(c)、波长(λ)、波数($\sigma,\sigma = 1/\lambda$)和频率($\nu$)。在光谱分析中,波长的单位常用 nm(纳米)或 μm(微米)表示,频率的单位常用 Hz(赫兹)或 s^{-1} 表示。

$$1 \text{ m} = 10^6 \text{ μm} = 10^9 \text{ nm} = 10^{10} \text{ Å}$$

根据量子力学理论,电磁辐射是在空间高速运动的光量子(即光子)流,光的粒子性体现在光的能量不是均匀连续分布在它传播的空间,而是集中在光子的微粒上,可以用每个光子所具有的能量(E)来表征,单位为 eV 或 J,1 eV = 1.60 × 10^{-19} J。

光子的能量(E)与光波的频率(ν)的关系为

$$E = h\nu = \frac{hc}{\lambda} \tag{5.1}$$

式中　E——能量;
　　　h——普朗克常数,$h = 4.14 \times 10^{-15}$ eV·s $= 6.626 \times 10^{-27}$ erg·s $= 6.626 \times 10^{-34}$ J·s;
　　　c——光速,$c = \lambda\nu = 2.997 \times 10^{10}$ cm·s^{-1}。

从式(5.1)可以看出,波长越长,光子的能量就越小,反之则能量越大。

因此,对于波长为 λ(λ 的单位为 nm)的光,每个光子的能量为

$$E = 1\,240/\lambda \quad (\text{eV}) \tag{5.2}$$

5.2.2 光　谱

电磁波按波长顺序排列可得到电磁波谱即光谱,各光谱区所具有的能量不同,其产生的机理也各不相同。例如,红外光是由分子的转动和振动能级跃迁产生的,近紫外光是由于原子及分子的价电子或成键电子能级跃迁产生的,因此可根据所使用的不同的光谱区,建立起不同的分析方法。图 5.2 和表 5.1 列出了各光谱区的波长范围、相应能量及跃迁能级类型和光谱区。

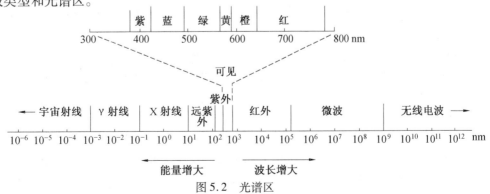

图 5.2　光谱区

表5.1 光谱区的波长范围、相应能量及跃迁能级类型表

	光谱分析区名称	波长范围	E/eV	跃迁能级类型
能谱分析	γ射线发射、吸收	$5\times10^{-3} \sim 0.14$ nm	$>1\times10^2$	原子核
	X射线吸收、发射、荧光与衍射	$0.01 \sim 10$ nm		原子的内层电子
光谱分析	远紫外发射、吸收	$10 \sim 200$ nm	$124 \sim 6.2$	价电子
	紫外-可见发射、吸收、荧光	$200 \sim 780$ nm	$6.2 \sim 1.59$	价电子
	近红外吸收	$0.78 \sim 2.5$ μm	$1.59 \sim 0.50$	—
	中红外吸收	$2.5 \sim 50$ μm	$0.50 \sim 0.025$	分子振动和转动
	远红外吸收	$50 \sim 300$ μm	$0.025 \sim 0.004$	分子的转动
波谱分析	毫米微波吸收	$0.3 \sim 3$ mm	$<1\times10^{-3}$	分子的转动
	电子自旋共振	~ 3 cm		磁场中电子自旋
	核磁共振	$0.6 \sim 10$ m		磁场中核自旋

5.2.3 物质的能级

根据量子理论,原子、离子和分子都有确定的能量,它们仅仅能存在于一定的不连续能级上。当物质改变其能级时,它吸收或发射的能量应完全等于两能级之间的能量差。若原子、离子和分子吸收或发射光后,从一种能级跃迁到另一种能级时,光的波长 λ 或频率 ν 与两能级之间的能量差有关,可表示为

$$E = E_2 - E_1 = h\nu \tag{5.3}$$

式中　E_2——较高能级的能量;
　　　E_1——较低能级的能量。

对原子和离子来说,有核外电子围绕原子核运动的电子能级。而分子除电子能级外,还存在原子间相对位移引起的振动和转动能级,它们的能量都是量子化的。

原子或分子处在最低能级时称为基态,处在较高能级时称为激发态。在室温下,物质一般都处在基态。

5.2.4 光的特性

物质与光接触时,就会产生相互作用,作用的性质因光的波长及物质的性质而异。

1. 吸收

当光作用于物质(原子、分子或离子)时,物质选择性地吸收某些频率的光能,并从基态跃迁至激发态,这种现象称为吸收。以波长(或频率)为横坐标、以吸收的能量(吸光度或透光率)为纵坐标绘制的谱图,称为吸收光谱图。基于光的吸收原理建立的分析方法称为吸收光谱法。

2. 发射

当受激物质(受光能、电能、热能或其他外界能量所激发的物质)处于激发态时,由于其不稳定而在短时间(约 10^{-8} s)内回到基态,在此过程中会将多余的能量释放出来,若以

光的形式释放能量,就能得到发射光谱,这种现象称为发射。发射光谱按其发生的本质可分为原子发射光谱、离子发射光谱、分子发射光谱和 X 射线发射光谱等。

3. 散射

光通过不均匀介质时,如果部分光沿着其他方向传播,这种现象就称为光的散射。根据散射的起因不同,可分为丁铎尔(Tyndall)散射、瑞利散射和拉曼散射。散射现象提供了建立散射浊度分析法、比浊分析法和拉曼光谱分析法的依据。

4. 折射

当光从一种透明介质进入另一种透明介质时,光束的前进方向发生改变的现象称为光的折射。光的折射是由于光在不同介质中的传播速度不同引起的。物质对光的折射率随光频率(或波长)的变化而变化,这种现象称为色散。利用色散现象可将不同波长的混合光分散开来,获得许多波长范围较窄的单色光,这种作用又称为分光。在光学分析法中常广泛地利用色散现象获得单色光。

5. 干涉

当频率相同、振动方向相同、周相相等或周相差保持恒定的波源所发射的相干波互相叠加时,会产生波动干涉现象,通过干涉现象,可以得到明暗相间的条纹。当两光波互相加强时,可得到明条纹;互相抵消时,则得到暗条纹,这些明暗条纹称为干涉条纹。

若两光波光程差为 δ,波长为 λ,则当光程差等于波长 λ 的整数倍时,两光波将相互加强到最大限度,即

$$\delta = \pm K\lambda \quad (K = 0,1,2,\cdots) \tag{5.4}$$

此时,两光波在焦点上将相互加强形成明条纹。

相反,当两光波的光程差等于半波长的奇数倍时,两光波将相互减弱到最大限度,即

$$\delta = \pm(2K+1)\lambda/2 \quad (K = 0,1,2,\cdots) \tag{5.5}$$

此时,两光波在焦点上将相互减弱形成暗条纹。

6. 衍射

光波绕过障碍物而弯曲地向它后面传播的现象,称为波的衍射现象。基于光的衍射现象而建立的分析方法有 X 射线衍射法和电子衍射法(透射显微镜)等。

7. 偏振

光是一种横波(振动方向与传播方向垂直),可由两个互相垂直的振动矢量来表征,即电矢量 E 和磁矢量 H。一切实际光源,如日光、烛光、荧光灯及钨丝灯发出的光都称为自然光。自然光是各个原子或分子发光的总和,其在各个方向上振动的概率相等。自然光在穿过某些物质,经反射、折射、吸收后,电磁波的振动可以被限制在某一方向上,其他方向振动的电磁波被大大削弱或消除,这种在某个确定方向上振动的光称为偏振光,简称偏光。利用这种特性建立的分析方法有旋光色散法、圆二色性法等,用以研究物质的结构和构象。

5.2.5 光的吸收定律——朗伯-比尔定律

1. 透射比和吸光度

当一束平行单色光照射到任何均匀、非色散的介质(包括溶液、气体或固体)上时,光

的一部分被吸收,一部分透过介质,一部分被反射。如果入射光的强度为 I_0,透过光的强度为 I_t,则介质的透射比(T) 为

$$T = \frac{I_t}{I_0} \tag{5.6}$$

在光谱分析中,通常采用吸光度(Absorbance)表示物质对光的吸收程度,定义为

$$A = \log \frac{1}{T} = \log \frac{I_0}{I_t} \tag{5.7}$$

2. 朗伯－比尔定律

朗伯(Lambert)和比尔(Beer)分别在 1760 年和 1852 年研究证明了溶液的吸光度(A)与溶液的液层厚度(b)和溶液浓度之间(c)的定量关系

$$A = \log \frac{I_0}{I_t} = Kbc \tag{5.8}$$

式(5.8)称为朗伯－比尔定律,它不仅适用于溶液,也适用于均匀、非散射性质的介质(如气体、固体等)。

式(5.8)中的 K 称为吸光系数,与入射光的波长、物质的性质和溶液的温度等因素有关。实际应用时,浓度 c 的单位常采用 $mol \cdot L^{-1}$,此时还可用符号 ε 代替 K,ε 称为摩尔吸光系数,单位为 $L \cdot mol^{-1} \cdot cm^{-1}$。

朗伯－比尔定律的前提条件是:① 入射光为单色光;② 吸收物质是均匀分布的连续体系;③ 浓度小于 $0.01\ mol \cdot L^{-1}$ 的稀溶液;④ 吸光物质互相不发生作用。

3. 吸光度的加和性

当溶液中含有多种对光产生吸收的物质,且各组分间不存在相互作用时,溶液对波长为 λ 的光的总吸光度($A_{总}^{\lambda}$)等于溶液中每个组分的吸光度之和,即吸光度具有加和性。可表示为

$$A_{总}^{\lambda} = A_1^{\lambda} + A_2^{\lambda} + \cdots + A_n^{\lambda} = (\varepsilon_1^{\lambda} c_1 + \varepsilon_2^{\lambda} c_2 + \cdots + \varepsilon_n^{\lambda} c_n) b \tag{5.9}$$

5.3 原子光谱与分子光谱

光谱法是基于光与物质相互作用,测量由物质在能级间跃迁而产生的发射或吸收光谱的波长和强度来进行分析的方法。产生光谱的基本粒子是物质的原子和分子,由于原子和分子的结构不同,其产生的光谱的特征也明显不同。

5.3.1 原子光谱(Atomic Spectrum)

原子核外电子在不同能级间跃迁而产生的光谱称为原子光谱。产生的这种光谱既取决于物质的外层电子的运动状态,也取决于外层电子间的相互作用,所以每个元素均具有各自不同的特征光谱。

原子是由原子核与绕核运动的电子所组成。每个电子的运动状态可用主量子数 n、角量子数 l、磁量子数 m_l 和自旋量子数 m_s 4 个量子数来描述。核外单个价电子的运动状态可以用这四个量子数描述,而对于多个价电子的原子,由于核外电子之间存在相互作

用,原子的核外电子排布并不能准确地表征原子的能量状态,原子的能量状态需要用以 n、L、S、J 4 个量子数为参数的光谱项 $n^{2s+1}L_J$ 来表征,其中,n 为主量子数;L 为总角量子数,$L = \sum_i l_i = 0,1,2,\cdots$,相应的符号为 $S,P,D,F,\cdots$,共有 $(2L+1)$ 个数值;S 为总自旋量子数,是外层电子自旋量子数的矢量和:$S = \sum_i m_s$,共有 $(2s+1)$ 个数值,其值可取 0, $\pm 1/2$,± 1,$\pm 3/2$,$\cdots$;J 是内量子数,$J = \sum_i L + S$,若 $L \geq S$,则有 $(2S+1)$ 个数值;若 $L < S$,则有 $(2L+1)$ 个数值,J 称为光谱支项。由于 L 与 S 之间存在着电磁相互作用,可产生 $(2S+1)$ 个裂分能级,所以会出现多重谱线的现象,$(2S+1)$ 表示谱线的多重性,即能量稍有不同的光谱支项的个数。例如,钠原子外层只有一个电子,$S = 1/2$,因此将产生双重线。而碱土金属外层有 2 个电子,对于 $S = 1$,将产生三重线,对于 $S = 0$,将产生单重线。

原子中所有可能存在状态的光谱项(即能级或能级跃迁)可用图解的形式表示出来,称为能级图。能级图中的水平线一般表示实际存在的能级,能级的高低用一系列的水平线表示。由于相邻两能级的能量差与主量子数 n^2 成反比,随着 n 增大,能级排布越来越密。图 5.3 为钠原子的能级图。由于一条谱线是原子的外层电子在两个能级之间的跃迁产生的,故原子的能级可用两个光谱项符号表示,如钠原子的双重线可表示为

Na 589.0 nm $3^2S_{1/2} \rightarrow 3^2P_{3/2}$

Na 589.6 nm $3^2S_{1/2} \rightarrow 3^2P_{1/2}$

并不是原子内所有能级之间的跃迁都是可以发生的,实际发生的跃迁是有限制的,需服从

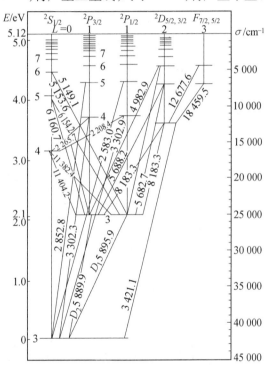

图 5.3 钠原子的能级图

光谱选择定则(通常称光谱选律)。原子各能级都有确定的能量,两能级间的能量差也具有确定的数值,所以不同能级之间跃迁产生的原子光谱是波长确定、相互分隔的谱线。原子基态与原子不同激发态之间的能量相差较大,谱线间距差远远大于宽度约为 1×10^{-3} nm 数量级的谱线,因此原子光谱的特征是线状光谱(见图 5.4)。

5.3.2 分子光谱(Molecular Spectrum)

在辐射能作用下,分子能级间的跃迁产生的光谱称为分子光谱。分子光谱比原子光谱复杂得多,分子中不但存在成键电子跃迁所确定的电子能级,而且还存在分子内原子在

其平衡位置相对振动所确定的振动能级,以及分子绕其重心旋转所确定的转动能级。量子力学表明这三种运动能量都是量子化的,若以 E_e、E_v、E_r 分别代表电子、振动和转动能级的能量值,则价电子相邻电子能级之间的能量差较大,$E_e = 1 \sim 20$ eV,振动能级之间的能量差次之,$E_v = 0.05 \sim 1$ eV,转动能级之间的能量差最小,E_r 一般小于 0.05 eV。图 5.5 为分子能级结构示意图。

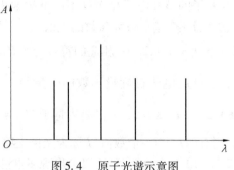

图 5.4　原子光谱示意图

若不考虑各种运动形式之间的相互作用,则分子的总能量可写为

$$E = E_n + E_t + E_e + E_v + E_r \tag{5.10}$$

式中　E_n——分子的核能;

E_t——分子的平动能,分子能级发生跃迁时它们不改变。

因此当分子能级跃迁产生光谱时,总能量变化为

$$\Delta E = \Delta E_e + \Delta E_v + \Delta E_r \tag{5.11}$$

当分子接受到光子的相应能量后,由分子基态能级跃迁到分子激发态能级时,这个光子的能量(E)等于跃迁前后所处的某能级能量(E_1 和 E_2)的差值 E

$$E(\text{光}) = \Delta E = E_2 - E_1 = h\nu \tag{5.12}$$

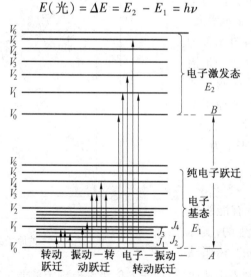

图 5.5　分子能级结构示意图

每个分子都有其特定的能级数目与能级值,并由此组成特定的能级结构。处于基态的分子受到光能量激发时,跃迁是在符合光谱选律的某两个能级间发生,它与某分子的本性有关,即分子吸收或发射的光谱具有特征性,因此可利用分子光谱作为定性分析的依据。

由于分子光谱在每个电子能级上叠加了许多振动能级,在振动能级上又叠加了许多转动能级,而且振动、转动能级差很小,虽然理论上也应该是由一条条不连续的光谱线组

成,但由于各种原因(包括色散元件还难以将分子光谱中的相邻谱线完全分开和真实记录下来),实际光谱仪获得的是许多谱线展宽后合并在一起的吸收带,以至于形成的分子光谱是带状光谱。

在分子各能级中跃迁所获得的光谱,反映的信息是各不相同的。电子光谱在紫外-可见波区,故称为紫外-可见光谱,反映了价电子运动状况,可提供物质的化学性质信息,适用于定量的和定性的佐证。振动光谱在红外波区,故称为红外光谱,反映了分子中价键的特性,主要用于分子特征基团的定性。转动光谱在远红外波区,它能反映分子的结构变化,所以对异构体的研究特别方便。

5.4 光谱仪

光谱法是以吸收、发射、荧光、磷光、散射和化学发光六种现象为基础建立的方法。虽然测定它们的仪器在构造上略有不同,但其基本部件却大致相同,各部件所具有的作用也基本一致。典型的光谱仪都由五个部分组成,即稳定的光源、样品室(架)、单色器、检测器、数据处理器。

5.4.1 光 源

在光谱研究中,要求所使用的光源产生的辐射必须有足够的输出功率,以便容易检测和测定,同时它的输出应该稳定。一般来说,光源的辐射功率随所加的电功率呈指数变化,因此,通常需用稳压电源以保证光源输出有足够的稳定性。图5.6列出了光谱中应用广泛的光源,可以将它们分为两类:连续光源和线光源。

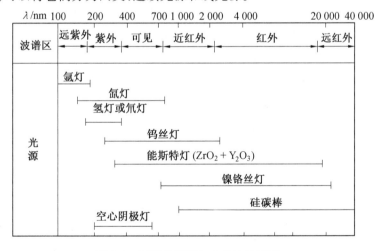

图 5.6 不同光源所包含的波长范围

5.4.2 单 色 器

在许多光谱分析中,通常需要采用单色光或一定波长范围的较窄的光谱带,这种将复合光分解成单色光或窄频带光的波长选择器称为单色器。事实上,从单色器输出的信号不可能获得真正的单色光,而是谱带宽度很窄的单色光,而且单色光的波长可以在一定范围内任意改变。单色器的性能直接影响出射光的纯度,进而对测定的灵敏度、选择性及校正曲线的线性范围产生影响,单色效果的好坏主要取决于色散元件。色散元件通常有滤光片、棱镜或衍射光栅。常见的两类单色器(即波长选择器)如图5.7所示。

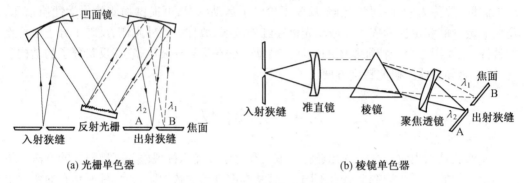

图5.7 光栅和棱镜分光示意图

5.4.3 检测器

检测器是将光信号转换为电信号的装置,一般分为两类:一类是能对光产生响应的光子检测器,常称光电检测器;另一类是能对热产生响应的热检测器。检测器类型如图5.8所示。光电检测器包括单道和多道检测器。单道检测器常见的有光电池、光电管、光电倍增管等;多道检测器有光二极管阵列检测器和电荷转移阵列检测器等,常用于检测紫外、可见和近紫外光。热检测器广泛用于检测红外光,如真空热电偶、热电检测器等。

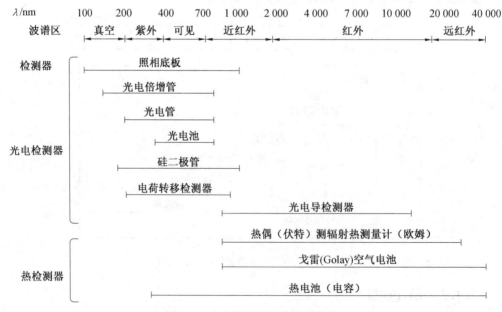

图5.8 光电转换用的检测器类型

5.5 光学分析法

5.5.1 光谱分析法

光谱分析法涉及不同能级之间的跃迁,由此建立了基于原子、分子外层电子能级跃迁的光谱法,基于分子转动及振动能级跃迁的光谱法,基于原子内层电子能级跃迁的光谱法,基于原子核能级跃迁的光谱法以及基于拉曼散射光谱法。

1. 基于原子、分子外层电子能级跃迁的光谱法

(1)原子发射光谱法。

以火焰、电弧、等离子炬等作为光源,使气态原子的外层电子受激发,发射出特征光谱,根据特征光谱中的谱线位置和强度进行定性和定量。原子发射光谱法可以对周期表中 70 多种元素进行分析,是多元素同时测定的有效方法。

(2)原子吸收光谱法。

利用特殊光源发射出的待测元素的共振线,测定气态原子对共振线吸收的变化而进行定量分析。该法可以定量测定元素周期表中约 70 种元素,是应用广泛、简单快速的分析方法。

(3)原子荧光光谱法。

气态原子吸收特征波长的辐射能后,原子外层电子从基态或低能态跃迁到高能态,在约 10^{-8} s 后再跃迁回基态或低能态,根据其发出的荧光强度进行定量分析。氢化物发生原子荧光光谱法,广泛用于测定食品、环境中砷、汞、镉等有害元素。

(4)紫外-可见吸收光谱法。

利用溶液中分子吸收紫外光和可见光产生分子吸收光谱的特性,根据最大吸收波长和吸收强度,进行定性、定量和化合物结构的推测。此法在化学物质定量方面的应用最多。

(5)分子发光光谱法。

某些物质的分子吸收各种能量被激发后,在回到基态的过程中伴随有光辐射,通过测量光强度进行定量分析。根据激发能性质的不同,该法分为光致发光、电致发光、化学发光、生物发光。根据测量的光辐射种类,又分为分子荧光光谱法、分子磷光光谱法等。

2. 基于分子转动及振动能级跃迁的光谱法

红外光谱法是基于分子的振动、转动能级跃迁的光谱法,利用分子中基团吸收红外光产生的振动及转动产生的吸收光谱,进行化合物结构分析。

3. 基于原子内层电子能级跃迁的光谱法

(1)X 射线光谱法(包括 X 射线荧光法、X 射线吸收法和 X 射线衍射法)

它是基于高能电子的减速运动或原子内层电子跃迁所产生的短波电磁辐射所建立的分析方法。

(2)穆斯堡尔谱法(γ 射线吸收光谱法)

以与被测元素相同的同位素作为光源,使被测元素的原子核产生无反冲的 γ 射线共振吸收所形成的光谱分析法。可获得原子的氧化态、原子核周围的电子云分布或邻近环境电荷分布的不对称性以及原子核所处的有效磁场等信息。

4. 基于原子核能级跃迁的光谱法

基于原子核能级跃迁的光谱法称为核磁共振法。它是在外磁场的作用下,电子的自旋磁矩与外磁场相互作用而分裂为磁量子数不同的磁能级,吸收微波辐射能后产生能级跃迁,根据其产生的吸收光谱进行物质结构分析的分析方法。

5. 基于拉曼散射的光谱法

利用拉曼位移研究物质结构的方法称为拉曼光谱法。拉曼位移的大小与分子的振动和转动能级有关。对于分子结构的鉴定而言,拉曼光谱和红外光谱是两种相互补充而不能互相替代的光谱分析法。

5.5.2 非光谱分析法

非光谱分析法是基于光与物质相互作用时,测量某些光的性质,如折射、散射、干涉、衍射和偏振等变化的方法。非光谱分析法不涉及物质内部能级跃迁,其分析方法有折射法、干涉法、衍射法、旋光法和圆二色性法等。

1. 折射法

此法是基于测量物质折射率的方法,可用于纯化合物的定性及纯度检测,并可用于二元混合物的定量分析,还可以得到物质基本性质和结构的某些信息。

2. 旋光法

溶液的旋光性与分子非对称结构有密切关系,因此旋光法可用于作为鉴定物质结构的一种手段。它对于研究某些天然产物及络合物的立体问题有特殊的效果。圆二色性法也是旋光法中的一种。

3. 衍射法

基于光的衍射现象而建立的方法,有 X 射线衍射法和电子衍射(透射电子显微镜)法等。

习　　题

1. 解释名词:
(1) 原子光谱;
(2) 分子光谱。
2. 光谱分析法的仪器主要由哪几部分组成?它们的作用是什么?

第 6 章

原子发射光谱法

6.1 概 述

原子发射光谱法(Atomic Emission Spectrometry,AES)是根据处于激发态的待测元素原子回到基态时发射的特征谱线而对待测元素进行分析的方法,可定性、定量分析约70种元素(金属元素及磷、硅、砷、碳、硼等非金属元素)。

原子发射光谱法是光谱分析法中发展较早的一种方法。1859 年,德国学者 G. F. Kirchhoff 和 R. W. Bunsen 合作制造了第一台用于光谱分析的分光镜,并获得了某些元素的特征光谱,奠定了光谱定性分析的基础。1925 年,W. Gerlach 提出内标法,解决了光源不稳定性问题,为光谱定量分析提供了可行性,从此原子发射光谱法为科学的发展发挥了重要作用。20 世纪 60 年代电感耦合高频等离子体(即 ICP)光源的引入,大大推动了发射光谱分析的发展。近年来,随着电荷耦合器件(Charge Coupled Device,CCD)等检测器件的使用,多元素同时分析能力大大提高。目前,ICP-AES 已成为同时测定多种金属元素的最常用手段。

原子发射光谱法分析过程的一般步骤:

(1)提供外部能量,使被测试样蒸发、解离、激发,产生光辐射。

(2)将物质发射的复合光经分光装置色散成一系列按波长顺序排列的光谱。

(3)通过检测器检测各谱线的波长和强度,并据此解析出元素定性和定量的结论。

原子发射光谱法的特点:

(1)多元素同时测定。同时测定一个样品中的多种元素,样品用量少。

(2)分析速度快。分析试样一般可以不经化学处理,固体、液体样品都可直接测定。若利用光电直读光谱仪,可在几分钟内同时对几十种元素进行定量分析。

(3)检出限低。在一般光源情况下,检出限可达 $0.1 \sim 10\ \mu g \cdot g^{-1}$(或 $\mu g \cdot mL^{-1}$),绝对值可达 $0.01 \sim 1\ \mu g$。使用电感耦合高频等离子体光源(ICP),检出限可达 $ng \cdot g^{-1}$ 级,线性范围可达 4~6 个数量级。

(4)准确度较高。一般光源相对误差为 5% ~10% ,ICP-AES 的相对误差可达 1% 以下。

(5) 选择性较好。每种元素因原子结构不同,各自发射不同的特征光谱。

6.2 原子发射光谱法的基本原理

6.2.1 原子发射光谱的产生

物质是由各种元素的原子所组成的,在正常情况下,原子处于稳定的具有最低能量的基态。当受到外界能量(如热能、电能等)的作用时,原子中的外层电子就从基态跃迁到激发态,如果外界能量足够大,也能使原子电离并激发。处于激发态的原子十分不稳定,在极短的时间内(10^{-8} s)跃迁至基态或其他低能级上。这个过程的以光的形式释放的能量,即原子发射光谱。原子光谱具有多重性,即同时出现多个谱线的特性,1 个价电子原子的多重性为2,如钠原子的589.0 nm 和589.6 nm 双线,要么不出现,要么就是两条相邻谱线同时出现;两个价电子的谱线多重性为1、3,因此会至少同时出现四条谱线,它们分成波长相差较大的两组,一组是一条谱线,一组是波长彼此相邻的三条谱线。过渡金属元素的谱线更为复杂。所以当处于激发态的原子或离子由于激发态不稳定而遵循光谱选律回到基态或较低能态时,将发射出由一系列谱线组成的线状光谱,如铝原子在一次电离能下有46 个能级,在176~1 000 nm 范围内相应地有118 条光谱线;其一次电离原子有226 个能级,在160~1 000 nm 范围内相应地有318 条光谱线,而铀则能发射几万条光谱线。周期表中的每个元素都能显示出一系列的光谱线,这些光谱线对元素具有特征性和专一性。

原子发射的光谱线的波长反映了单个光子的辐射能量,它取决于跃迁前、后两能级间的能量差,即

$$\lambda = \frac{hc}{E_2 - E_1} = \frac{hc}{\Delta E} \tag{6.1}$$

原子中某一外层电子由基态激发到高能级所需要的能量称为激发电位。原子光谱中每条谱线的产生各有其相应的激发电位。由最低能级激发态(第一激发态)向基态跃迁所发射的谱线称为第一共振线。第一共振线具有最小的激发电位,最易发生。离子的外层电子由第一激发态跃迁回到离子基态时发射的离子谱线,称为离子特征谱线。由于离子和原子具有不同的能级,所以离子发射的光谱与原子发射的光谱不一样,每条离子线都有其激发电位。

在原子谱线表中,通常用 Ⅰ 表示原子发射的谱线,Ⅱ 表示一次电离离子发射的谱线,Ⅲ 表示二次电离离子发射的谱线,如 Mg Ⅰ 285.21 nm 为原子线,Mg Ⅱ 280.27 nm 为一次电离离子线。

可观测到的原子光谱宽度约为 1×10^{-3} nm,为了获得用于分析的元素的特征光谱,一般必须使原子处于气态再激发。在发射光谱分析条件下,如果原子电离后形成的离子光谱具有足够的强度,也可以作为其定性定量的依据。

6.2.2 谱线的强度

在激发光源作用下,原子的外层电子在 i、j 两个能级之间跃迁,则谱线的强度是

$$I_{ij} = A_{ij}h\nu_{ij}N_i \tag{6.2}$$

式中 N_i—— 单位体积内处于激发态 i 的原子数,即激发态 i 的原子密度;

A_{ij}—— i、j 两个能级之间的跃迁概率;

h—— 普朗克常数;

ν_{ij}—— 发射谱线的频率。

频率 ν_{ij} 与两能级的能量差 ΔE 有关,即 $\Delta E_{ij} = E_i - E_j = h\nu_{ij}$。$h\nu_{ij}$ 反映了单个光子的能量,而强度 I_{ij} 代表了群体谱线的总能量。

在热力学平衡下,分配在各激发态的原子密度和基态原子密度 N_0 由 Boltzmann 公式决定

$$\frac{N_i}{N_0} = \frac{g_i}{g_0}e^{-\frac{E_i}{KT}} \tag{6.3}$$

$$I_{ij} = A_{ij}h\nu_{ij}\frac{g_i}{g_0}e^{-\frac{E_i}{KT}}N_0 \tag{6.4}$$

式中 g_i 和 g_0—— 激发态和基态的统计权重;

E_i—— 激发能;

T—— 激发温度;

K——Boltzmann 常数。

由式(6.3)可以算出,在一般光源温度下(5 000 K),大多数元素某一激发态原子的密度与基态原子密度的比值在 10^{-4} 数量级,可见光源中激发态原子密度很小,基态原子的密度 N_0 与气态原子的总密度 N_M 几乎相等,所以,式(6.3)可以写成

$$\frac{N_i}{N_M} = \frac{g_i}{g_0}e^{-\frac{E_i}{KT}} \tag{6.5}$$

可见,谱线的强度不但取决于气态原子的总密度 N_M,而且与原子和离子的固有属性有关。对于一定的分析物质,当光源温度恒定时,式(6.4)中除基态原子密度 N_0($N_0 \approx N_M$)外,其余各项均可视为常数。由于试样的浓度 c 与 N_M 成正比,所以,式(6.4)中常数部分若用 A 表示,此表达式可写成

$$I = Ac \tag{6.6}$$

如果考虑到光源中心部位原子发射的光子通过温度较低的外层时,被外层基态原子所吸收而产生自吸效应,式(6.6) 又可以写成

$$I = Ac^b \tag{6.7}$$

此式称为罗马金 – 赛伯(Lomakin – Schiebe) 公式,是原子发射光谱定量分析的基本关系式。式中,b 是自吸系数(取值为 0 ~ 1),随浓度 c 增加而减小,当浓度很小而无自吸时,$b = 1$。

6.3 原子发射光谱仪

6.3.1 原子发射光谱仪的基本构造

进行光谱分析的仪器主要由激发光源、分光系统(光谱仪)、检测系统三部分组成,如

图6.1所示。

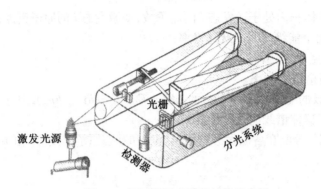

图 6.1　原子发射光谱仪结构示意图

1. 激发光源

激发光源的基本功能是提供使试样中被测元素解离蒸发为气态原子和原子激发发光所需要的能量。光源是决定光谱分析灵敏度、准确度的重要因素。

激发光源可分两类：一类是适宜液体样品的火焰光源和等离子体光源（包括电感耦合高频等离子体、直流等离子体和微波等离子体光源）；另一类是适宜固体样品直接分析的电弧光源和电火花光源。使用较多的光源有如下几种。

（1）电弧光源。

电弧是指在两个电极间施加高电流密度和低燃点电压的稳定放电。电弧光源包括直流电弧光源和交流电弧光源，它们的基本工作原理相同。

电弧系统使用两支上下相对的碳或其他电极对，电极对间具有一定的分析间隙（也称放电间隙，一般为 4~6 mm），一般在下电极上有一个凹槽用来放置待测样品，用专门设计的电路引燃电弧，引弧方式有电极接触引弧和高频引弧。燃弧所产生的热电子在通过分析间隙飞向阳极的过程中被加速，当其撞击在阳极上时产生高热，温度可达4 000~7 000 K，使试样蒸发和原子化，电子与原子碰撞电离出的正离子冲向阴极。在分析间隙里，电子、原子、离子间的相互碰撞，使基态原子跃迁到激发态，返回基态时发射出该原子的特征光谱。

交流电弧的电流密度比直流电弧大，弧温较高，激发能力强，电弧稳定性好，谱线主要是原子线，所以低压交流电弧被广泛应用于定性、定量分析中，但灵敏度稍低。以电弧发射为光源的仪器流程如图6.2所示。

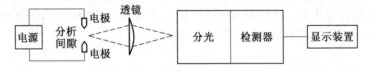

图 6.2　以电弧发射为光源的原子发射光谱仪基本部件示意图

（2）电火花光源。

电火花光源的工作原理是在通常电压下，利用电容的充放电在两极间周期性地加上高电压，达到击穿电压时，在两极间尖端迅速放电，产生电火花。电火花光源的供电输入为 220 V 交流电压,经变压装置升至 8 000～10 000 V 的高压,通过扼流线圈向电容充电。因此,电火花光源又称高压电火花光源。

高压电火花光源的特点是:在放电瞬间的能量很大,放电间隙电流密度很高,因此温度很高,可达 10 000 K 以上,具有很强的激发能力,一些难激发的元素可被激发,而且谱线大多为离子线。电火花光源良好的放电稳定性和重现性适合做定量分析。但是由于放电在瞬间(几微秒)完成,有明显的充电间歇,故电极温度较低,不利于样品的蒸发和原子化,灵敏度较差,故适宜做较高含量组分的分析。

(3)电感耦合等离子体光源。

等离子体是一种由自由电子、离子、中性原子与分子所组成的具有一定的电离度,但在宏观上呈电中性的气体,这些等离子体的力学性质与普通气态相同,但由于带电粒子的存在,其电磁学的性质与普通中性气体相差甚远,等离子体在电场中有电学性质。等离子体光源有微波等离子体(MIP)、直流等离子体(DCP)和电感耦合等离子体(ICP)等。

利用电感耦合等离子体(ICP)作为原子发射光谱的激发光源始于 20 世纪 60 年代,70 年代以后得到了迅速发展。ICP 是当前发射光谱分析中发展迅速、优点突出的一种新型光源。

作为光谱分析激发光源的 ICP 焰炬结构如图 6.3 所示,它由高频发生器和感应线圈、炬管和供气系统、样品引入系统 3 部分组成。高频发生器产生高频磁场,通过高频加热效应供给等离子工作气体(通常为氩气)能量。感应线圈一般是由圆形或方形铜管绕制的 2～5 匝线圈。

等离子体炬管为 3 层同心石英管,置于高频感应线圈中,等离子体工作氩气从管内通过,试样在雾化器中雾化后,由中心管进入火焰。外层冷却氩气从外管切向通入,保护石英管不被烧熔。中层石英管氩气用来维持等离子体的稳定。

当有高频电流通过线圈时,产生轴向磁场,用高频点火装置产生火花以触发少量气体电离,形成的离子与电子在电磁场作用下,与其他原子碰撞并使之电离,形成更多的离子和电子。当离子和电子累积到使气体的电导率足够大时,在垂直于磁场方向的截面上就会感应出涡流,强大的涡流产生高热将气体加热,瞬间使气体

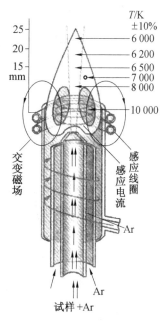

图 6.3 ICP 焰炬结构图

形成最高温度可达 10 000 K 左右的等离子焰炬。当载气携带试样气溶胶通过等离子体时,可被加热至 6 000～8 000 K,从而被原子化并被激发产生发射光谱。

ICP 光源的突出特点:

①工作温度高。在等离子体的核心处温度达 10 000 K,中央通道也有 6 000～8 000 K,有利于难溶化合物的分解和元素激发。

②具有"趋肤效应",即感应电流在外表面处密度大,等离子体是涡流态的,表面温度

高,轴心温度低,可有效地消除自吸现象,进样对等离子体的稳定性影响小。

③灵敏度高,线性范围宽(4~5个数量级)。

④电子密度大,碱金属电离造成的影响小,样品停留时间长,充分原子化,氩气产生的背景干扰小,无电极放电,无电极污染。

⑤仪器昂贵、操作费用高。

ICP 焰炬外形像火焰,但不是化学燃烧火焰,而是气体放电。

2. 分光系统

目前原子发射光谱仪中采用的分光系统主要有三种类型:平面反射光栅的分光系统、凹面光栅的分光系统、中阶梯光栅的分光系统。平面反射光栅的分光系统主要用于单道仪器,每次仅能选择一条光谱线作为分析线,来检测一种元素,平面反射光栅的分光系统如图 6.4 所示。凹面光栅的分光系统使发射光谱实现多道多元素的同时检测,如图 6.5 所示。中阶梯光栅的分光系统也被广泛使用,特别是中阶梯光栅与棱镜结合使用,如图 6.6 所示,形成了二维光谱,配以阵列检测器,可实现多元素的同时测定,且结构紧凑,已出现在新一代原子发射光谱仪中。采用后两种类型的光谱仪也称多色光谱仪。

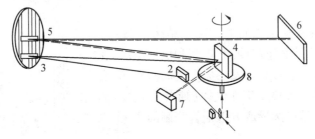

图 6.4 平面反射光栅的分光系统图

1—狭缝;2—平面反射镜;3—准直镜;4—光栅;5—成像物镜;6—感光板;7—二次衍射反射镜;8—光栅转台

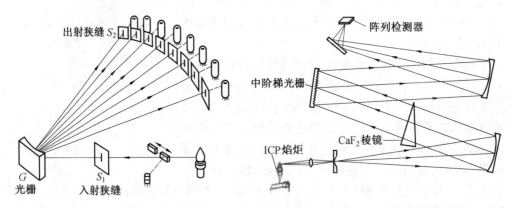

图 6.5 凹面光栅的分光系统图　　图 6.6 使用阵列检测器的中阶梯光栅的分光系统图

3. 检测系统

原子发射光谱的检测方法有照相法和光电检测法。目前较常用的光电检测方式有光电倍增管、阵列检测器两类。

(1)光电倍增管。它既是光电转换元件,又是电流放大元件,其结构如图 6.7 所示。

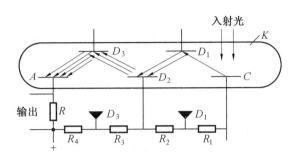

图6.7 光电倍增管的工作原理图

光电倍增管的外壳由玻璃或石英制成,内部抽真空,阴极涂有能发射电子的光敏物质,如 Sb-Cs 或 Ag-Cs 等,在阴极和阳极间装有一系列次级电子发射极,即电子倍增极。阴极和阳极之间加约 1 000 V 的直流电压,当辐射光子撞击光阴极时,光敏物质发射光电子,该光电子被电场加速而落在第一倍增极上,撞击出更多的二次电子,以此类推,阳极最后收集到的电子数将是阴极发出的电子数的 $10^5 \sim 10^8$ 倍。

(2)阵列检测器。它是多道检测器。对于光谱研究,多道检测器一般放在光谱仪的焦面上,以便同时转换并测定经色散后不同元素的光谱。

目前在光谱仪中使用三种多道光子检测器:光电二极管阵列检测器(Photodiode Arrays,PDAs),电荷耦合检测器(Charge Coupled Devices,CCDs)和电荷注入检测器(Charge Injection Devices,CIDs),因后两种器件是将电荷从收集区转移到检测区后完成测定,故又称为电荷转移检测器。

光电二极管阵列检测器的每个光敏元件都是由小的硅二极管(反向偏置 p-n 结)组成,光敏元件多以线阵排列在检测器的表面。硅二极管因反向偏置电压,其导电性几乎为零,在光照下,p-n 结附近受光子的轰击,从而产生电子和空穴对,硅片的导电性增加,形成光电流。

电荷转移检测器除了具有多道测量的优点外,还有光电倍增的作用。它的工作特点是以电荷作为信号,通过对硅半导体基体的光生电荷,在短暂的周期内进行转移、收集、放大、测定累计电荷量,以达到光能量检测的目的。光生电荷的产生与入射光的波长及强度有关。

在 CIDs 中,检测单元是用 n 型硅半导体材料作为基体。该材料中多数载流子是电子,少数载流子是空穴,检测器收集检测的是光照产生的空穴。由图 6.8 可见,两支电极和硅半导体基体组成了电容器,该电容器能储存光照射硅半导体时所产生的电荷。在两支电极上施加一个负向偏压,结果在电极下方形成了一个反向正电荷区。

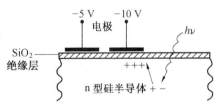

图6.8 电荷注入检测器原理图

当光照射时,由于吸收光子,在硅半导体基体中产生流动的空穴,电极的负向偏压使这些空穴迁移到电极下方的反向正电荷区并被收集,反向正电荷区能保持多达 $10^5 \sim 10^6$ 的电荷数。根据两支电极上所加电压值的不同,电压较负的电极作为电荷收集电极,另一支电极作为信号测量的传感电极。在 CCDs 中,检测单元是用 p 型硅半导体材料作为基体,该材料中多数载流子是空穴,少数载流子是电子,检测器收集检测的是光照产生的电子,电极上施加的是正向偏压,并采用三电极装置。

6.3.2 原子发射光谱仪的主要类型

1. 摄谱仪

摄谱仪是用棱镜或光栅作为色散元件,用照相法记录光谱的原子发射光谱仪器。利用光栅摄谱仪进行定性分析十分方便,该类仪器的价格较便宜,测试费用也较低,而且感光板所记录的光谱可长期保存,因此目前应用仍十分普遍。

2. 光电直读等离子体发射光谱仪

光电直读等离子体发射光谱仪分为多道直读光谱仪、单道扫描光谱仪和全谱直读光谱仪三种。前两种仪器采用光电倍增管,后一种采用 CIDs 或 CCDs 做检测器。

(1) 多道直读光谱仪。

如图 6.9 所示为多道直读光谱仪示意图。从光源发出的光经透镜聚焦后,在入射狭缝成像并投射到狭缝后的凹面光栅上。凹面光栅将光色散后分别聚焦在具有出射狭缝的焦面上,狭缝后面有光电倍增管,在检测各波长的光强后用计算机进行数据处理。

这种多道固定狭缝式直读光谱仪,优点是具有多达 70 个通道,分析速度快,光电倍增管对信号放大能力强,准确度高,线性范围宽,达 4～5 个数量级,可同时分析含量差别较大的不同元素。不足之处是出射狭缝固定,使被测元素谱线固定。适用于固定元素的快速定性、半定量和定量分析。

(2) 单道扫描光谱仪。

如图 6.10 所示为单道扫描光谱仪示意图。光源发出的辐射经入射狭缝投射到可转动的光栅上色散,当光栅转动至某一固定位置时,只有某一特定波长的谱线能通过出射狭缝进入检测器,通过光栅的转动完成一次全谱扫描。和多道直读光谱仪相比,单道扫描光谱仪的波长选择灵活方便,但由于通过光栅转动完成扫描需要一定的时间,因此分析速度受到一定限制。

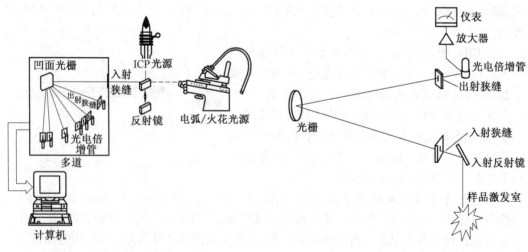

图 6.9 多道直读光谱仪示意图　　图 6.10 单道扫描光谱仪示意图

(3) 全谱直读光谱仪。

全谱直读光谱仪如图 6.11 所示，采用电荷注入或电荷耦合检测器，同时可检测165～800 nm 波长范围内出现的全部谱线，其中阶梯光栅加棱镜的分光系统，使仪器结构紧凑，体积大为减小，兼具多道固定狭缝式和单道扫描光谱仪的特点。28 mm×28 mm 电荷耦合检测器的芯片上，可排列 26 万个感光点阵，具有同时检测几千条谱线的能力。

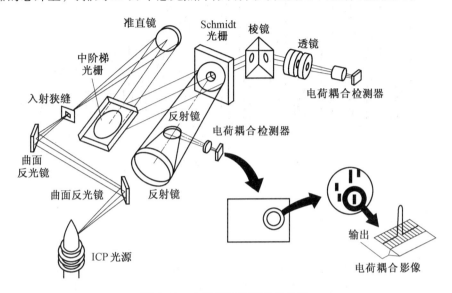

图 6.11　全谱直读光谱仪示意图

该仪器的显著特点有：测定每个元素时可同时选用多条特征谱线，能在 1 min 内完成 70 个元素的定性、定量测定，试样用量少(1 mL)，线性范围为 4～6 个数量级，绝对检出限常在 0.1～50 ng · mL^{-1}。

6.4　实验技术

6.4.1　定性分析

原子发射光谱法的定性依据是元素的发射光谱具有特征性和唯一性。各种元素的特征谱线有多有少，复杂的元素谱线可达数千条，在光谱分析中，凡是用于鉴定元素的存在及测定元素含量的谱线都称为分析线。在分析中不必检出所有的特征谱线，只要检出该元素两条以上的灵敏线、最后线或特征谱线组就可以确定该元素存在。

灵敏线是指各元素谱线中最容易激发或激发电位较低的谱线，通常是该元素光谱中最强的谱线。最后线是指随着元素含量减小，最后才消失的谱线，一般而言，最后线常是第一共振线（由第一激发态跃迁至基态时所辐射的谱线称为第一共振线），也是理论上的灵敏线。特征谱线组是指为某种元素所特有的、容易辨认的多重谱线组。

在进行谱线检查时，常采用试样光谱与纯物质光谱或铁光谱（见图 6.12）比较的方法来确定元素的存在，即将待测试样和纯物质或纯铁在完全相同的条件下摄谱，然后把两谱图进行比较。实际工作中通常以铁谱作为标准(即波长标尺),这是因为铁谱的谱线多,在 210~660 nm 范围内有数千条谱线,谱线间距均匀,铁谱上的每一条谱线的波长都已被准确测定和定位。

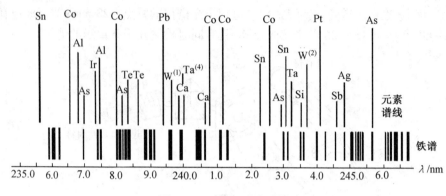

图 6.12 元素标准光谱图

6.4.2 定量分析

定量依据是罗马金-赛伯公式

$$I = Ac^b$$

在原子发射光谱法中,试样蒸发和激发条件、试样组成、稳定性等都会影响谱线的强度,要完成控制这些实验条件波动比较困难,所以在实际测量中常采用的方法有如下几种。

1. 内标标准曲线法(简称内标法)

内标法是一种相对强度法,即选择一条被测元素的特征谱线作为分析线(强度为 I),再选一种比较元素的谱线作为内标线(强度为 I_0),组成分析线对进行分析。其原理是

$$I = A_1 c^b, \quad I_0 = A_0 c_0^{b_0}$$

相对强度 R 为

$$R = \frac{I}{I_0} = \frac{A_1 c^b}{A_0 c_0^{b_0}} = Ac^b \tag{6.8}$$

式中,设常数项 $\frac{A_1}{A_0 c_0^{b_0}} = A$,两边取对数则

$$\lg R = b\lg c + \lg A \tag{6.9}$$

式(6.9)即为内标标准曲线法的基本定量关系式。

实际定量分析时,测定含有被测元素和内标元素标样的谱线强度,绘制 $\lg R$ 对 $\lg c$ 的标准曲线,在相同条件下再测定试样中被测元素的 $\lg R_x$,在标准曲线上求得未知试样的 $\lg c_x$。

内标元素与内标线的选择原则:
(1) 内标元素可以选择基体元素,或另外加入,但含量要固定。
(2) 内标元素与被测元素化合物应具有相似的蒸发性质。
(3) 分析线与内标线没有自吸或自吸很小,且不受其他谱线的干扰。

(4)分析线对应同为原子线或离子线。
2. 标准曲线法
在利用 ICP–AES 仪定量分析时,由于光源无自吸现象,仪器性能稳定、准确度高,可直接采用标准曲线法。即依据 $I = Ac$,配制合适浓度的待测元素的标准系列溶液和待测溶液(要与标准系列溶液的基体一致),分别测定发射谱线光强 I,以标准溶液浓度 C 为横坐标,I 为纵坐标绘制 $I - C$ 曲线,利用回归方程,求出待测样品中被测元素的含量。

习　　题

1. 解释下列名词:
(1)共振线;(2)灵敏线;(3)分析线;(4)谱线的自吸与自蚀。
2. 谱线的自吸对光谱分析有什么影响?
3. 原子发射光谱仪的主要部件有哪些?它们的作用是什么?
4. 简述 ICP 光源的形成原理及其特点。
5. 简述原子发射光谱法定性分析的原理。
6. 原子发射光谱法定量分析的依据是什么?有哪些定量方法?
7. 选择分析线应根据什么原则?
8. 选择内标元素及内标线的原则是什么?

第 7 章

原子吸收光谱法

7.1 概 述

原子吸收光谱法(Atomic Absorption Spectrophotometry,AAS)又称原子吸收分光光度法。它是基于气态的基态原子在特定波长的光辐射下,原子外层电子对光的吸收现象而建立的一种光谱分析方法。

早在 18 世纪初,人们就开始对原子吸收光谱——太阳连续光谱中的暗线进行了观察和研究。但是,原子吸收光谱作为一种分析方法是从 1955 年澳大利亚物理学家瓦尔西(Walsh A.)发表著名论文《原子吸收光谱在化学分析中的应用》开始的,该文奠定了原子吸收光谱法的理论基础,此后该法迅速得到发展。目前,该法在元素测定方面已成为比较完善的现代分析手段,在其他各个领域也得到广泛的应用。

原子吸收光谱法分析过程如图 7.1 所示。

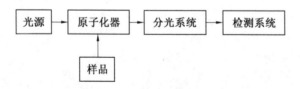

图 7.1 原子吸收光谱法分析过程

样品在进行原子化之前,一般要进行预处理(消化)后再进入原子化器,试样中的被测元素在高温下蒸发、汽化、解离成气态原子,而气态原子会吸收光源辐射的特征谱线,最后经分光,由检测系统对光强的减弱程度进行检测,从而得到被测元素的含量。

原子吸收光谱法分析利用的是原子吸收现象,而原子发射光谱法分析则基于原子的发射现象,它们是互相联系的两种相反的过程,这使得二者在仪器和测定方法上有相似之处,亦有不同之处。

原子吸收光谱法根据原子化方式的不同,分为火焰原子化法、石墨炉原子化法、氢化物原子化法和冷原子化吸收法。原子吸收光谱法的特点:

(1)检出限低,灵敏度高。火焰原子化法检出限可达 $10^{-9} \sim 10^{-11}$ g·mL^{-1},石墨炉原子化法检出限可达 10^{-14} g·mL^{-1}。

(2)精密度高。火焰法相对偏差小于1%,石墨炉法一般在3%~5%。
(3)谱线和基体干扰小。光源发射的是被测元素的特征谱线,故吸收选择性高。
(4)分析速度快。分析试样一种元素只需数秒。
(5)应用范围广。可测定的元素达70余种。

该方法的不足之处在于:每测一种元素要更换一个空心阴极灯,虽然许多仪器都将6~8种灯放在旋转灯架上进行自动交换,但在进行多元素测定时仍有不便。该仪器的发展趋势是应用多道式检测器、多元素空心阴极灯,开发多元素同时测定仪,如目前已开发有6元素同时测定AAS仪。

7.2 原子吸收光谱法的基本原理

7.2.1 共振发射线和共振吸收线

一个基态原子受外界能量激发,其外层电子可能跃迁到不同能态,因此可能有不同的激发态。电子从基态跃迁到能量最低的激发态(称为第一激发态)时要吸收一定频率的辐射,它再跃回基态时,则会发射出同样频率的辐射,对应的谱线称为共振发射线,简称共振线。电子从基态跃迁到第一激发态所产生的吸收谱线称为共振吸收线,简称共振线。

各种元素的共振线因其原子结构不同而各有其特征性,这种从基态到第一激发态的跃迁最易发生,因此对大多数元素来说,共振线是元素所有谱线中最灵敏的谱线。

7.2.2 原子吸收谱线的轮廓和变宽因素

原子吸收光谱线并不是严格几何意义上的线,而是具有一定的宽度和形状(轮廓)。所谓谱线轮廓,就是指谱线强度按频率有一定的分布值。原子吸收光谱线的轮廓以原子吸收谱线的中心频率和半宽度来表征。图7.2是锐线光源发射线和吸收线的轮廓,ν_0 称为中心频率,由原子能级决定,ν_0 对应的最大值 K_0 称为峰值吸收系数,$K_0/2$ 处的吸收线对应的波长(或频率)范围 $\Delta\lambda$(或 $\Delta\nu$) 称为吸收线半宽度,其数量级 $\Delta\nu \approx 1 \times 10^{-3} \sim 5 \times 10^{-3}$ nm,如图7.3所示。原子发射线也存在类似变宽的现象,只不过原子发射光谱线半宽度要比吸收线窄得多($\Delta\nu \approx 5 \times 10^{-4} \sim 10^{-3}$ nm)。影响轮廓线的因素比较复杂,在通常仪器条件下,谱线变宽主要是外界影响所造成的。

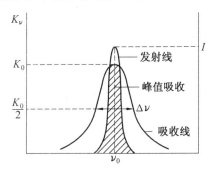

图7.2 原子吸收线和原子发射线的轮廓

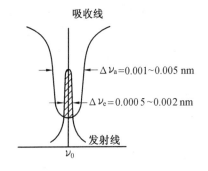

图7.3 锐线光源发射线和吸收线的轮廓

1. 自然变宽

在没有外界影响下,谱线仍具有一定的变宽,此宽度称为自然变宽。它与激发态原子的平均寿命有关。平均寿命越长,谱线宽度越窄。不同谱线有不同的自然变宽,一般约为 10^{-5} nm 数量级。

2. 多普勒变宽($\Delta \nu_D$)

多普勒变宽(Doppler broadening)又称为热变宽,是由于原子在空间无规则的热运动引起的。从物理学中已知,从一个运动着的原子发出的光,若原子向着观测者(即检测器)运动,则呈现出比原来更高的频率或更长的波长,反之,则在观测者看来,其频率较静止原子所发出的光频率低,这就是多普勒效应。在原子吸收分析中,对于火焰和石墨炉原子吸收池而言,气态原子处于无序热运动中,相对于检测器而言,各发光原子有着不同的运动分量,即使每个原子发出的光是频率相同的单色光,但检测器所接受的光也只是频率略有不同的光,从而引起谱线的变宽。

多普勒变宽 $\Delta \nu_D$ 与热力学温度 T 之间的关系为

$$\Delta \nu_D = 7.162 \times 10^{-7} \nu_0 \sqrt{\frac{T}{M}} \qquad (7.1)$$

式中　M——吸光质点的相对原子质量;

　　　T——热力学温度;

　　　ν_0——谱线的中心频率。

在火焰原子化器中,温度变宽是造成谱线变宽的主要因素,可达 $10^{-3} \sim 10^{-2}$ nm 数量级。温度变宽不引起中心频率偏移。

3. 压力变宽($\Delta \nu_L$)

压力变宽又称碰撞变宽,是指由于吸光原子与蒸气中原子或分子相互碰撞而引起的能量稍微变化,使发射或吸收光量子频率改变而导致的谱线变宽。由不同原子碰撞产生的变宽称为洛伦兹变宽(Lorentz Broadening),同类原子碰撞引起的变宽称为霍尔兹马克变宽(Holtsmark Broadening)。在 2 000 ~ 3 000 K 的温度下,$\Delta \nu_L$ 与 $\Delta \nu_D$ 有相同的数量级($10^{-3} \sim 10^{-2}$ nm)。

当原子吸收区的原子浓度足够高时,碰撞变宽是不可忽略的,它会引起吸收峰中心频率偏移、峰形不对称,影响检测灵敏度。

4. 自吸变宽

光源辐射共振线被光源周围较冷的同种原子所吸收的现象称为"自吸",严重的谱线自吸收就是谱线的"自蚀",自吸现象使发射谱线强度降低,同时导致谱线轮廓变宽。灯电流越大,自吸现象越严重。自吸变宽的原因是因为在谱线中心波长处自吸收最强,两翼的自吸较弱,使中心波长处辐射强度相对有较大下降。这样,从谱线半宽度的定义来看,就好像谱线变宽了,其实自吸现象并没有引起谱线频率的改变,所以自吸变宽不是真正的谱线变宽。

研究结果证明,对原子吸收分析来说,当使用火焰原子化法时,洛伦兹变宽是主要的,其他因素是次要的。但当共存原子浓度很低时,特别是无火焰原子化装置时,$\Delta \nu_D$ 占主要地位。

7.2.3 吸收光谱与定量基础

1. 积分吸收与基态原子

原子吸收光谱产生于基态原子对特征谱线的吸收。原子吸收线轮廓下面所包围的整个面积是原子蒸气所吸收的全部能量,在原子吸收分析中称其为积分吸收。由于原子吸收线轮廓是同种基态原子在吸收器共振辐射时被变宽了的吸收带,而原子吸收线轮廓上的任意吸收点都与相同的能级跃迁相联系,所以,基态原子浓度 N_0 与积分吸收成正比。根据经典色谱理论,积分吸收可由下式得出

$$\int_0^{\Delta\nu} K_\nu \mathrm{d}\nu = \frac{\pi e^2}{mc} N_0 f \tag{7.2}$$

式中　e——电子电荷;

　　　m——电子质量;

　　　c——光速;

　　　N_0——单位体积原子蒸气中吸收辐射的基态原子数,即基态原子密度;

　　　f——振子强度,代表每个原子中能够吸收或发射特定频率光的平均电子数,在一定条件下,对于一定元素,f 可视为一定值。

2. 峰值吸收与定量基础

从式(7.2)可见,只要测得积分吸收值,即可算出待测元素的原子密度。但由于积分吸收值测量困难,通常在使用锐线光源的条件下,以测量的峰值吸收代替积分吸收。所谓锐线光源,是指发射出半宽度很窄的发射线的光源,即发射线的 $\Delta\nu_e$ 小于吸收线的 $\Delta\nu_a$。由于在使用锐线光源进行吸收测量时(其情况如图7.3所示),$\Delta\nu$ 很小,可以近似地认为吸收系数 K_ν 在 $\Delta\nu$ 内不随频率 ν 而改变,因此以中心频率处的峰值吸收系数 K_0 来代替积分吸收系数 K_ν 完全合理。而在通常的原子吸收分析条件下,若吸收线的轮廓只取决于多普勒变宽,则峰值吸收系数 K_0 与基态原子数 N_0 之间的关系为

$$K_0 = \frac{2}{\Delta\nu_D}\sqrt{\frac{\ln 2}{\pi}}\frac{\pi e^2}{mc} N_0 f \tag{7.3}$$

保证 K_0 代替 K_ν 成立的测量的条件是光源发射线的半宽度应小于吸收线的半宽度,且通过原子蒸气的发射线的中心频率 ν_e 恰好与吸收线的中心频率 ν_a 相重合。目前原子吸收光谱仪采用空心阴极灯等特制光源来满足此要求。

3. 原子吸收光谱法定量基本关系式

当频率为 ν,强度为 I_ν 的平行光通过均匀的原子蒸气(见图7.4)时,原子蒸气对辐射产生吸收,符合朗伯(Lambert)定律,即

$$I_\nu = I_{0,\nu}\mathrm{e}^{-k_\nu L} \tag{7.4}$$

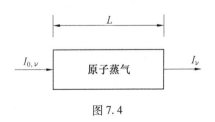

图 7.4

式中　$I_{0,\nu}$——入射光的强度;

　　　I_ν——透过光的强度;

　　　k_ν——原子蒸气对频率为 ν 的光的吸收系数;

　　　L——原子蒸气的宽度,即光程。

当在原子吸收线中心频率附近一定频率范围 ν 内测量时,则

$$I_0 = \int_0^{\Delta\nu} I_{0,\nu} \mathrm{d}\nu \tag{7.5}$$

$$I_\nu = \int_0^{\Delta\nu} I_\nu \mathrm{d}\nu = \int_0^{\Delta\nu} I_{0,\nu} \mathrm{e}^{-k_\nu L} \mathrm{d}\nu \tag{7.6}$$

当使用锐线光源时,$\Delta\nu_e$ 很小,$\Delta\nu_e \leqslant \Delta\nu_a$,可以认为 $K_0 \approx K_\nu$,则吸光度 A 为

$$A = \lg \frac{I_0}{I_\nu} = \lg \frac{\int_0^{\Delta\nu} I_{0,\nu} \mathrm{d}\nu}{\int_0^{\Delta\nu} I_{0,\nu} \mathrm{e}^{-k_\nu L} \mathrm{d}\nu} = \lg \frac{1}{\mathrm{e}^{-k_0 L}} = 0.434 K_0 L \tag{7.7}$$

将式(7.3)代入式(7.7),得

$$A = \left(0.434 \frac{2}{\Delta\nu_D} \sqrt{\frac{\ln 2}{\pi}} \frac{\pi \mathrm{e}^2}{mc} f L\right) N_0 \tag{7.8}$$

式(7.8)说明吸光度与基态原子数成正比。

在通常的原子化温度(小于 3 000 K)和波长低于 600 nm 条件下,原子蒸气中激发态原子数 N_j 与基态原子数 N_0 之比小于 10^{-3},所以可以认为 N_0 近似地等于总原子数 N 而总原子数与被测元素浓度成正比,即 $N_0 \approx N \propto c$。

当实验条件一定时,各有关参数为常数,式(7.8)可以简写为

$$A = kLc \tag{7.9}$$

式中 k——与实验条件有关的常数;

       L——光程。

式(7.8)与式(7.9)即为原子吸收光谱法的定量基本关系式。

7.3 原子吸收光谱仪

原子吸收光谱仪主要由光源、原子化系统、分光系统及检测系统四个部分构成,如图7.5所示,分光系统(单色器)位于原子化器与检测器之间。仪器类型有单光束和双光束之分。

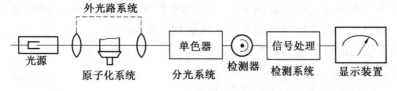

图 7.5 原子吸收光谱仪结构流程示意图

7.3.1 光 源

光源的作用是发射基态原子吸收所需的特征谱线。对光源的要求是:发射待测元素的特征光谱,有足够的发射强度,背景小,稳定性高。原子吸收光谱仪广泛使用的光源是空心阴极灯,偶尔还会使用蒸气放电灯和无极放电灯。

空心阴极灯(Hollow Cathode Lamp,HCL)又称元素灯,它包括一个阳极(钨棒)和一个空心圆筒形阴极(由用以发射所需谱线的金属或合金,或铜、铁、镍等金属制成阴极衬套,空穴内再衬入或熔入所需金属)。两电极密封于充有低压惰性气体的带有石英窗或玻璃窗的玻璃壳中。其结构如图7.6所示。

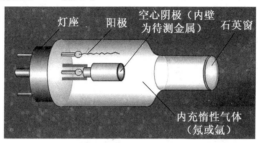

图7.6 空心阴极灯结构示意图

当正负电极间施加适当电压(通常是300~500 V)时,电子将从空心阴极内壁射向阳极,在电子的通路上与惰性气体原子碰撞而使惰性气体原子电离,带正电荷的惰性气体离子在电场作用下,又向阴极内壁猛烈轰击,使阴极表面的金属原子溅射出来。溅射出来的金属原子再与电子、惰性气体原子及离子发生碰撞而被激发,于是阴极内的辉光中便出现了阴极物质和内充惰性气体的光谱。

空心阴极灯发射的光谱,主要是阴极元素的光谱(其中也含有内充气体及阴极中杂质的光谱),因此用不同的待测元素做阴极材料,可制成各相应待测元素的空心阴极灯。若阴极物质只含一种元素,可制成单元素灯;若阴极物质含多种元素,则可制成多元素灯。

空心阴极灯的光强度与灯的工作电流有关。增大灯的工作电流,可以增加发射强度。但工作电流过大,热变宽和自吸现象增加,反而使谱线强度减弱。如果工作电流过低,又会使灯光强度减弱,导致稳定性、信噪比下降。因此,使用空心阴极灯时必须选择适当的灯电流。最适宜的灯电流随阴极元素和灯的设计不同而不同。

空心阴极灯在使用前应经过一段预热时间,使灯的发射强度达到稳定,预热时间的长短视灯的类型和元素的不同而不同,一般在5~20 min范围内。

空心阴极灯的优点是只需调整一个操作参数(即电流),发射的谱线稳定性好,强度高而宽度窄,并且容易更换。

7.3.2 原子化系统

原子化系统的作用是提供能量,将试样干燥、蒸发和原子化。使试样原子化的方法有火焰原子化法(Flame Atomization)和非火焰原子化法(Flameless Atomization)两类。最常用的是火焰原子化法和石墨炉原子化法。火焰原子化法是最早使用的方法,因其具有操作简单快速,对大多数元素有较高的灵敏度等优点,至今使用仍最广泛。而石墨炉原子化技术,因其具有较高的原子化效率、灵敏度和低检出限等优点,发展很迅速。

1. 火焰原子化装置

火焰原子化装置包括雾化器(Nebulizer)和燃烧器(Burner)两部分,如图7.7所示。

为了保证辐射光被原子蒸气有效吸收,燃烧器喷嘴设计为长条形,高度和方向可调,当试样浓度较小时,能够使辐射光平行通过火焰中原子蒸汽浓度最大的部分。

雾化器的作用是将试液雾化,形成气溶胶而进入燃烧器火焰中,其性能对测定结果的精密度和化学干扰等会产生显著影响。因此要求喷雾稳定,雾滴微小而均匀,雾化效率要高。目前普遍采用的是气动同轴型雾化器(见图7.7),其雾化效率可达10%以上。试液在进入雾化室(也称预混合室)的同时迅速被雾化,与燃气(如乙炔、丙烷、氢等)在室内充分混合,其中较大的雾滴凝结在壁上,经预混合室下方废液管排出,而最细的雾滴则进入火焰中用于原子化,如图7.8所示。

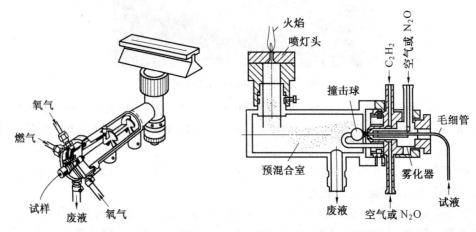

图7.7 火焰原子化装置结构示意图　　图7.8 预混合型燃烧器结构示意图

在火焰原子化过程中,试样气溶胶在火焰温度的作用下经历蒸发、干燥、熔化、离解、原子化、激发和化合等复杂过程。在此过程中,除了产生大量游离的基态原子外,还会产生很少量的激发态原子、离子和分子等不吸收辐射的粒子。

火焰的温度对不同元素形成基态原子具有很大的影响。火焰温度主要取决于燃气和助燃气的种类,另外也与燃气、助燃气的比例有关。当火焰的燃气与助燃气的比例与它们之间化学反应计算量相近(1∶4)时,称为中性火焰。燃气量小于化学反应计算量(1∶6)时,形成的火焰称为贫燃性火焰(氧化性火焰)。若燃气量大于化学反应计算量(1∶3),则形成的火焰称为富燃性火焰(还原性火焰)。一般富燃性火焰比贫燃性火焰温度低,但由于燃烧不完全,会形成强还原性气氛,有利于易形成难解离氧化物的元素的测定。表7.1列出了几种常用火焰的温度及燃烧速度(燃烧速度指火焰的传播速度)。

原子吸收测定中最常用的火焰是乙炔-空气火焰,此外,应用较多的是氢-空气火焰和乙炔-氧化亚氮高温火焰。乙炔-空气火焰燃烧稳定,重现性好,噪声低,燃烧速度不是很大,温度足够高(约2 300 ℃),对大多数元素有足够的灵敏度,可检测35种元素。氢气-空气火焰燃烧速度较乙炔-空气火焰高,但温度较低(约2 050 ℃),优点是背景发射较弱,透射性能好。乙炔-氧化亚氮火焰的特点是火焰温度高(约2 955 ℃),而燃烧速度并不快,是目前应用较广泛的一种高温火焰,用它可测定70多种元素。

表7.1　火焰的温度及燃烧速度

燃烧气体	助燃气体	最高温度/℃	燃烧速率/(cm·s^{-1})
氢	氩	1 577	—
煤气	空气	1 840	55
丙烷	空气	1 925	82
氢	空气	2 050	320
乙炔	空气	2 300	160
氢	氧	2 700	900
乙炔	50%氧+50%氢	2 815	640
乙炔	氧	3 060	1 130
氰	氧	4 640	140
乙炔	氧化亚氮	2 955	180
乙炔	氧化氮	3 095	90

2. 非火焰原子化装置

非火焰原子化法包括石墨炉原子化法、氢化物原子化法及冷原子化法,其中石墨炉原子化法最为常用,其结构如图7.9所示。

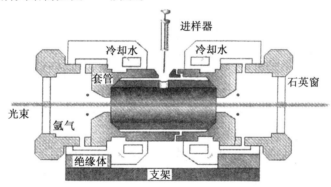

图7.9　石墨炉原子化装置结构示意图

（1）石墨炉原子化法。

石墨炉原子化器由加热电源、保护气控制系统和石墨管组成。加热电流通过石墨管产生高热高温,最高温度可达到3 000 ℃。外气路中的氩气沿石墨炉外壁流动,以保护石墨炉不被烧蚀,内气路中的氩气从炉两端流向炉中心,并从炉中心孔流出,以有效地除去在干燥和灰化过程中产生的基体蒸气,同时保护原子不再被氧化。

石墨炉原子化器的原子化过程分为四个阶段,由微机控制实行程序升温,具体步骤见表7.2。

表7.2 石墨炉原子化程序升温过程

程序	干燥	灰化	原子化	净化
温度	稍高于沸点	800 ℃左右	2 500 ℃左右（石墨管3 000 ℃）	高于原子化温度200 ℃左右
目的	除去溶剂	除去易挥发基体有机物	测量	清除残留物

石墨炉原子化法的优点是：试样原子化是在惰性气体保护下于强还原性介质内进行的，有利于氧化物分解和自由原子的生成；原子化效率高，样品用量小（1～10 μL）；原子在吸收区内平均停留时间较长，绝对灵敏度高；液体和固体试样均可直接进样。缺点是：试样组成不均匀性影响较大，有强的背景吸收，测定精密度不如火焰原子化法，大量使用氩气，使仪器运行成本高。表7.3 对火焰原子化法和石墨炉原子化法作了比较。

表7.3 火焰原子化法和石墨炉原子化法的比较

	火焰原子化法	石墨炉原子化法
原子化原理	火焰热	电热
最高温度	2 955 ℃（对乙炔-氧化亚氮火焰）	约3 000 ℃（石墨管的温度）
原子化效率	约10%	90%以上
试样体积	约1 mL	5～100 μL
灵敏度	低	高
检出限	对Cd 0.5 ng·g^{-1} 对Al 20 ng·g^{-1}	对Cd 0.002 ng·g^{-1} 对Al 0.1 ng·g^{-1}
最佳条件下的重现性	相对标准偏差0.5%～1.0%	相对标准偏差1.5%～5%
基体效应	小	大

(2)氢化物原子化法。

氢化物原子化法是基于砷、锑、铋、锗、锡、硒、锌等元素的氢化物在常温下为气态，而且热稳定性差的特点，利用强还原剂（如硼氢化钠）作用生成氢化物，如AsH_3、SnH_4、BiH_3等，用惰性气体做载气将氢化物送入原子化器，在较低的温度下使其分解、原子化。

氢化物原子化器由反应器、加液器（泵）、石英管（炉）等组成。这种原子化方法具有原子化温度低，灵敏度高（10^{-9} g），基体干扰和化学干扰小的特点。

(3)冷原子化法。

冷原子化法主要用于无机汞和有机汞的分析。该方法是基于常温下汞具有较高的蒸汽压的特点，在常温下将Hg^{2+}用还原剂（如$SnCl_2$或盐酸羟胺）还原为金属汞，然后用气流将汞蒸气送入原子吸收管中，测量汞蒸气对Hg 253.7 nm吸收线的吸收。本法准确度和灵敏度较高（10^{-8} g）。

7.3.3 分光系统（单色器）

分光系统（单色器）的作用是将待测元素的共振线与邻近其他谱线分开。主要部件由色散元件(光栅或棱镜)、反射镜、狭缝等组成,如图 7.10 所示。

原子吸收谱线比较简单,因此对仪器色散能力要求不是很高。一般元素可用棱镜或光栅分光,目前商品仪器多采用光栅。

由式(7.10)可见,若一定的单色器采用了一定色散率的光栅,则单色器的分辨率和集光本领取决于狭缝宽度。因此需要选用适当的光栅色散率与狭缝宽度配合,构成适于测定的通带(或带宽)来满足要求。通带是

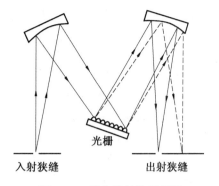

图 7.10 单色器结构示意图

由色散元件的色散率与入射及出射狭缝的宽度(二者通常是相等的)决定的,其表示式为

$$W = DS \times 10^{-3} \tag{7.10}$$

式中 W——单色器的通带宽度,nm;

D——光栅线色散率倒数,nm·mm^{-1};

S——狭缝宽度,μm。

一般来讲,狭缝宽度增加,出射光强度增加,但使单色器的分辨率降低。反之,狭缝减小,可以改善实际分辨率,但出射光强度会降低。

7.3.4 检测系统

检测系统主要由检测器、数据处理器等组成。检测器多为光电倍增管和稳定度达 0.01% 的负高压电源组成,工作波段在 190~900 nm 之间。现代较新型的仪器还设置了背景自动校正、自动取样等功能。目前,随着光电二极管阵列(PDA)、电荷耦合器(CCD)、CMOS 图像传感器的出现,原子吸收光谱仪的检测系统也更加灵敏、准确、快速。

7.3.5 仪器性能指标

原子吸收光谱仪的性能指标一般包括波长准确度、光谱带宽、特征浓度、噪声、检出限、精密度、基线漂移等,它们是影响分析结果可靠性的重要指标。下面只对测这一元素中较有实用意义的灵敏度、特征浓度和检出限作介绍。

1. 灵敏度及特征浓度

国际纯粹和应用化学联合会(IUPAC)规定,灵敏度 S 的定义是分析标准函数 $x = f(c)$ 的一次导数,其表达式为 $S = dx/dc$。对于原子吸收光谱法,灵敏度表达式为 $S = dA/dc$ 或 $S = dA/dm$,它表示被测元素的浓度或质量改变一个单位时所引起的测量信号吸光度的变化量。但在原子吸收光谱分析中,经常用特征浓度 S'(Charateristic Concentration)这个概念来表征灵敏度。特征浓度 S' 是指能产生 1% 吸收或 0.004 4 吸光度值时溶液中待测元素的浓度或质量。

特征浓度计算式为

$$S' = \frac{c \times 0.004\ 4}{A} \quad (\mu g \cdot ml^{-1}/1\% \text{ 或 } \mu g \cdot g^{-1}/1\%) \tag{7.11}$$

例如 1 μg·g^{-1}镁溶液,测得其吸光度为 0.55,则镁的特征浓度为

$$\frac{1}{0.55} \times 0.004\ 4 = 8 \text{ ng} \cdot \text{g}^{-1}/1\%$$

特征浓度在一定程度上表征了仪器对某元素的响应情况,它还可以用于估算较适宜的浓度测量范围及试样取样量。

2. 检出限(Detection Limit)

检出限(D)是指产生一个能够确定在试样中存在某元素的分析信号所需要的该元素的最小含量。亦即在选定的实验条件下,待测元素所产生的信号强度等于其噪声强度标准偏差(σ)三倍时所对应的质量浓度或质量分数,用 μg·mL^{-1}或 μg·g^{-1}表示,其表达式为

$$D = \frac{c \times 3\sigma}{A} \tag{7.12}$$

式中　c——待测试液的浓度或质量;

A——多次测量待测试液吸光度的平均值;

σ——噪声的标准偏差,是对空白溶液或接近空白的标准溶液进行至少十次连续测定,由所得的吸光度值求算其标准偏差而得。

检出限比灵敏度具有更明确的意义,它考虑到了噪声的影响,并明确地指出了测定的可靠程度,它既反映了仪器的质量和稳定性,也反映了仪器对某元素在一定条件下的检出能力。

7.4　各种干扰及其抑制

原子吸收光谱法的最大特点是干扰比较小。但在试样转化为基态原子和信号测定的过程中,不可避免地还会受到各种因素的干扰。在原子吸收光谱法中,干扰效应按其性质和产生的原因,可以分为物理干扰、化学干扰、电离干扰和光谱干扰。

7.4.1　物理干扰及消除

物理干扰又称基体干扰,是指试样在转移、蒸发和原子化过程中,由于试样物理特性的变化而引起的吸收强度变化的效应。它主要影响试样喷入火焰的速度、雾化效率、雾滴大小及分布、溶剂与固体微粒的蒸发等。这类干扰是非选择性的,对试样中各元素的测定影响基本相同。如果配制与待测溶液具有相似组成的标准样品,则可以消除基体干扰。因此,可采用标准加入法或加入基体改进剂来减小和消除物理干扰。

7.4.2　化学干扰及消除

化学干扰是指被测元素与共存的其他元素发生化学反应,生成一种稳定的化合物而影响原子化效率。典型的例子是待测元素与共存物作用生成了难挥发的化合物,使得参与吸收的基态原子数减少。例如,在测定钙时,硫酸根、磷酸根离子与钙形成难挥发的化合物,使测定受到干扰。化学干扰是一种选择性干扰,与试样中各组分的化学性质、火焰

类型及温度等多种因素有关。

通常化学干扰可采用提高原子化温度,选择合适的火焰类型,加入释放剂或保护剂等方法加以抑制,具体方法如下:

(1)提高原子化温度。由于化学干扰一般随原子化温度的提高而减少,因此,高温火焰或提高石墨炉原子化温度,或采用还原性强富燃火焰,可使难离解化合物分解。

(2)加入释放剂。加入一种过量的金属元素,与干扰元素形成更稳定或更难挥发的化合物,从而使待测元素释放出来。例如在钙的测定中,如果加入 La 或 Sr 之后,La、Sr 与磷酸根离子结合成比磷酸钙更难溶的磷酸盐而将钙释放出来,消除了磷酸盐对钙测定的干扰。

(3)加入一种保护剂。使被测元素在"保护层"存在的情况下进入火焰,在高温下,保护剂先被破坏而释放出被测元素,或这种试剂与干扰元素生成稳定的化合物,将被测元素离解出来,为保护被测元素而加入的试剂称为保护剂。保护剂大多是配位剂。表 7.4 列出了常用的抑制干扰的试剂。

表 7.4 常用的抑制干扰的试剂

试剂	类型	防止干扰元素	分析元素
1% Cs 溶液	消电离剂	碱金属	K、Na、Rb
1% Na 溶液	消电离剂	碱金属	K、Rb、Cs
1% K 溶液	消电离剂	碱金属	Cs、Na、Rb
La	释放剂	Al、Si、PO_4^{2-}、SO_4^{2-}、P	Mg、Ca、Cr
Sr	释放剂	Al、Se、SO_4^{2-}、PO_4^{2-}、Be、NO_3、F、Fe	Mg、Ca
Sr+$HClO_4$	释放剂	Al、B、P	Ca、Mg、Ba
NH_4Cl	保护剂	Al	Na、Cr
NH_4Cl	保护剂	Fe、Mo、W、Mn	Cr
EDTA	配位剂	PO_4^{2-}、SO_4^{2-}、F	Pb
EDTA	配位剂	SO_4^{2-}、Al	Mg、Ca
$K_2S_2O_7$	配位剂	Al、Fe、Ti	Cr
Na_2SO_4	配位剂	可抑制 16 种元素的干扰	Cr
Na_2SO_4+$CuSO_4$	配位剂	可抑制 Mg 等十几种元素的干扰	

抑制化学干扰还可采用溶剂萃取、沉淀分离、离子交换等方法。溶剂萃取是常用的分离方法,它不仅可以分离,而且还有富集被测元素的作用。

7.4.3 电离干扰及消除

在高温火焰中原子发生电离,使基态原子的浓度降低而引起原子吸收信号降低的现象称为电离干扰。电离干扰随原子化温度升高及被测元素电离能减小而增大。

消除电离干扰的有效办法是加入大量的易电离元素,如碱金属钾、钠、铯等,加入的物质称为消电离剂。这些易电离元素在火焰中强烈电离,使原子蒸气中电子密度增加,从而使被测元素的电离平衡 $M \rightleftharpoons M^+ + e$ 向减少电离方向移动,减少了被测元素的电离概率。

例如在测定钠时,可在标准溶液和试样溶液中均加入钾或铯,即可消除电离干扰。

7.4.4 光谱干扰及消除

光谱干扰包括谱线干扰和背景干扰两种,主要来源于光源和原子化器,也与共存元素有关。

(1)光谱干扰及消除。

当共存元素的共振谱线相近,或分析元素的分析线与邻近线很接近,致使单色器不能完全分开时,将产生光谱干扰。若两谱线波长差为 0.03 nm 时,则认为谱线重叠干扰严重。一般通过调小光谱通带或更换分析线的方法抑制干扰。

(2)背景干扰及消除。

背景干扰主要是指因分子吸收、试样光散射、火焰气体吸收等所引起的干扰,统称为背景吸收。

分子吸收是指在原子化过程中生成的气体、氧化物及溶液中盐类和无机酸等分子对光辐射的吸收而产生的干扰,使吸收值增高。

光散射是原子化过程中产生的固体颗粒对光的阻挡所引起的假吸收。通常波长短、基体浓度大时,光散射严重,使测定结果偏高。

火焰气体吸收是指火焰本身对光的吸收,其波长越短,吸收越强。如在乙炔-空气火焰中,波长小于 250 nm 时,有明显吸收,可通过仪器调零来消除。

背景干扰消除常用的方法有:利用连续光源氘灯自动消除背景;利用塞曼(Zeeman)效应自动消除背景;利用与吸收线邻近的一条非吸收线来消除背景;利用不含待测元素的基体溶液来校正背景吸收等。通常石墨炉原子化法比火焰原子化法产生的干扰严重。目前生产的原子吸收光谱仪中,一般均设有氘灯背景扣除和塞曼效应背景扣除功能。

氘灯背景扣除法也称连续光源背景扣除法,其原理如图 7.11 所示。

用空心阴极灯进行正常测定时,总吸光度包括了待测元素的原子吸收和背景吸收,当使用发射连续光谱的氘灯测定时,主要测得的是分子和光散射所产生的吸收,待测原子的净吸收等于空心阴极灯测定的总吸光度与氘灯测定的背景吸收之差,即 $A_{待测元素} = A_总 - A_氘$。

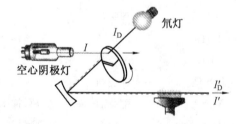

图 7.11 氘灯背景校正原理示意图

塞曼效应背景扣除法是根据磁场作用下谱线分裂的现象,利用磁场将简并的谱线分裂成具有不同偏振特性的成分。塞曼效应背景扣除法与连续光源的氘灯背景扣除法相比,校正波长范围宽(190~900 nm),背景校正准确度高,但仪器复杂且价格高。

在实际分析中,应根据原子吸收与背景吸收的差异,仔细判断是否存在背景干扰,然后再确定消除办法。原子吸收是锐线吸收,当波长改变 0.1 nm 时,吸收值变化很大;而背景吸收是分子吸收,产生的波长范围宽,当波长改变 5 nm 时,吸收值变化不大,趋于一定数值。

7.5 实验技术

7.5.1 样品的处理

1. 试样的溶解与分解

在原子吸收光谱法中,样品的性质决定样品的处理方法。在火焰原子化法中,需要将试样转变成溶液。对于固体样品主要是溶解,但是大量待测的试样,如动物的组织、植物、食品、石油产品以及矿产品等不能直接溶于一般的溶剂中,常常需要通过预处理进行分解和溶解,使试样变成溶液形式。

分解和溶解试样常用的方法有酸溶和消解。对金属、合金和矿石进行溶解时最常用的酸是盐酸、硫酸、硝酸、磷酸、氢氟酸等。对于不能直接溶解的试样采用消解法,以破坏样品中的有机物。消解法包括采用硝酸、过氧化氢、高氯酸、氢氟酸等的湿法消解和高温干法消解。对于含易挥发的元素如铅、铝、镉、砷、硒等的样品不宜采用干法消解。事实上,分解和溶解试样这一步不仅费时,而且在试样的预处理中还可能因样品损失或试剂选择不当带入杂质而引起误差。目前微波消解技术的发展使样品消解趋于简单、快速、误差减小的方向。

2. 样品的储存

原子吸收分析中应使用去离子水,对于试剂的纯度,应有合理的要求,以满足实际工作的需要。避免被测痕(微)量元素的损失是样品制备过程中的重要问题。由于容器表面吸附等原因,浓度低于 $1\ \mu g \cdot mL^{-1}$ 的溶液是不稳定的,不能作为储备溶液,使用时间不要超过 1~2 天。吸附损失的程度和速度依赖于储备溶液的酸度和容器的材料。作为储备溶液,通常是配制浓度较大(例如 $1\ mg \cdot mL^{-1}$ 或 $10\ mg \cdot mL^{-1}$)的溶液。无机储备溶液或试样溶液应放置在聚乙烯容器中,并维持必要的酸度。有机溶液应避免在与塑料、胶木瓶盖等直接接触储存。

7.5.2 实验条件的选择

1. 分析线

每种元素都有若干条吸收谱线,因而从灵敏度的观点出发,通常选择元素的共振线做分析线,因为共振线也是最佳灵敏线。但不是在任何情况下都一定选用共振线。当某元素(如 As,Se,Hg 等)的共振线位于远紫外区(波长小于 200 nm),背景吸收强烈,这时就不宜选择这些元素的共振线做分析线。当被测元素的共振线受到其他谱线的干扰时,也不适合选用共振线做分析线。

2. 光谱通带

在原子吸收光谱中,谱线重叠的概率较小,因此允许使用较宽的狭缝。对大多数元素来说,可选择大的通带,以提高信噪比。对于多谱线元素及背景较大的情况,宜采用较小的通带,以利于提高灵敏度。一般元素通带在 0.4~4 nm 之间。对谱线复杂的元素,如 Fe,Co,Ni 等可选择小于 0.1 nm 的通带。

3. 空心阴极灯电流

空心阴极灯的发射特性取决于工作电流。一般商品空心阴极灯均标有允许使用的最大工作电流和正常使用的电流。在实际工作中,可通过测定吸光值随灯电流的变化来选定适宜的工作电流。灯电流的选择原则是,在保证稳定和合适光强输出的条件下,尽量选择低的工作电流,控制在额定电流的40%~60%之间。空心阴极灯需要经过预热才能达到稳定的输出,预热时间一般为10~20 min。

4. 原子化条件

对于火焰原子化法,火焰的类型、火焰的位置和火焰高度,均对测定灵敏度有很大的影响。

(1)火焰的选择。

不同的元素可选择不同种类的火焰,原则是使待测元素获得最大原子化效率。易原子化的元素用较低温火焰,反之就需要高温火焰。当火焰选定后,要选用合适的燃气和助燃气的比例;对于难原子化的元素宜选用富燃火焰;对于那些氧化物不十分稳定的元素可采用贫燃火焰或化学计量火焰。

(2)燃烧器高度的选择。

只要保证来自空心阴极灯的辐射从自由原子浓度最大的火焰区域通过,就能获得最高灵敏度。其选择方法是在其他测试条件不变的情况下,吸喷待测元素的标准溶液,不断改变燃烧器高度,测其吸光度,绘制吸光度对燃烧器高度的关系曲线,找出最佳燃烧器高度。

对于石墨炉原子化法,合理选择干燥、灰化、原子化、净化温度十分重要。干燥是一个低温除去溶剂的过程,应在稍低于溶剂沸点的温度下进行。热解、灰化的目的是为了破坏和蒸发除去试样的基体,在保证被测元素没有明显损失的前提下,应将试样尽可能加热到高温。在原子化阶段,应选择达到最大吸光度的最低温度作为原子化温度。净化是将温度升至最大允许值,以除去残余物,消除原子化器的记忆效应。

7.5.3 定量分析

原子吸收光谱法的定量依据是朗伯-比尔定律,据此常用的分析方法有标准曲线法和标准加入法。

1. 标准曲线法

配制一组合适的、浓度不同的标准系列溶液,分别由低浓度到高浓度依次测定它们的吸光度A,以A为纵坐标,被测元素的浓度c为横坐标,绘制A-c标准曲线。在相同的测定条件下,测定未知样品溶液的吸光度A_x,用A-c标准曲线的线性回归方程,求出未知样品中被测元素的浓度c_x。

用标准曲线法定量时,要求试液与标准系列溶液的基体基本一致,因此本方法只适合组成比较简单的试样分析,同时由于各种因素在较高浓度溶液测定时有时会出现标准曲线弯曲,所以在使用本法时要注意以下几点:

(1)标准溶液和试样溶液要用相同试剂和方法处理,应该扣除空白值。

(2)试样溶液吸光值应落在标准曲线的线性范围之内。

(3) 为保证测定结果准确,吸光值控制在 0.1~0.5 之间最佳。

2. 标准加入法

对于比较复杂的样品溶液,有时很难配制与样品组成完全相同的标准溶液。这时可以采用标准加入法。

在几份等量未知浓度(c_x)的试液中,依次按比例加入不同量的被测元素标准溶液(c_0),定容后浓度分别为 $c_x,c_x+c_0,c_x+2c_0,c_x+3c_0,\cdots$,在同一条件下测量,分别测定吸光值 A 为 $A_x,A_1,A_2,A_3,A_4,\cdots$,将吸光值 A 对加入的标准溶液的浓度(c_0、$2c_0$、$3c_0$、$4c_0$)作图,并将 A-C 曲线延长交于横坐标 Cx 点,如图 7.12 所示,图中 c_x 的绝对值即为待测溶液的浓度。

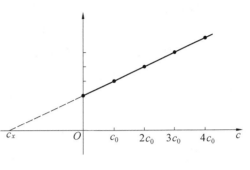

图 7.12 标准加入法曲线

本法能消除基体效应带来的影响,但不能消除背景吸收的影响。

7.5.4 原子吸收光谱仪的日常维护和注意事项

1. 光源的维护和保养

(1) 空心阴极灯应在最大允许电流以下使用,安装和取下时要保证灯充分冷却,然后从灯架上取下存放。

(2) 空心阴极灯通光窗口有污物时用蘸有乙醚、乙醇混合液的脱脂棉轻轻擦拭,长时间不用的元素灯,最好每隔 3~4 个月将灯点燃 1~2 h,或用元素灯激活器处理。

2. 原子化器的维护和保养

(1) 火焰原子化器。

测试完毕后,特别是测定高浓度和强酸样品后,应立即吸喷去离子水约数分钟,防止雾化器和燃烧器头被沾污腐蚀。若发现堵塞,可用细钢丝清除。

分析测试中应随时注意观察火焰燃烧情况,如因积炭太多而堵塞,应熄火,清除积炭或其他堵塞物,然后继续测试。在乙炔-空气火焰中,喷雾蒸馏水时,如果在火焰中出现断断续续的明显的红色闪光,说明除了燃烧器头内部被污染之外,雾化室内部也已被污染。在这种情况下,应清洁雾化室内部。

预混合室要进行定期清洗,吸喷过浓酸、碱液后,要仔细清洗;日常测量完毕后应用去离子水吸喷 20 min 左右进行清洗。

点火时,先开助燃气(空气),后开燃气;关闭时,先关燃气,后关助燃气。点燃火焰时,操作人员不能离开。

要经常放掉空气压缩机气水分离器里的积水。

(2) 石墨炉原子化器。

石墨炉系统的维护保养主要是石墨管、石墨锥和石英窗的清洁。石墨管应经常检查,管内的清洁依靠空烧加热程序清除样品残留或高浓度样品产生的记忆效应,分析不同元素时尽量不混用石墨管,以免产生干扰。石墨锥的锥面要保持光滑清洁,石英窗的清洁保养方法与光学组件相同,在安装、拆卸清洁时要谨慎,选择合适的工具。

石墨炉长期使用会在进样口周围沉积一些污物,应及时清除。仪器运行时一定要保证保护气和冷却水的流通,若无保护气加热会损坏石墨炉。

石墨炉灵敏度非常高,不允许注入较高浓度的样品,过高的浓溶液会严重污染石墨炉并产生严重的记忆效应。

习　　题

1. 阐述原子吸收光谱法的基本原理,并比较原子发射光谱法和原子吸收光谱法的相同点和不同点。
2. 原子吸收光谱仪主要由哪些部件组成?它们的作用是什么?
3. 简述常用的原子化法的类型及特点。
4. 什么是锐线光源?原子吸收光谱法与锐线光源有什么关系?
5. 石墨炉原子化法与火焰原子化法各有什么优缺点?
6. 原子吸收光谱法的定量依据是什么?有哪些定量方法?试比较它们的优缺点。
7. 说明原子吸收光谱分析中产生背景干扰的原因及消除办法。
8. 什么是原子吸收光谱分析中的化学干扰?用哪些方法可以消除?
9. 要保证原子吸收光谱分析的灵敏度和准确度,应注意什么?如何选择仪器最佳条件?
10. 原子吸收光谱仪的主要性能指标有哪些?特征浓度是什么?它有什么作用?
11. 原子吸收光谱分析中,如遇到下述情况而引起误差,应怎样避免?
(1)光源强度变化引起基线漂移;
(2)火焰发射的谱线进入检测器(发射背景);
(3)待测元素吸收线和试样中共存元素的吸收线重叠。

第 8 章

氢化物发生-原子荧光光谱法

8.1 概 述

原子荧光光谱法(Atomic Fluoresence Spectrometry, AFS)是 20 世纪 60 年代中期以后发展起来的一种新的痕量元素分析方法。它是一种通过测量待测元素的原子蒸气在辐射能激发下所产生的荧光的发射强度,来测定待测元素含量的一种仪器分析方法。氢化物发生-原子荧光光谱法(HG-AFS 法)是指样品进入原子化器之前,首先将分析元素转化成室温下的气态氢化物,再经过原子化测定样品所发射的荧光强度。它是氢化物发生(HG)与原子荧光光谱(AFS)较完美结合的分析技术,具有分析灵敏度高、干扰少、线性范围宽、可多元素同时分析等特点。

食品分析中的痕量砷、锑、铋、汞、硒、碲、锡、铅、镉等元素分析,环境监测中的铅、镉等重金属检测,若应用原子吸收光谱法,则由于这些元素的共振线处于紫外区,测定中背景干扰非常严重,所以准确测量存在较大困难。特别是对于当前越来越高的质量控制要求,AAS 法在灵敏度、检出限、重现性等方面都无法满足需求。

HG-AFS 法的开发,在较难分析的无机污染物测定方面显示出了它的独特优点。目前氢化物发生-原子荧光光谱分析技术已成为食品中、饮用水中重金属检测的国家标准方法,并在环境保护、食品安全、水质分析、制药等领域有了很多的应用。氢化物发生-原子荧光光谱仪也已成为国内众多分析测试实验室的常规测试仪器。

HG-AFS 法具有以下特点:

(1)灵敏度高,检出限低。如 Cd 的检出限可达 10^{-12} g·mL^{-1},Zn 的检出限可达 10^{-11} g·mL^{-1},有 20 多种元素的检出限优于 AAS 法。

(2)线性范围宽,在低浓度范围内,可达 3~5 个数量级,多数样品可不稀释直接测定。

(3)原子化效率高。氢化物发生能将待测元素分离、浓缩,原子化效率接近 100%。

(4)可同时进行多元素测定,并由于不同价态的元素氢化物生成条件不同,可进行元素价态分析。

8.2 原子荧光光谱法的基本原理

8.2.1 原子荧光的产生及类型

气态原子吸收特征辐射后,外层电子将由基态跃迁至激发态,然后又跃迁回到较低能态或基态,同时发射出与吸收波长相同或不同的光,这就是原子荧光。原子荧光是光致发光,也称二次发光。原子荧光的类型较多,但用于分析的主要有共振荧光、阶跃线荧光、直跃线荧光、反斯托克斯荧光等4种,如图8.1所示,以共振荧光的应用最多。

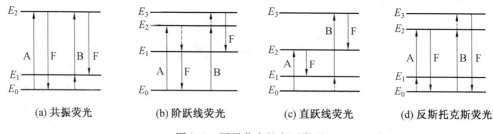

图 8.1 原子荧光的主要类型

当激发光波长与产生荧光的波长相同时,称为共振荧光。各种元素的原子所发射的荧光的波长各不相同,这是各种元素原子的特征。在产生荧光的过程中,其实也存在非辐射去激发的现象。如当受激发原子与其他原子碰撞,将部分能量以热或其他非辐射方式损失后会引起荧光减弱或不产生,这种现象称为荧光猝灭。荧光猝灭的程度与原子化气氛有关,氩气气氛中荧光猝灭程度最小。

8.2.2 荧光强度与待测元素原子浓度

当光源强度稳定、发射光平行及自吸可忽略(即原子浓度很低)时,原子荧光强度 I_f 与基态原子吸收光的强度 I_a 成正比,即

$$I_f = \Phi I_a \tag{8.1}$$

根据朗伯-比尔定律,当基态原子密度很小时,可推出

$$I_f = \Phi I_0 \varepsilon L N_0 \tag{8.2}$$

式中　　Φ——量子效率;
　　　　I_0——激发光源辐射强度;
　　　　ε——原子吸收系数;
　　　　L——吸收光程;
　　　　N_0——基态原子浓度。

当实验条件固定时,原子荧光强度 I_f 与试样浓度成正比,即

$$I_f = Kc \tag{8.3}$$

式中　　K——常数;
　　　　c——待测元素原子浓度。

式(8.3)即为原子荧光光谱法的定量基础。由式(8.3)可以看出,只有在低浓度时,荧光强度与待测元素原子浓度的线性关系才成立,所以原子荧光光谱法是痕量元素分析方法。

8.3 氢化物发生-原子荧光光谱仪

HG-AFS 仪器主要由氢化物发生系统、原子荧光光谱仪两部分组成。

8.3.1 氢化物发生系统

氢化物发生系统的作用是,利用某些能产生初生态氢的还原剂或者化学反应,使样品中的分析元素形成挥发性共价氢化物,然后借助载气流将其导入原子荧光光谱分析系统进行测量。

目前常用的氢化物发生方式是硼氢化钠-酸还原体系,即砷、锑、铋、锗、锡、硒、铅、锌、镉、汞等元素,在强还原剂硼氢化钠(钾)作用下生成氢化物和氢气,其反应式为

$$NaBH_4 + 3H_2O + HCl = H_3BO_3 + NaCl + 8H$$

$$(2+n)H + E^{m+} = EH_n + H_2\uparrow$$

反应式中的 E^{m+} 是可以形成氢化物的元素的离子,m 等于或不等于 n。这些元素的氢化物在常温下是气态,在较低的温度(700~900 ℃)下易被分解为基态原子。

氢化物的形成速度决定于两个因素:一是被测元素与氢化合的速度;二是硼氢化钠在酸性溶液中的分解速度。另外还受还原剂的状态和浓度、酸的种类及浓度、载气流速与氢化物发生装置(特别是反应瓶的形状和尺寸)等因素的影响。

氢化物发生装置一般包括输液管、输液泵、反应器、气液分离器、载气管等,图 8.2 为断续流动氢化物发生装置示意图。

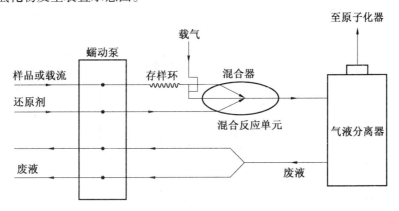

图 8.2 断续流动氢化物发生装置示意图

通过化学反应(氢化物发生)使待测组分以气体形式从基体中分离出来,不仅减少基体的干扰,同时也使待测组分得到富集,样品引入效率大大提高。因此,氢化物的发生技术是样品引入的关键。目前从氢化物的发生技术来看,主要有以下几类。

1. 连续流动法

连续流动法是将样品溶液和 KBH_4 溶液借助蠕动泵以一定速度在聚四氟乙烯的管道中流动并在混合器中混合,然后通过气液分离器将生成的气态氢化物导入原子化器,废液同时被排出。

这种方法精密度好,装置较简单,液相干扰少,易于实现自动化。连续流动法的缺点是样品及试剂的消耗量较大,清洗时间较长。

2. 断续流动法

断续流动法的原理如图8.2所示。它的结构几乎和连续流动法一样,只是增加了存样环(T)。仪器由微机控制,按下述步骤操作:

(1)蠕动泵转动一定的时间(约为8 s),样品被吸入并存储在存样环中,但未进入混合器中,与此同时,KBH_4溶液也被吸入相应的管道中;

(2)泵停止运转5 s,以便手动或自动将样品放入载流中;

(3)泵高速转动,载流迅速将样品送入混合器,使其与 KBH_4 溶液反应,所生成的氢化物经气液分离后送入原子化器中。断续流动法不仅采样小(可根据样品含量不同而灵活改变取样量),试剂消耗量少,而且具有可以用一个标准溶液制作工作曲线的优点。

3. 流动注射法

流动注射法与连续流动法相似,只是样品溶液要经过采样阀定量注射到载流中去。流动注射法的优点是自动化程度高、精密度好,但这种装置的价格较贵。

8.3.2 原子荧光光谱仪

原子荧光光谱仪一般包括激发光源、原子化器、分光系统和检测系统,结构组成与AAS仪相近,但检测器与光源不在一条光路上,如图8.3所示。

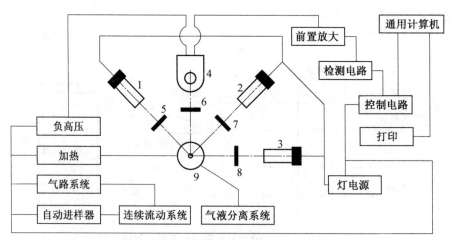

图8.3 多道原子荧光光谱仪结构示意图

1,2,3—高强度空心阴极灯;4—光电倍增管;5,6,7,8—透镜;9—原子化器

1. 激发光源

原子荧光的强度与激发光源的辐射强度成正比,因此一般采用高强度的锐线光源或

连续光源。为了消除火焰中因热激发产生的发射或其他背景信号的影响,必须对光源进行调制。

2. 原子化器

原子化器是由石英管、加热电阻丝、点火器和载气构成,如图8.4所示,石英管原子化器分为高温和低温两种,低温石英管原子化器的检出限更低。

当 $NaBH_4$ 与酸性溶液反应生成氢气并带入石英管时,氢气被点燃并形成氩氢焰。

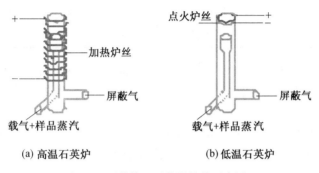

图 8.4 石英管原子化器结构示意图

3. 分光系统和检测系统

在 AFS 仪中,根据分光系统的不同可分为色散型和非色散型两类商品仪器。在色散型 AFS 仪中,被激发出的原子荧光经单色器分光后由光电倍增管转变为电信号后检测。非色散型 AFS 仪中,没有单色器,为了防止实验室光线的影响,一般采用工作波段为 160~320 nm 的日盲光电倍增管,图 8.5(a)是非色散型 AFS 仪,图 8.5(b)是色散型 AFS 仪。目前生产的 AFS 仪大多是非色散型。

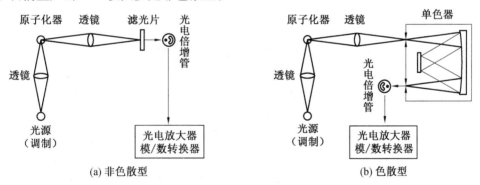

图 8.5 色散型和非色散型原子荧光光谱仪结构示意图

8.4 实验技术

8.4.1 氢化物产生条件

还原剂 $NaBH_4$ 的还原电位受 pH 值影响较大,所以被测样品溶液的酸度和价态,对生成氢化物及提高准确度至关重要。因此必须在氢化物发生之前,将溶液调整到被测元素的最佳反应条件。一般可参考表8.1来选择反应介质并调整待测元素的价态。

表8.1 氢化物的反应条件

元素	价态	反应介质	元素	价态	反应介质
As	+3	$1\sim6$ mol·L^{-1} HCl	Sb	+3	$1\sim6$ mol·L^{-1} HCl
Te	+4	$4\sim6$ mol·L^{-1} HCl	Bi	+3	$1\sim6$ mol·L^{-1} HCl
Ge	+4	20% H_3PO_4	Se	+2	$1\sim6$ mol·L^{-1} HCl
Sn	+4	pH=1.3的酒石酸缓冲溶液	Pb	+4	$1\sim6$ mol·L^{-1} HCl

当被测元素处于不适合测定的高价态或低价态时,必须通过预反应来调整。对于Sn、Pb、Cd、Zn等反应酸度要求较严的元素,在配制标准系列溶液时,要考虑可能引起的酸度差异。

$NaBH_4$(或KBH_4)的浓度对测量结果的影响也很大。不同元素的最佳$NaBH_4$浓度稍有不同,但一般浓度在1%左右时可得到或接近最佳灵敏度。

8.4.2 干扰及消除

HG-AFS法中的主要干扰是荧光猝灭。受激原子与其他粒子碰撞时会发生猝灭,为防止猝灭的影响,就要降低粒子浓度。用高纯氩气稀释氢氧火焰,可提高原子化效率,使原子蒸气中未原子化的分子或其他粒子减少。对于其他干扰,如光谱干扰可通过减小光谱通带、改选其他分析线等方法消除;化学干扰可加入释放剂来消除;基体干扰可用配制空白溶液的办法消除。

8.4.3 定量方法

HG-AFS法的定量方法与AAS法基本相似,可以根据试样的基体情况,采用标准曲线法或标准加入法。需注意的是原子荧光强度与被测元素原子浓度之间的简单正比关系只适用于低浓度,所以原子荧光光谱法主要用于痕量元素的定量分析。

习　题

1. 原子荧光光谱法的基本原理是什么?原子荧光光谱仪由哪几部分组成?
2. 氢化物发生-原子荧光光谱法的主要优点有哪些?定量依据是什么?
3. 从原理、仪器、应用方面比较原子发射光谱法、原子吸收光谱法、原子荧光光谱法的异同。
4. 原子荧光光谱仪的光源和检测器为什么不在一条直线上?

第9章 紫外-可见吸收光谱法

9.1 概述

紫外-可见吸收光谱法(Ultraviolet-Visible Absorption Spectrophotometry, UV-Vis)是利用物质的分子或离子对紫外或可见光的特征吸收,依据分子的不同类型价电子在电子能级间跃迁所产生的吸收光谱,进行定性、定量及结构分析。紫外-可见吸收光谱法又称为紫外-可见分光光度法(UV-VIS)。

紫外-可见光谱的波长范围为 10~750 nm。在紫外-可见吸收光谱法中通常又根据波长不同细分为几个区:10~200 nm,属远紫外区,因在这个区紫外光能被大气吸收,测量光谱时必须在真空中进行,故又称真空紫外区;200~400 nm,属近紫外区,是用于有机化合物结构研究的重点区域;400~750 nm,属可见光区,常用于无机及有机化合物的定量分析。

紫外-可见吸收光谱法的主要特点有:

(1)灵敏度较高,检出限较低。

(2)精密度和准确度较高。相对误差一般在 1%~2%,能够满足微量组分测定要求。

(3)与其他光谱分析法比较,操作简单、快速,仪器价格较低。

(4)用途广泛。不仅可用于无机和有机化合物的定量分析,还可用于有机化合物的共轭结构、同分异构体的鉴定等,已经成为化工检测、食品安全管理、环境监测、制药、科研等各领域不可缺少的分析方法。

9.2 紫外-可见吸收光谱法的基本原理

9.2.1 有机化合物电子跃迁类型及紫外吸收光谱

紫外-可见吸收光谱是由于分子中价电子的跃迁产生的。随着分子结构的不同,分子吸收光谱也具有特征性。

有机化合物分子中价电子的类型有:σ 电子,π 电子和未成键(孤对)的 n 电子。按分子轨道理论,分子中有成键轨道、反键轨道和非键轨道。基态时它们分别处于成键 σ 轨道、成键 π 轨道和非键 n 轨道,σ* 反键轨道和 π* 反键轨道为空轨道。

各能级的高低顺序为(见图 9.1):σ < π < n < π* < σ*(按分子轨道理论计算结果)。

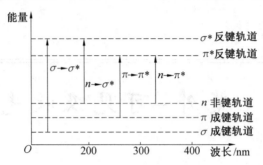

图 9.1　价电子及能级跃迁

当分子吸收能量被激发时,这些价电子向着较高能量的反键轨道跃迁,可能发生的跃迁类型为 σ→σ*、n→σ*、π→π*、n→π*(π→σ*、σ→π* 不符合光谱选律,故没有)。

1. σ→σ* 跃迁

它是 σ 电子从 σ 成键轨道向 σ* 反键轨道的跃迁,这是所有有机化合物都发生的跃迁类型。跃迁需要能量较高,波长一般小于 150 nm,即最大吸收谱带出现在远紫外区(如 CH_4(125 nm)、C_2H_6(135 nm))。由于空气中氧对 160 nm 以下的光有较强的吸收,所以要测定此区间的吸收应在真空下进行。

2. n→σ* 跃迁

它是非键的 n 电子从非键轨道向 σ* 反键轨道的跃迁,含有杂原子(如 N、O、S、P 和卤素原子)的饱和有机化合物,都含有 n 电子,都可能发生 n→σ* 跃迁。其所需能量略低于 σ→σ* 跃迁,吸收谱带仍在近紫外区或 200 nm 左右。如 H_2O(167 nm),CH_3OH(184 nm)。它们的吸收谱带多为较弱吸收,一般 ε_{max} = 100 ~ 300。

以上两种跃迁(σ→σ* 和 n→σ*)能量都较高,吸收谱带多位于真空紫外区,一般 UV 光谱仪器无法测定本吸收,因而不在紫外-可见吸收光谱法中讨论。

3. π→π* 跃迁

分子中含有双键、三键的化合物和芳环及共轭烯烃可发生此类跃迁。π→π* 跃迁需要能量与 n→σ* 跃迁接近,吸收谱带多出现在 200 nm 左右,但多为强吸收,一般 $\varepsilon_{max} \geq 10^4$。

如果分子中含有的双键是共轭的,π 电子在整个共轭体系中自由移动,受到的束缚力小,易被激发,即所需能量较小,则吸收谱带向长波方向移动,吸收强度增加。若这种吸收带是由非封闭体系的共轭 π→π* 跃迁产生的则称为 K 吸收带[因德文 Konjugation(共轭作用)而得名]。

4. n→π* 跃迁

分子中同时存在杂原子和双键时可以发生 n→π* 跃迁。这类跃迁所需能量较低,波长大于 200 nm,但吸收较弱,一般 $\varepsilon_{max} \leq 100$,该吸收谱带称为 R 吸收带[因德文 Radikal

（基团）而得名]。例如丙酮,在 194 nm(π-π^*)和 280 nm(n-π^*)处有吸收谱带。

各类跃迁所需要的能量从大到小依次为：$\sigma\rightarrow\sigma^*$、$n\rightarrow\sigma^*$、$\pi\rightarrow\pi^*$、$n\rightarrow\pi^*$。图 9.2 为各类电子跃迁所处的波长范围和强度示意图。

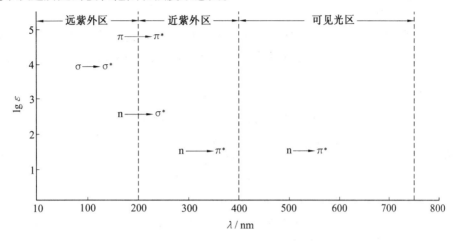

图 9.2　各类电子跃迁所处的波长范围和强度

9.2.2　有机化合物紫外吸收光谱与分子结构的关系

有机化合物的紫外吸收光谱主要取决于分子中能产生特征峰的基团,它们决定着吸收谱带的波长和强度。它们是含有不饱和键(双键)和孤对电子的基团,能产生 $\pi\rightarrow\pi^*$ 或 $n\rightarrow\pi^*$ 跃迁,我们称之为生色团,如 \C=O,\C=S,—N=O,—N=N—等。还有对吸收谱带有影响的一些含有未成对电子的杂原子基团,虽然其本身不产生吸收峰,但当与生色团相连时,能使生色团的吸收波长向长波方向移动,这种现象称为红移,这些杂原子基团称为助色团。正是这些生色团和助色团使有机物质产生紫外-可见吸收光谱,为定性、定量及结构分析提供了依据。

1. 饱和烃

饱和碳氢化合物只有单键,只能产生 $\sigma\rightarrow\sigma^*$ 跃迁,它们的吸收谱线在远紫外区,因而一般紫外吸收光谱仪测不到吸收带。但这类物质由于在 200~1 000 nm 区间没有吸收带,可作为紫外-可见吸收光谱法的溶剂使用。

当饱和烃中的氢被助色团取代时,由于产生红移,所以可能在近紫外区出现吸收峰。例如,CH_3Cl、CH_3Br 和 CH_3I 的 $n\rightarrow\sigma^*$ 跃迁产生的吸收峰分别出现在 173 nm、204 nm 和 259 nm 处,而 CH_2I_2 及 CHI_3 的 $n\rightarrow\sigma^*$ 吸收峰则分别为 292 nm 及 349 nm。

$$\sigma\rightarrow\sigma^*(150\sim210\text{ nm})$$
$$n\rightarrow\sigma^*(259\text{ nm})$$

上式中 * 表示激发态电子。

这些数据不仅说明了氯、溴和碘原子引入甲烷后,其相应的吸收谱带发生了红移,显示了助色团的助色作用,而且也说明随着杂原子的原子半径增加,原子核对孤对电子的束缚力减弱,助色能力增强。

2. 不饱和脂肪烃

这类化合物有含孤立双键的烯烃(如乙烯)和含共轭双键的烯烃(如丁二烯),能产生 $\pi \to \pi^*$ 跃迁,但由于非共轭双键和共轭双键的 $\pi \to \pi^*$ 跃迁所需能量不同,产生的吸收光谱带也不同。

在不饱和脂肪烃中的 $\pi \to \pi^*$ 跃迁,具有下列特点:

(1) 产生的吸收谱带吸光系数较大,$\varepsilon_{max} \geq 10^4$,为强吸收带。

(2) 对于具有非共轭双键的分子,随双键数目的增加 λ_{max} 基本不变,ε_{max} 倍增;对于具有共轭双键的分子,K 吸收带 λ_{max} 随双键数目的增加而红移,一般每增加一个双键,λ_{max} 增加约 30 nm,ε_{max} 增大。共轭多烯烃(不多于四个双键)的跃迁吸收带的最大吸收波长,也可以用伍德沃德-费泽(Wood Ward-Fieser)规则来估算。

表 9.1 列出了部分共轭分子的吸收峰,表明共轭双键数目越多,吸收峰红移越显著,据此可以判断共轭体系的存在情况。

表 9.1　具有共轭双键的分子紫外可见吸收峰位置及强度

生色团	化合物	$\pi \to \pi^*$		$n \to \pi^*$	
		λ_{max}/nm	ε_{max}	λ_{max}/nm	ε_{max}
C=C—C=C	H_2C=CH—CH=CH_2	217	21 000	320	30
C=C—C=O	CH_3—CH=CH—CHO	218	18 000	308	20
C≡C—C=O	C_2H_7—C—C≡CH ‖ O	214	4 500		
C=C—C=C—C=C	CH_2=CH—CH=CH—CH=CH_2	258	35 000		
C=C—C=C—C=C	CH_2=CH—C=CH—CH=CH—CH_3 ‖ O	257	17 000		
(C=C—C=C)$_2$	二甲基辛四烯	296	52 000		
(C=C—C=C)$_3$	二甲基十六碳六烯	360	70 000		
(C=C—C=C)$_4$	α-羟基-β-胡萝卜素	415	210 000		

3. 芳香烃

芳香烃为封闭(苯环)共轭体系,它的 $\pi \to \pi^*$ 跃迁所产生的吸收有三个特征吸收带(见图 9.3),分别在 185 nm 和 204 nm 处有两个强吸收带,分别称为 E_1 和 E_2 吸收带,是由苯环结构中三个双键共轭体系的跃迁所产生的,吸收强度分别为 $\varepsilon_{max}=47\,000$ 和 $\varepsilon_{max}=7\,900$,在 230~270 nm 处还有一个因 $\pi\to\pi^*$ 跃迁和苯环振动的重叠引起的系列中强吸收带,称为精细结构吸收带,亦称为 B 吸收带[因德文 Benzenoid(苯的)而得名],吸收强度 $\varepsilon_{max}=200$,这是苯的特征吸收带。

苯环上的各种取代基(如助色团、生色团)对苯的三个吸收带均有较大影响。如乙酰苯的紫外吸收光谱(见图 9.4),乙酰苯中的羰基(生色团)与苯环共轭(π-π 共轭)。E_2 吸收带与 K 吸收带合并,形成很强的 K 吸收带,并且发生红移,B 吸收带由于取代基的作用也发生红移,且特征性减弱(峰形简化)。另外还出现了 $n\to\pi^*$ 跃迁的 R 吸收带。

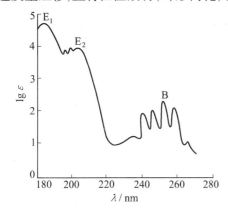
图 9.3 苯的紫外吸收光谱(环己烷中)

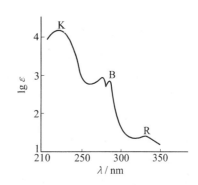
图 9.4 乙酰苯的紫外吸收光谱

通常芳香族化合物的紫外吸收光谱中,同时出现 K 吸收带、B 吸收带和 R 吸收带时,R 吸收带波长最长,B 吸收带次之,K 吸收带最短,但吸收强度的顺序则相反。

9.2.3 无机化合物紫外-可见吸收光谱

无机化合物的电子跃迁形式有电荷转移跃迁和配位场跃迁。某些分子(配合物)同时具有电子给予体部分和电子接受体部分,在外来辐射激发下,电子可从给予体外层轨道向接受体跃迁,这种跃迁称为电荷转移跃迁,其光谱称为电荷转移吸收光谱。电荷转移跃迁是配合物对紫外和可见光吸收的一种重要方式。例如配合物 $FeSCN^{2+}$ 的电荷转移跃迁为

$$[Fe^{3+}-SCN^-]^{2+} \xrightarrow{h\nu} [Fe^{2+}-SCN]^{2+}$$

当中心离子是很强的电子接受体或配位体是很强的电子给予体时,电荷转移跃迁倾向越强,所需吸收的能量越小,其吸收波长越长。

配位场跃迁是过渡金属在不同能级的 d 轨道或 f 轨道之间的跃迁,即 $d\to d$ 和 $f\to f$ 跃迁,这种跃迁必须在配体存在的配位场作用下才能产生。

电荷转移吸收光谱的 ε_{max} 可达 $10^3\sim10^4$ 数量级,其波长常处于紫外光区,而配位场跃迁则具有较小的吸收系数($\varepsilon_{max}=10^{-1}\sim10^{-2}$),其波长常处于可见光区。

9.2.4 溶剂对紫外吸收光谱的影响

紫外吸收光谱中常用己烷、庚烷、环己烷、二氧杂己烷、水、乙醇等做溶剂。但有些溶

剂,特别是极性溶剂,对溶质吸收峰的波长、强度及形状可能产生影响。

1. 溶剂的极性对最大吸收峰的影响

极性溶剂一般可使 π→π* 跃迁产生的最大吸收波长发生红移,吸收强度减小,而使 n→π* 跃迁产生的最大吸收波长向短波方向移动(称为蓝移),吸收强度增大。例如亚异丙基丙酮的溶剂效应,见表9.2。

表9.2 亚异丙基丙酮的溶剂效应

吸收带	正己烷	氯仿	甲醇	水	迁移
π→π*	230 nm	238 nm	237 nm	243 nm	向长波方向移动
n→π*	329 nm	315 nm	309 nm	305 nm	向短波方向移动

产生这种结果的原因可能是,当使用极性大的溶剂时,溶剂与溶质的相互作用,使基态和激发态的能量都降低,但激发态的能量降低更多(见图9.5)。其中 n 电子由于(极性)与极性溶剂分子的相互作用更剧烈,不仅发生溶剂化作用,甚至可以形成氢键,所以 n 轨道能量的降低比 π* 更显著。结果 n→π* 的能量差变大,π→π* 的能量差变小。溶剂极性对吸收波长的影响,也是区别 π→π* 跃迁和 n→π* 跃迁的方法之一。

2. 溶剂的极性对精细结构的影响

溶剂的极性除了对吸收波长有影响外,还影响吸收强度和精细结构。例如 B 吸收带,在非极性溶剂中精细结构比较清晰,但在极性溶剂中则较弱,甚至消失变成了一个宽峰。由图9.6可见,苯酚的 B 吸收带在庚烷和乙醇溶剂中的表现明显不同。因此,如果要获得谱带的精细结构,应尽量选用非极性溶剂。这可能是由于极性溶剂对苯环的溶剂化效应限制了苯环的振动,所以观察不到由振动引起的特征峰。

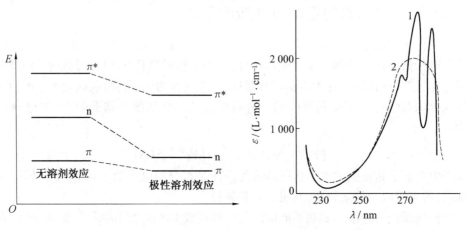

图9.5 极性溶剂对 π→π* 和 n→π* 跃迁能量的影响

图9.6 苯酚的吸收带
1—庚烷溶液;2—乙醇溶液

由于溶剂对紫外光谱有影响,文献数据中常注明所用溶剂。在进行定性鉴定比较未知物与已知物的吸收光谱时,必须采用相同的溶剂系统。不同的溶剂所做的吸收光谱图没有可比性。

9.3 紫外-可见分光光度计

9.3.1 紫外-可见分光光度计的基本构造

紫外-可见吸收光谱仪的波长范围一般是 190～1 000 nm,其中 190～400 nm 是紫外区,400～750 nm 是可见区。

随着光学和电子学技术的不断发展,商品化的紫外-可见分光光度计的类型很多,但组成上基本还是由光源、单色器、吸收池、检测器、数据处理系统组成。

1. 光源

光源的作用是提供激发能。常见的有钨灯及氘灯两种。钨灯发出 360～1 000 nm 的可见光和红外光,氘灯发出 180～350 nm 的紫外光,它们均为连续光。两者在波长扫描的过程中自动切换,经入射狭缝进入单色器。

2. 单色器

单色器的作用是从光源发出的光中分离出所需要的单色光。通常由入射狭缝、准直镜、石英棱镜或光栅、物镜和出口狭缝组成。

3. 吸收池

吸收池又称比色皿或比色杯,用于盛放样品溶液,是能透过光的容器。它可分为两类材质,一类是玻璃,用于可见光区的测量;一类是石英,用于紫外光区的测量。吸收池的厚度(即光程)一般为 5 mm 或 10 mm。

4. 检测器

检测器的作用是检测光信号,并将光信号转变为电信号。常用的有光电管、光电倍增管、光电二极管阵列,其中光电二极管阵列检测器用于多道紫外-可见吸收光谱仪。

5. 数据处理系统

它的作用是数据采集和分析,并显示结果。现在新型仪器大多数采用计算机,既可以进行仪器自动控制,又能自动进行数据处理和显示结果。

9.3.2 紫外-可见分光光度计常见类型

紫外-可见分光光度计,根据光路结构可分为几种类型:单光束、双光束、双波长、多通道等。

1. 单光束分光光度计

单光束分光光度计的结构示意图如图 9.7 所示。图中虚线为光源发出的复合光,实线为经分光后的单色光。

特点:光路构造简单,光源能量损失小,仪器价格便宜,噪声低。不足的是需要有稳定的光源来保证测定结果的准确性。

2. 双光束分光光度计

双光束分光光度计的结构示意图如图 9.8 所示。

特点:由于采用双光路方式,两束光同时通过参比池和样品池,消除了光源强度变化

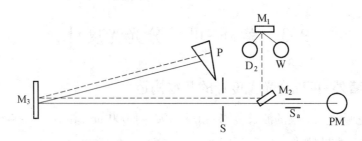

图 9.7 单光束分光光度计的结构示意图

M_1、M_2、M_3—反射镜；W—钨灯；D_2—氘灯；P—棱镜或光栅；S—狭缝；S_a—样品池；PM—检测器

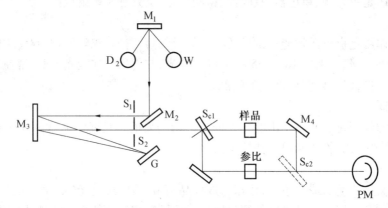

图 9.8 双光束分光光度计的结构示意图

M_1、M_2、M_3、M_4—反射镜；W—钨灯；D_2—氘灯；G—光栅；
S_1、S_2—狭缝；S_{c1}、S_{c2}—旋转镜；PM—检测器

可能带来的误差，较易实现自动化扫描和记录。双光束分光光度计一般都具有自动记录吸收光谱曲线的功能。

3. 双波长分光光度计

双波长分光光度计是将来自同一光源的复合光，分成两个不同波长（λ_1 和 λ_2）的单色光，交替照射样品池，经检测器后，得到样品溶液在两波长下的吸光度差值 $\Delta A = A_{\lambda_1} - A_{\lambda_2}$，根据比尔定律，吸光度差值与溶液的待测物质浓度成正比（$\Delta A \propto c_x$）。双波长分光光度计结构示意图如图 9.9 所示。

特点：(1) 不使用参比溶液，可消除吸收池的不同带来的误差；(2) 可测定高浓度试样、多组分混合试样以及浑浊试样，不仅操作简单，且准确度较高；(3) 选择适当波长可消除背景吸收干扰。

4. 多通道分光光度计

多通道分光光度计是将光电二极管阵列作为检测器，由计算机控制的单光束分光光度计。它的测定原理是，从光源发射复合光，全部通过样品池，然后经光栅分光照到光电二极管阵列检测器上，在极短的时间内（小于 1 s）进行全波段扫描，并给出全部光谱信息。多通道分光光度计结构示意图如图 9.10 所示。

特点：可快速扫描紫外及可见光区，分辨率达到 1~2 nm，特别适用于追踪研究有光

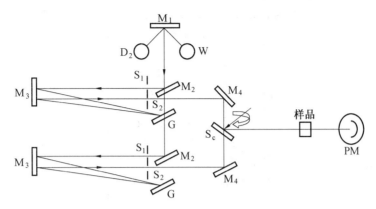

图 9.9　双波长分光光度计的结构示意图

M_1、M_2、M_3、M_4—反射镜；W—钨灯；D_2—氘灯；G—光栅；S_1、S_2—狭缝；S_c—旋转镜；PM—检测器

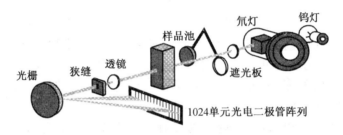

图 9.10　多通道分光光度计的结构示意图

谱变化的化学反应动力学过程；适合多组分混合物测定；可直接对接液相色谱和毛细管电泳做检测器；仪器价格较贵。

9.4　实验技术

9.4.1　定性分析

1. 未知物的定性鉴定

用紫外光谱定性鉴定的主要依据是 λ_{max} 和相应的摩尔吸光系数 ε_{max} 以及吸收光谱的曲线形状、吸收峰数目。在紫外-可见吸收光谱鉴定未知化合物时，通常是在相同条件下，比较未知物与已知标准物的光谱图。对于相同结构的化合物，它们的紫外吸收光谱应完全相同。但是，具有相同的吸收曲线，并不一定意味着是结构相同的化合物，如图 9.11 所示。若谱图的吸收峰相同，可以认为它们具有相同的生色团。由于紫外吸收光谱只有 2~3 个较宽的吸收峰，具有相同生色团的不同结构分子，其紫外-可见吸收光谱 λ_{max} 可能相同，但是由于不同结构分子中原子间的作用不同，它们的吸收系数、曲线形状等不能完全相同，所以只有当光谱图的吸收波长及强度完全相同时，才能基本认为物质相同。一般还要结合红外光谱、核磁共振光谱、质谱等进一步确定。

2. 结构推测

紫外-可见吸收光谱反映的是分子结构的生色团和助色团的特征，以及共轭程度的

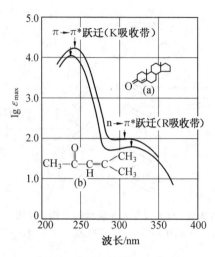

图 9.11 生色团相同、分子结构不同的物质的紫外光谱图

信息,可用于物质的结构推测,但由于紫外-可见吸收光谱提供的信息较少,所以分析受到一定的限制。根据紫外-可见吸收光谱可以得到如下有关结构信息:

(1) 如果一个化合物在紫外区(200~800 nm)没有吸收带,则说明分子中不存在共轭体系,其可能是饱和脂肪烃或单烯或孤立多烯化合物。

(2) 如果在 210~250 nm 有强吸收,表示有 K 吸收带,则可能是含有两个双键的共轭体系,同样,如果在 260 nm,300 nm,330 nm 或以上处有 K 吸收带,则表示可能有 3 个、4 个、5 个或更多的共轭体系存在。

(3) 如果在 260~300 nm 有中强吸收(ε_{max}=200~1 000),则表示有 B 吸收带,体系中可能有苯环存在。如果苯环上有共轭的生色团存在,则吸收强度会增加。

(4) 如果只在 250~300 nm 处有一个弱吸收带(R 吸收带),则可能是含有简单的非共轭并含有 n 电子的生色团,如羰基等。

(5) 如果在大于 300 nm 处或延伸到可见光区有高强度吸收,并且具有明显的精细结构,则说明有稠环芳烃、稠环杂芳烃或其衍生物存在。

因此,在解析紫外-可见吸收光谱时,首先要确认最大吸收波长 λ_{max},以及吸收系数 ε_{max},根据 λ_{max} 和 ε_{max} 初步判断属于何种吸收带,是否存在共轭体系。然后进一步根据 ε_{max} 值推断化合物结构类型。$\varepsilon_{max}=10^4 \sim 2\times 10^5$ 时,通常是 α,β-不饱和醛酮或共轭二烯骨架结构;$\varepsilon_{max}=10^3 \sim 10^4$ 时,一般含有芳环骨架结构;$\varepsilon_{max}<100$ 时,一般含有非共轭的醛酮羰基。共轭多烯化合物 H—(CH=CH)$_n$—H 的吸收特性见表 9.3。

表 9.3 共轭多烯化合物 H—(CH=CH)$_n$—H 的吸收特性

n	1	2	3	4	5	6
λ/nm	180	217	268	304	334	364
$\varepsilon_{max}/(\times 10^3)$	10	21	34	64	121	138

3. 纯度检查

如果有机化合物在紫外-可见光区没有明显的吸收峰,而杂质在紫外区有较强的吸收,则可利用紫外-可见吸收光谱检验化合物的纯度。如要检查甲醇或乙醇中的杂质苯,可利用苯在256 nm处的吸收带来检出,而甲醇或乙醇在该波长处几乎无吸收。

4. 异构体的区分

紫外吸收光谱除了可用于推测化合物所含生色团和助色团外,还可用来对某些同分异构体进行判别。例如乙酰乙酸乙酯分子存在下述酮-烯醇两种互变异构体:

$$CH_3-\underset{\underset{O}{\|}}{C}-CH_2-\underset{\underset{O}{\|}}{C}-OC_2H_5 \rightleftharpoons CH_3-\underset{\underset{OH}{|}}{C}=CH-\underset{\underset{O}{\|}}{C}-OC_2H_5$$

酮式　　　　　　　　　烯醇式

酮式没有共轭双键,它在204 nm处仅有弱吸收;而烯醇式由于有共轭双键,因此在245 nm处有强的K吸收带(ε_{max} = 18 000)。故根据它们的紫外吸收光谱可判断其存在与否。

又如1,2-二苯乙烯具有顺式和反式两种异构体:

反式　　　　　　　　　顺式
λ_{max} = 295 nm　　　λ_{max} = 280 nm
ε_{max} = 27 000　　　ε_{max} = 10 500

已知生色团或助色团必须处在同一平面上才能产生最大的共轭效应。由上列二苯乙烯的结构式可见,位阻效应更影响顺式共平面,因而反式结构的共轭程度更高,λ_{max}更长,ε_{max}更强。由此可判断其顺反式的存在情况。

因此可以认为紫外吸收光谱所提供的信息,是识别有机化合物是否具有生色团、助色团及估计其共轭程度的有用信息。

9.4.2 定量分析

定量分析是紫外可见吸收光谱法最常使用的功能之一,它既可以用于常量分析,也可以微量分析,还可以进行多组分混合物分析。朗伯-比尔定律是紫外-可见吸收光谱法进行定量分析的理论基础,即

$$A = \log \frac{I_0}{I_t} = \varepsilon L c$$

式中　I_0——入射光强度;

　　　I_t——透过光强度;

　　　c——溶液浓度,$mol \cdot L^{-1}$;

　　　L——吸收池厚度,cm;

　　　ε——摩尔吸收系数,在紫外吸收光谱法中常用ε表示物质的吸光性。

进行定量分析时,必须首先根据物质的性质,选定被测试样的特征吸收波长λ_{max}作为分析波长,然后选择合适的定量方法。根据被测物质的组成和含量的不同,常采用下列几

种定量方法。

1. 单组分定量方法

单组分试样是指溶液中只有一种组分,或者混合物溶液中待测组分的吸收峰与其他共存物质吸收峰不重叠。常用的定量方法包括标准曲线法、标准加入法、比较法。

(1) 标准曲线法和标准加入法。具体定量办法及适用条件与 AAS 法相同。

(2) 比较法。这种方法是分别将一个已知浓度的标准溶液(c_s)和待测溶液(c_x),在相同的条件下测定其相应的吸光值 A_s 和 A_x,设试液、标准溶液完全符合朗伯 - 比尔定律,则得

$$A_s = \varepsilon c_s, \quad A_x = \varepsilon c_x$$

$$c_x = \frac{A_x}{A_s} c_s \tag{9.1}$$

本方法比较简单,但必须在溶液完全符合朗伯 - 比尔定律的前提下,并且要使浓度 c_s 和 c_x 很接近,否则误差较大。

2. 多组分定量方法

根据吸光度加和性,采用联立方程法。测定混合物中 n 个组分的浓度,可在 n 个不同波长处测量 n 个吸光值,列出 n 个方程组成的联立方程组。如三组分体系

$$\begin{cases} A_1 = \varepsilon_{11} C_1 + \varepsilon_{12} C_2 + \varepsilon_{13} C_3 \\ A_2 = \varepsilon_{21} C_1 + \varepsilon_{22} C_2 + \varepsilon_{23} C_3 \\ A_3 = \varepsilon_{31} C_1 + \varepsilon_{32} C_2 + \varepsilon_{33} C_3 \end{cases} \tag{9.2}$$

式中　　ε_{ij}——在 i 波长下测得的 j 组分的摩尔吸光系数;

A_i——在 i 波长下测得的该体系的总吸光度。

分别测定纯组分 1,2,3 及混合物的吸光度,得 A_1、A_2、A_3、ε_{11}、ε_{12}、ε_{13}、ε_{21}、ε_{22}、ε_{23}、ε_{31}、ε_{32}、ε_{33},解方程求得 C_1、C_2、C_3。

3. 高含量组分定量方法

紫外 - 可见吸收光谱法一般适用于含量为 $10^{-2} \sim 10^{-6}$ mol·L^{-1} 浓度范围的测定,对于过高或过低含量的组分,因偏离吸收定律或仪器本身的限制,会使测定结果产生较大误差。此时可以使用差示法。

差示法又称差示分光光度法。差示法与普通测定方法的区别在于它采用一定浓度的标准溶液(接近试样浓度)做参比溶液,这样测定得到的吸光值是试样溶液吸光值(A_x)和参比溶液吸光值(A_s)的差。

$$A = \Delta A = |A_x - A_s| = \varepsilon |c_x - c_s| = \varepsilon \Delta c \tag{9.3}$$

被测溶液的浓度 $c_x = c_s + \Delta c$。因此只要绘制 $\Delta A - \Delta c$ 标准曲线,就可以求出高含量待测试样的浓度。

9.4.3　样品的制备及要求

测定化合物的紫外或可见吸收光谱,通常都是使用溶液来测定。因此要根据待测样品性质,选择适当的溶剂、溶液浓度、参比溶液及吸收池。

1. 溶剂的选择原则

(1) 溶剂不与待测样品发生反应。

(2) 在测定的波长范围内,溶剂本身没有吸收。

(3) 溶剂挥发性小、不易燃、毒性小并且价格便宜。

表 9.4　紫外光谱分析常用溶剂

溶　剂	可使用的最短波长/nm	溶　剂	可使用的最短波长/nm
水	200	醋酸	350
正庚烷	200	甲酸	255
环己烷	200	醋酸乙酯	255
甲醇	210	四氯化碳	265
乙醇	210	苯	280
乙醚	215	石油醚	297
氯仿	245	吡啶	305
二氯乙烷	245	丙酮	330

2. 样品溶液的浓度配制原则

根据测量误差可知,吸光度在 0.1~0.7 范围内测量精度最好。因此应调整和配制标准溶液和待测样品溶液浓度,使吸光值在 0.1~0.7 范围内,或者根据样品浓度选择不同厚度的吸收池,使测定结果在这个范围内。

3. 参比溶液的选择原则

参比溶液也称空白溶液,用以消除由于吸收池及基体成分对光的吸收或发射而带来的误差,一般应包括除待测组分外的全部基体成分。参比溶液可分为溶剂空白、试剂空白、试液空白等,根据具体需要可采用不同的参比溶液。

(1) 溶剂空白。当试样溶液组成简单、共存的其他组分对测定波长几乎无吸收时,可采用溶剂作为参比溶液。例如在可见光区测定时,若显色剂及所用的制备试液均无色,可用蒸馏水作为参比溶液。

(2) 试剂空白。为防止试剂中含有待测成分的干扰物质,可采用与待测试液配制步骤相同,并加入等量试剂的溶液作为参比溶液。

(3) 试液空白。如果待测试液中存在其他有色离子干扰测定,则应采用不加显色剂的待测试液作为参比溶液。

参比溶液可起到调节仪器零点的作用,选择是否正确直接影响测定结果。

9.4.4　分析条件的选择

1. 吸收池

吸收池也称比色皿。一般最常用的规格是厚度为 1 cm 和 0.5 cm,被测溶液浓度高时可使用厚度稍小的。定量分析所用的吸收池应预先校正,方法是在两个吸收池中装入同一溶剂,测量其吸光度或透过率差,如差值接近于本底噪声(透光率误差小于 0.5%),方可组合使用。

2. 分析波长的选择

为了使测定具有较高的灵敏度,应该选择被测样品的最大吸收波长 λ_{max} 作为分析波长,以得到较大的吸光值。但在实际工作中,有时也因背景干扰或为了测定高浓度样品,而根据吸收最大、干扰最小的原则,选择灵敏度稍低而不受干扰的次强吸收峰来作为分析波长。选择的具体方法是,对待测样品溶液或标准溶液进行紫外-可见波段吸光度测定或扫描,得到试样的吸收曲线,从曲线图中找出 λ_{max} 或最适合的分析波长。

3. 测定狭缝的选择

狭缝宽度不仅影响单色光的纯度,也直接影响测定的灵敏度和线性范围。狭缝过宽,单色光纯度下降;狭缝过窄,入射光强太弱,噪声比例增加。狭缝调节的原则是,以能保证使吸收线与邻近干扰线分开时的最大狭缝宽度为准。

4. 吸光度范围

在不同吸光度范围内读数会引起不同程度的误差,在分析高浓度样品时,误差更大。为提高测定的准确度,应选择最适宜的吸光度范围进行测定。

对一个给定的分光光度计来说,透光率读数误差 ΔT 是一个常数。根据朗伯-比尔定律可以导出测量相对误差最小时的吸光度。

$$A = -\lg T = Kc \tag{9.4}$$

对上式微分,得

$$d\lg T = 0.434 \frac{dT}{T} = -Kdc \tag{9.5}$$

将式(9.5)和式(9.4)相除,得

$$\frac{\Delta c}{c} = \frac{0.434 \Delta T}{T\lg T} \tag{9.6}$$

当相对误差 $\frac{\Delta c}{c}$ 最小时,求得 $A = 0.434$,此时吸光度读数误差导致的浓度测定误差最小。如果仪器 $\Delta T = 0.5\%$,吸光度 $A = 0.115 \sim 0.70$ 时,浓度测量误差可在 0.2% 范围内。因此,在实际测定中,通过调节待测溶液的浓度或光程 L,使测定吸光度范围在 0.1 ~ 0.7 之间,能有效地降低误差。

习　题

1. 有机化合物的电子跃迁有哪几种类型?这些类型的跃迁都处在什么波长范围?
2. 有机化合物的紫外吸收光谱有哪几种类型吸收带?它们产生的原因是什么?有什么特点?
3. 什么是生色团和助色团?试举例说明?
4. 对于有机化合物的鉴定和结构推测,紫外吸收光谱所提供的信息具有什么特点。
5. 亚异丙基丙酮有两种异构体:$CH_3—C(CH_3)=CH—CO—CH_3$ 及 $CH_2=C(CH_3)—CH_2—CO—CH_3$,它们的紫外吸收光谱为:(1) $\lambda_{max} = 235$ nm 处,$\varepsilon_{max} =$

12 000 L·mol^{-1}·cm^{-1}；(2)220 nm 以后没有强吸收。如何根据这两个光谱来判别上述异构体是哪一个？说明理由。

6. 请说明如何利用紫外吸收光谱来区分下列同分异构体。

(a)　　　　　　(b)

7. 比较紫外吸收光谱法和原子吸收光谱法，指出它们的相同点和不同点。

8. 在定量分析中，如何选择使用参比溶液？参比溶液的作用是什么？

9. 为什么说仅根据紫外光谱不能完全确定物质的结构，还必须与红外光谱、质谱、核磁共振波谱等方法配合，才能得出可靠结论？

第10章

红外吸收光谱法

10.1 概　述

红外吸收光谱法(Infrared Absorption Spectrum IR)是利用物质的分子吸收了红外辐射后,产生分子振动和转动能级跃迁,得到分子的振动-转动光谱,进行定性定量及结构分析的方法。红外吸收光谱又称为分子振转光谱。

20世纪40年代,商品红外光谱仪投入应用,揭开了有机化合物结构鉴定的新篇章。红外光谱经历了棱镜红外光谱、光栅红外光谱阶段,目前已进入傅里叶变换红外光谱发展阶段,并积累了一二十万张标准谱图,使红外光谱成为有机化合物结构鉴定的重要手段。

红外吸收光谱法的特点:
(1)气态、液态和固态样品均可进行测定,样品用量少,不破坏样品,分析速度快。
(2)应用范围广,几乎所有有机化合物均有红外吸收。
(3)显示的结构信息丰富,被誉为"分子指纹"。

10.2 红外吸收光谱法的基本原理

10.2.1 红外光谱基本知识

1. 红外光谱的划分

红外光谱的波长范围约为 0.75~1 000 μm。根据实验技术和应用的不同,通常把红外光谱划分为三个区域,其中中红外区的研究最多,一般所说的红外光谱就是指中红外区的红外光谱。具体划分见表10.1。

表10.1 红外光谱常用波段的划分

波段名称	波长范围/μm	波数范围/cm^{-1}
近红外区	0.75~2.5	13 300~4 000
中红外区	2.5~50	4 000~200
远红外区	50~1 000	200~10
常用区域	2.5~25	4,000~400

2. 红外光谱的产生条件

当分子受到频率连续变化的红外光照射时,会吸收某些频率的辐射,引起振动和转动能级的跃迁,使对应于这些吸收区域的透射光强度减弱,把分子吸收红外光谱的情况记录下来就可以得到红外光谱图。红外光谱图通常以波长 λ 或波数 σ 为横坐标,以透光率 T 或吸光度 A 为纵坐标。图 10.1 为烯丙基腈(C_4H_5N)的红外吸收光谱图。

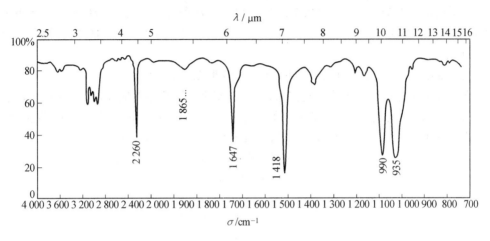

图 10.1　C_4H_5N 的红外吸收光谱图

分子吸收红外光会发生振动和转动能级间的跃迁,但必须满足下列两个条件才能在红外光谱图中产生吸收峰:(1)红外辐射能量等于分子振动能级能量差,从而使分子吸收红外辐射能量而产生振动能级的跃迁;(2)分子振动具有偶极矩(μ)变化。分子的振动必须能与红外辐射产生耦合作用(见图 10.2),为满足这个条件,分子振动时必须伴随瞬时偶极矩的变化。因为只有分子振动时偶极矩作周期性变化,才能产生交变的偶极场,并与其频率相匹配的红外辐射交变电磁场发生耦合作用,分子吸收了红外辐射的能量,从低的振动能级跃迁至高的振动能级,此时振动频率不变,而振幅变大。这样的分子振动称为具有红外活性,因此说,具有红外活性的分子振动才能吸收红外辐射。

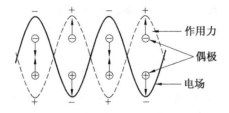

图 10.2　偶极子在交变电场中的作用示意图

由此可见,当一定频率的红外光照射分子时,如果分子中某个基团的振动频率和红外光一样,二者就会产生共振,此时光的能量通过分子偶极矩的变化传递给分子,这个基团就会吸收该频率的红外光而发生振动能级的跃迁,并产生红外吸收峰。

10.2.2 分子的振动类型

分子绝大多数是由多原子构成的,其振动方式非常复杂,但是分子中任何一个复杂的振动都可以看成是不同频率的简正振动的叠加。由 n 个原子构成的复杂分子的振动,通常称为多原子分子的简正振动。多原子分子简正振动数目称为振动自由度,假设分子由 n 个原子组成,则描述分子振动状态的自由度有 $3n-6$(直线型分子为 $3n-5$)个,也就是说,n 原子分子有 $3n-6$ 或 $3n-5$ 个简正振动方式。下述亚甲基的振动自由度为 $3n-6=3\times4-6=6$ 个。

分子的振动类型分为两大类:伸缩振动和变形振动。

伸缩振动:指原子沿键轴方向伸缩,使键长变化而键角不变的振动,用符号 ν 表示。

变形振动:又称弯曲振动,是指原子垂直于键轴方向的运动,键角发生周期性变化而键长不变的振动,用符号 δ 表示。两类振动的进一步分类见表 10.2。

表 10.2 分子的振动类型

$$
\text{振动类型}\begin{cases}\text{伸缩振动}\\(\text{键长变化})\\\nu\end{cases}\begin{cases}\text{对称伸缩振动}(\nu_s)\\\text{非对称伸缩振动}(\nu_{as})\end{cases}
$$

$$
\begin{cases}\text{变形振动}\\(\text{键角变化})\\\delta\end{cases}\begin{cases}\text{面内变形}\begin{cases}\text{剪式振动}(\delta)\\\text{面内摇摆振动}(\rho)\end{cases}\\\text{面外变形}\begin{cases}\text{面外摇摆振动}(\omega)\\\text{扭曲振动}(\tau)\end{cases}\end{cases}
$$

亚甲基的振动形式如图 10.3 所示。

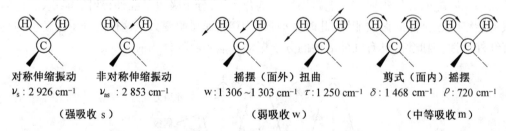

对称伸缩振动　　非对称伸缩振动　　　摇摆(面外)扭曲　　　剪式(面内)摇摆
ν_s: 2 926 cm^{-1}　ν_{as}: 2 853 cm^{-1}　w: 1 306~1 303 cm^{-1}　τ: 1 250 cm^{-1}　δ: 1 468 cm^{-1}　ρ: 720 cm^{-1}

(强吸收 s)　　　　　　　　　(弱吸收 w)　　　　　　　　(中等吸收 m)

图 10.3 亚甲基的振动形式

同等原子之间键的振动,伸缩振动所需能量远比弯曲振动所需能量高,因此伸缩振动的吸收峰波数比相应键的弯曲振动吸收峰波数高。

虽然每种振动都有其特定的振动频率,但由于分子中有非红外活性的对称振动或者不同振动类型有相同的振动频率,以及仪器检测不出或不能区分等原因,实际红外光谱中产生的频谱带的数目常小于振动自由度。如二氧化碳分子,其基本振动数为 $3\times3-5=4$,但有一种对称伸缩振动无红外活性,有两种弯曲振动谱峰重叠,所以只能观察到 2 个红外吸收峰,如图 10.4 所示。

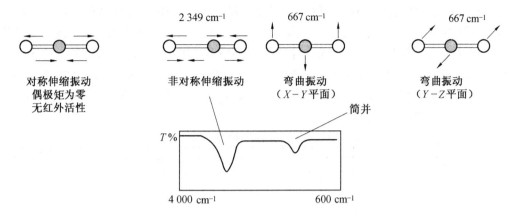

图 10.4 二氧化碳分子的振动类型及红外吸收峰

10.2.3 红外吸收峰的强度及其主要影响因素

在红外光吸收谱图上,一般用摩尔吸光系数 ε 的大小来划分吸收峰的强弱,红外吸收峰的 ε 较小,一般比紫外-可见吸收峰的 ε 小 2~3 数量级,仅为几十至几百。吸收峰的强弱按 ε 的大小可划分为:

| $\varepsilon>100$ | $100>\varepsilon>20$ | $20>\varepsilon>10$ | $10>\varepsilon>1$ | $1>\varepsilon$ |
| 很强,vs | 强,s | 中等,m | 弱,w | 很弱,vw |

影响红外吸收峰强度的因素主要有两方面:振动能级跃迁概率和分子振动时偶极矩变化的大小。跃迁概率越大,吸收越强,从基态向第一激发态跃迁(即从 $v=0$ 跃迁至 $v=1$,此时所产生的吸收带称为基频谱带)的概率大,因此,基频吸收带一般较强;振动时偶极矩变化越大,吸收越强,偶极矩变化的大小与分子结构和对称性有关。很显然,化学键两端所连接的原子电负性差别越大,分子的对称性越差,振动时偶极矩的变化就越大,吸收就越强。例如 C=O 的吸收为 vs,而 C=C 的吸收为 m。一般说来,伸缩振动的吸收强于变形振动,非对称振动的吸收强于对称振动。

10.2.4 基团特征频率和影响因素

1. 基团特征频率

物质的红外光谱反映了分子结构的信息,谱图中的吸收峰与分子在各基团的振动形式相对应。具有相同化学键或官能团(如 O—H、N—H、C—H、C=C、C=O 等)的化合物的红外吸收光谱中,总会有振动频率非常相近的吸收峰,这个与一定的结构单元相联系的吸收峰称为特征吸收峰,其吸收峰的最大频率称为基团特征频率。

红外光谱的特征频率反映了化合物在结构上的特点,可以用来鉴定未知物的结构或确定其官能团。通过对大量红外光谱数据的研究,已经证明官能团的特征频率出现的位置是有规律的,并有各种官能团特征吸收频率(波数)以图或表形式的详细总结。表10.3 和表 10.4 就是可供参考的常见官能团特征频率数据。

常见的化学基团在 4 000~670 cm^{-1}(2.5~25 μm)范围内有基团特征频率。所以这个红外范围(中红外区)是一般红外光谱仪的工作范围。在实际应用中,为了便于光谱解析,常将这个波数范围分为四个区。首先以 1 300 cm^{-1} 为界分成官能团区和指纹区两部分。官能团区在 4 000~1 300 cm^{-1} 区域内,由含氢的官能团和含双键、二键的官能团伸缩振动产生;1 300~690 cm^{-1} 区域内通常称为指纹区,主要由不含氢的单键官能团伸缩振动和双键、二键的变形振动引起的。

表 10.3 常见官能团的特征频率(ν/cm^{-1})

化合物	基团	X—H 伸缩振动区	三键区双键伸缩振动区	部分单键振动区和指纹区
烷烃	—CH$_3$	ν_{asCH}:2 962±10(s)		δ_{asCH}:1 450±10(m)
		ν_{sCH}:2 872±10(s)		δ_{sCH}:1 375±5(s)
	—CH$_2$—	ν_{asCH}:2 926±10(s)		δ_{CH}:1 465±20(m)
		ν_{sCH}:2 853±10(s)		
	—CH—	ν_{CH}:2 890±10(s)		δ_{CH}:~1 340(w)
烯烃	$\overset{\mathrm{H}}{\underset{\mathrm{H}}{\mathrm{C}}}{=}\overset{}{\underset{\mathrm{H}}{\mathrm{C}}}$	ν_{CH}:3 040~3 010(m)	$\nu_{C=C}$:1 695~1 540(m)	δ_{CH}:1 310~1 295(m)
				γ_{CH}:770~665(s)
	$\overset{\mathrm{H}}{\underset{}{\mathrm{C}}}{=}\overset{}{\underset{\mathrm{H}}{\mathrm{C}}}$	ν_{CH}:3 040~3 010(m)	$\nu_{C=C}$:1 695~1 540(w)	γ_{CH}:970~960(s)
炔烃	—C≡C—H	ν_{CH}:≈3 300(m)	$\nu_{C≡C}$:2 270~2 100(w)	
芳烃	⌬	ν_{CH}:3 100~3 000(变)	泛频:2 000~1 667(w) $\nu_{C=C}$:1 650~1 430(m) 2~4 个峰	δ_{CH}:1 250~1 000(w) ν_{CH}:910~665 单取代:770~730(vs) ≈700(s) 邻双取代:770~735(vs) 间双取代:810~750(vs) 725~680(m) 900~860(m) 对双取代:860~790(vs)
醇类	R—OH	ν_{OH}:3 700~3 200(变)		δ_{OH}:1 410~1 260(w) ν_{CO}:1 250~1 000(s) ν_{OH}:750~650(s)
酚类	Ar—OH	ν_{OH}:3 705~3 125(s)	$\nu_{C=C}$:1 650~1 430(m)	δ_{OH}:1 390~1 315(m) ν_{CO}:1 335~1 165(s)
脂肪醚	R—O—R′			ν_{CO}:1 230~1 010(s)

续表10.3

化合物	基团	X-H 伸缩振动区	三键区双键伸缩振动区	部分单键振动区和指纹区
酮	R—C—R′ ‖ O		$\nu_{C=O}$:≈1 715(vs)	
醛	R—C—H ‖ O	ν_{CH}:≈2 820,≈2 720(w) 双峰	$\nu_{C=O}$:≈1 725(vs)	
羧酸	R—C—OH ‖ O	ν_{OH}:3 400~2 500(m)	$\nu_{C=O}$:1 740~1 690(m)	δ_{OH}:1 450~1 410(w) ν_{CO}:1 266~1 205(m)
酸酐	—C—O—C— ‖ ‖ O O		$\nu_{asC=O}$:1 850~1 880(s) $\nu_{sC=O}$:1 780~1 740(s)	ν_{CO}:1 170~1 050(s)
酯	—C—O—R ‖ O	泛频 $\nu_{C=O}$:≈3 450(w)	$\nu_{C=O}$:1 770~1 720(s)	ν_{COC}:1 300~1 000(s)
胺	—NH$_2$	ν_{NH2}:3 500~3 300(m) 双峰	δ_{NH}:1 650~1 590(s,m)	ν_{CN}(脂肪):1 220~1 020(m,w) ν_{CN}(芳香):1 340~1 250(s)
	—NH	ν_{NH}:3 500~3 300(m)	δ_{NH}:1 650~1 550(vw)	ν_{CN}(脂肪):1 220~1 020(m,w) ν_{CN}(芳香):1 350~1 280(s)
酰胺	—C—NH$_2$ ‖ O	ν_{asNH}:≈3 350(s) ν_{sNH}:≈3 180(s)	$\nu_{C=O}$:1 680~1 650(s) δ_{NH}:1 650~1 250(s)	ν_{CN}:1 420~1 400(m) γ_{NH2}:750~600(m)
	—C—NHR ‖ O	ν_{NH}:≈3 270(s)	$\nu_{C=O}$:1 680~1 630(s) $\delta_{NH}+\gamma_{CN}$: 1 750~1 515(m)	$\nu_{CN}+\gamma_{NH}$:1 310~1 200(m)
	—C—NRR′ ‖ O		$\nu_{C=O}$:1 670~1 630	
酰卤	—C—X ‖ O		$\nu_{C=O}$:1 810~1 790(s)	
腈	—C≡N		$\nu_{C≡N}$:2 260~2 240(s)	

续表10.3

化合物	基团	X—H 伸缩振动区	三键区	双键伸缩振动区	部分单键振动区和指纹区
硝基化合物	R—NO$_2$	ν_s		ν_{asNO_2}:1 565 ~ 1 543(s)	ν_{sNO_2}:1 385 ~ 1 360(s) ν_{CN}:920 ~ 800(m)
硝基化合物	Ar—NO$_2$	ν_s		ν_{asNO_2}:1 550 ~ 1 510(s)	ν_{sNO_2}:1 365 ~ 1 335(s) ν_{CN}:860 ~ 840(s) 不明:≈750(s)
吡啶类	(吡啶环)	ν_{CH}:≈3 030(w)		$\nu_{C=C}$ 及 $\nu_{C=N}$: 1 667 ~ 1 430(m)	δ_{CH}:1 175 ~ 1 000(w) γ_{CH}:910 ~ 665(s)
嘧啶类	(嘧啶环)	ν_{CH}:3 060 ~ 3 010(w)		$\nu_{C=C}$ 及 $\nu_{C=N}$: 1 580 ~ 1 520(m)	δ_{CH}:1 000 ~ 960(m) γ_{CH}:825 ~ 775(m)

表10.4 红外光谱中的重要区段

4 000 ~ 2 500 cm^{-1},氢键区	2 500 ~ 2 000 cm^{-1},叁键区	2 000 ~ 1 500 cm^{-1},双键区	1 500 ~ 1 000 cm^{-1},单键区
3 750 ~ 3 000 νO—H	2 400 ~ 2 100 νC≡C	1 900 ~ 1 650 νC=O	1 475 ~ 1 300 δC—H
3 500 ~ 3 300 νN—H	2 260 ~ 2 100 νC≡N	1 645 ~ 1 500 νC=C	1 000 ~ 650 δC=C—H
3 300 ~ 3 000 νC—H (双键,三键,苯环)			
3 000 ~ 2 700 νC—H (单键)			

2. 影响基团特征频率的因素

分子中化学键的振动并不是孤立的,而受到分子中其他部分,特别是相邻基团的影响,有时还会受到溶剂、测定条件等外部因素的影响,往往会出现基团特征频率位移和强度的改变。引起基团特征频率位移的因素大致可分为两类,即外部因素和内部因素。

(1)外部因此。试样的状态、测定条件的不同及溶剂的影响等会引起频率位移。一般气态时的 C=O 伸缩振动频率最高,非极性溶剂的稀溶液次之,而液态或固态时的振动频率最低。

同一化合物的气态和液态以及液态和固态光谱之间都有较大的差异。

(2)内部因素。内部因素较多,实质上内部因素就是分子的结构问题。有机化合物的结构千变万化,所以内部因素相当多。主要有电子效应、空间位阻效应和振动耦合、费米共振等。

①电子效应:主要是包括诱导效应和共轭效应。诱导效应是由于取代基具有不同的电负性,诱导作用使键力常数发生变化;由共轭效应使共轭体系双键力常数变化,振动频率降低;此外,含孤对电子的分子中产生的 n-π 共轭也会使双键力常数变化。

②空间位阻效应:由于立体障碍,羰基与双键之间的共轭受到限制,分子间羟基不容

易形成氢键。

③振动耦合和费米共振:两个不同的振动频率,由于相互作用,所以发生谱峰分裂或吸收峰增强,使特征频率改变。

10.3 红外吸收光谱仪

红外光谱仪分为两大类:色散型和干涉型。色散型红外光谱仪又分为棱镜分光型和光栅分光型,干涉型为傅里叶变换红外光谱仪(FTIR)。

10.3.1 色散型红外光谱仪

色散型红外光谱仪的结构与紫外-可见吸收光谱仪相似,光学系统由光源、试样室、单色器及检测器等组成,但与紫外-可见吸收光谱仪不同,吸收池在光源和单色器之间。色散型双光束红外光谱仪的光路图如图 10.5 所示。

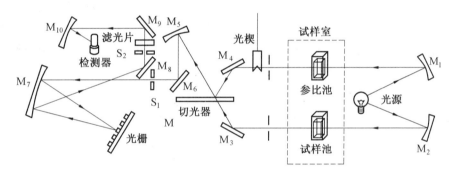

图 10.5 色散型双光束红外光谱仪的光路图
S_1,S_2——狭缝;M——反射镜

1. 红外光源

红外光源是能够连续发射高强度红外光的物体,最常用的光源有能斯特灯和硅碳棒。

能斯特灯由耐高温的氧化锆、氧化钇和氧化钍等稀土元素混合烧结而成,有空心和实心两种,两端绕以铂丝做导线,室温下是非导体,加热到 700 ℃以上时变为导体,工作温度为 1 700 ℃左右。其优点是发出的光强度高、稳定性较好,但机械强度差,价格较贵。

硅碳棒由碳化硅经高温烧结而成,两端绕以金属导线通电,工作温度为 1 200 ~ 1 500 ℃。其优点是坚固,发光面积大,操作方便,价格便宜,但使用前必须用变压器调压后才能用。

2. 试样室

因为玻璃、石英等材料不能透过红外光,所以红外吸收池要用可透过红外光的 NaCl、KBr、CsI 等材料制成透光窗片。固体试样常与纯 KBr 混合后压片进行测量。

3. 单色器

色散型的仪器多用光栅,这类仪器测定波长的范围是 650 ~ 4 000 cm^{-1}。目前红外光谱仪多为分辨率比色散型高得多的傅里叶变换红外光谱仪,采用干涉仪取代了单色器。

4. 检测器

检测器的主要类型有真空热电偶、热释电检测器和汞镉碲检测器。常用的是后两种。

热释电检测器(TGS)是利用硫酸三甘肽的单晶片(TGS)作为检测元件。使 TGS 薄片正反两面的镀铬和镀金形成两电极,其极化强度随温度升高而降低。当红外光照射到 TGS 薄片时,温度升高,其极化强度改变,表面电荷减少,相当于"释放"了部分电荷,经放大和转换成电流或电压后测量。

汞镉碲检测器(MCT)由宽频带的半导体碲化镉和碲化汞混合形成。改变混合物的组成可得到不同测量波段、不同灵敏度的 MCT 检测器。它的灵敏度高于 TGS,响应速度也更快,但为了降低噪声,需要在液氮冷却下工作。与 TGS 相比,MCT 检测器更适合傅里叶变换红外光谱仪。

10.3.2　傅里叶变换红外光谱仪(FTIR)

傅里叶变换红外光谱仪的结构中没有色散元件,仅由光源、干涉仪和检测器及记录装置组成。它的工作原理如图 10.6 所示。光源发出的红外光,经干涉仪转变为干涉光,当从干涉仪发出的干涉光通过试样时,由于试样吸收了某频率的能量,干涉图的强度曲线就会发生变化,因此会得到含试样信号的干涉图,经过快速傅里叶变换,可得到我们熟悉的吸收强度或透光率随频率或波长变化的红外光谱图。

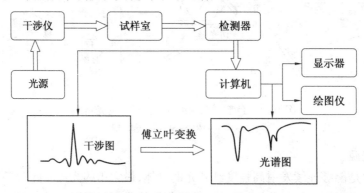

图 10.6　FTIR 工作原理框图

傅里叶变换红外光谱仪的特点:

(1)扫描速度快,测量时间短,可在几秒内完成一张红外光谱图,其扫描速度较色散型要快数百倍。

(2)分辨率高,波数精度可达 0.01 cm^{-1}。

(3)灵敏度高,检出限可达 $10^{-12} \sim 10^{-9}$ g。对于一般红外光谱不能测定的、散射很强的样品,傅里叶变换红外光谱仪可采用漫反射附件测得满意的光谱。

傅里叶变换红外光谱仪适合于微量试样的研究,是近代化学研究不可缺少的基本设备之一。

10.4 实验技术

红外吸收光谱在化学领域中的应用是多方面的,因为其方法简便、迅速和可靠,同时样品用量少、可回收,无论气体、固体和液体均可以进行检测,所以它不仅用于分子结构的基础研究,还广泛地用于化合物的定性、定量分析等。它应用最广的还是对未知化合物进行结构鉴定。

10.4.1 试样的处理

红外吸收光谱图是定性、定量和结构分析的基础,被测试样的处理在红外吸收光谱法中至关重要。

红外吸收光谱法对试样的要求是:(1)结构分析时,试样最好是单一组分的纯物质(一般纯度大于98%),所以混合物试样要经过分离和提纯;(2)试样中不应含有游离态的水,以防止水吸收红外光对试样光谱图的干扰;(3)试样的浓度和测试厚度对红外光谱分析影响较大,尤其是对定量分析的影响,因此,要使光谱图的吸收峰透过率在10%～80%($A=1\sim 0.1$)之间为宜。应根据试样状态的不同来选择不同的样品处理方法。

1. 气体试样

使用带有 NaCl 或 KBr 窗片的气体吸收池,使用时应先将吸收池内空气抽净,然后吸入被测试样测定。

2. 液体和溶液试样

(1)沸点较高的试样,直接滴在两块盐片之间形成液膜测定(称为液膜法)。

(2)沸点较低的挥发性试样,用注射器注入封闭的液体池(液层厚度一般为0.01～1 mm)中测定。

(3)一些吸收很强的纯液体样品,如果在减小厚度后仍得不到好的图谱,可配成溶液测试。溶剂的选用原则是:对样品应有很好的溶解度并且不发生很强的溶剂效应,溶剂本身在中红外区应有良好的透明度,即使产生吸收峰也不能与样品的吸收峰重叠。

3. 固体试样

(1)KBr 压片法。

一般红外测定用的锭片为直径13 mm,厚度为1 mm左右的小片。取1 mg～2 mg试样在玛瑙研钵或振动球磨机中磨细后加100～200 mg已干燥磨细的KBr粉末,充分混合并研磨,使平均颗粒尺寸为2 μm左右即可。将研磨好的混合物均匀地放入压力机的模具中,在10 MPa左右的压力下1～2 min即可得到透明或均匀半透明的锭片。

对于难研磨样品,可先将其溶于几滴挥发性溶剂中再与KBr粉末混合成糊状,然后研磨至溶剂挥发完全。对于弹性样品,如橡胶,可用低温(-40 ℃)使其变脆而易粉碎,再与KBr粉末混合研磨。

压片法可用于固体粉末和结晶样品的分析,所用的稀释剂除KBr外,还有KCl、CsI和高压聚乙烯。

压片法制样的注意事项如下:

①为了避免散射,样品颗粒研磨至 2 μm 以下。
②易吸水、潮解样品不宜用压片法。
③压片用的 KBr,KCl,CsI 等的规格必须是分析纯以上,不能含其他杂质;KBr,KCl,CsI 等在粉末状态很容易吸水、潮解,应放在干燥器中保存(应定期在干燥箱中110 ℃或在真空烘箱中恒温干燥 2 h)。

KBr 压片法的优缺点:优点是如不考虑 KBr 吸湿的因素,红外谱图获得的所有吸收峰,应完全是被测样品的吸收峰,因而在固体样品制样中,KBr 压片法是优选的方法。缺点是分散剂极易吸湿,因而在 3 448 cm^{-1}和 1 639 cm^{-1}处难以避免地有游离水的吸收峰出现,不宜用于鉴别烃基的存在;未知样品与分散剂的比例难以准确估计,因此常会因样品浓度不合适或透过率低等问题需要重新制片。

(2)糊状法。

首先把干燥的样品放入玛瑙研钵中充分研细,然后滴几滴液体石蜡到玛瑙研钵中继续研磨,直到呈均匀的粗糊状,用样品铲把分散在玛瑙研钵四周的样品糊铲入盐片上,放入仪器光路中测定其红外光谱。

大多数能转变成固体粉末的样品都可采用糊状法测定。

(3)薄膜法。

固体样品制成薄膜进行测定可以避免基质或溶剂对样品光谱的干扰,薄膜的厚度为 10~30 μm,而且厚薄均匀。薄膜法主要用于聚合物测定,对于一些低熔点的低相对分子质量的化合物也可应用。薄膜法有以下 3 种:

①熔融涂膜:适用于一些熔点低、熔融时不分解、不产生化学变化的样品。
②热压成膜:对于热塑性聚合物或在软化点附近不发生化学变化的塑性无机物,将样品放在模具中加热至软化点以上或熔融后再加压力压成厚度合适的薄膜。
③溶液铸膜:将样品溶解于适当的溶剂中,然后将溶液滴在盐片、玻璃板、平面塑料板、金属板、水面上,使溶剂挥发掉就可以得到薄膜。

10.4.2 定性分析

红外光谱的定性分析,大致可以分为官能团定性和结构分析两方面。官能团定性是根据化合物的红外光谱基团特征频率来检定物质有哪些基团,而结构分析(或称结构剖析),则需要有化合物的红外光谱和其他资料(如质谱、紫外光谱、核磁共振波谱、物理常数等)相结合来推断有关化合物的化学结构。

红外光谱一般定性步骤如下:

(1)利用各种分离手段提纯试样,尽量得到单一的纯物质。
(2)了解样品的来源、样品的理化性质、其他分析数据。
(3)若可以根据其他分析数据写出分子式,则可计算不饱和度 U

$$U = 1 + n_4 + \frac{1}{2}(n_3 - n_1)$$

式中 n_4、n_3、n_1—— 分子中四价、三价、一价元素的数目。

通常规定双键和饱和环状结构的不饱和度为1,三键为2,苯环为4(可以理解为一个环加三个双键)。链状饱和烃的不饱和度则为零。

(4)红外谱图解析,确定化合物的结构单元,推出可能的结构式。

解析谱图可先从各个红外光谱区域的特征频率入手,发现某基团后,再根据指纹区进一步证实该基团及其与其他基团的结合方式。

例 未知物的分子式为 C_4H_5N,其红外吸收谱图如图 10.1 所示,试推断其结构。

解 计算不饱和度 $U=3$,分子中可能存在一个双键和一个三键。由于分子中含 N,所以分子中可能存在—CN 基团。

由红外吸收谱图看,从谱图的高频区可看到 2 260 cm^{-1} 为氰基的伸缩振动吸收,1 647 cm^{-1} 为乙烯基的 —C=C— 伸缩振动吸收,可推测分子结构为 CH_2=CH—CH_2—CN。

由 1 865 cm^{-1},990 cm^{-1},935 cm^{-1} 分别表明为末端乙烯基(1 418 cm^{-1})、亚甲基的弯曲振动(1 470 cm^{-1},受到两侧不饱和基团的影响,向低波数位移)和末端乙烯基的弯曲振动(1 400 cm^{-1}),可验证推测正确。

一些现代仪器配备了谱图库和检索系统,所以可以利用计算机谱图库检索来迅速鉴定未知物。

(5)与标准谱图对照

无论是已知物的验证,还是未知物的检定,都需利用纯物质的谱图来作校验。常见的有 Sadtler 标准红外光谱图集、Aldrich 红外图谱库、Sigma Fourier 红外光谱图库。

10.4.3 定量分析

红外吸收光谱的定量依据为朗伯-比尔定律

$$A = \log \frac{I_0}{I_t} = \varepsilon L c$$

红外吸收光谱法定量时,首先要选择一个波长,而吸收光谱图中吸收带很多,选择特征吸收谱带比较重要,一般有以下几点原则:

(1)谱带中峰形对称性较好、相对独立的吸收峰。
(2)没有其他组分在所选择的特征谱带区产生干扰。
(3)溶剂或介质在所选择的特征谱带区域应无吸收。
(4)特征谱带避免在一氧化碳、水蒸气有强吸收的区域。

定量分析方法很多,比较常用的是标准曲线法、内标法和吸光度比较法等。目前红外吸收光谱定量的灵敏度较低,所以尚不适合用于微量组分的分析。

10.4.4 红外光谱仪的日常维护

(1)红外光谱仪是一种可以连续工作的仪器,但电源变压、激光器、红外电源、线路板等都是有寿命的,仪器在不使用时,最好处于关机状态。

(2)保持室内的温度和湿度在仪器要求的范围内,中红外分束器和 TGS 检测器最怕受潮,一定要更换干燥剂,如仪器不是密闭体系,可在样品室内放置装于大布袋内的硅胶,但要注意烘干后的硅胶须冷却至室温才能放入样品室。夏天湿度大,更要注意防潮。

(3)使用环境要注意防尘、防腐蚀。若在光学镜面上附着灰尘,不宜用有机溶剂冲洗,更不能用镜头擦洗。只能用洗耳球把灰尘吹掉。

(4)当需要搬动仪器时,干涉仪中的动镜必须固定,以免剧烈震动损坏轴承。

习　题

1. 产生红外吸收的条件是什么?是否所有的分子振动都能产生红外吸收光谱?为什么?

2. 什么是基团频率?什么是基频吸收带?它有什么用途?

3. 红外光谱定性的基本依据是什么?简述红外光谱定性分析的过程。

4. 试说明何谓红外活性振动,指出 CO_2 分子的 4 种振动形式中哪些属于红外活性振动?

5. 影响基团特征频率的因素有哪些?

6. 试说明傅里叶变换红外光谱仪与色散型红外光谱仪的最大区别是什么?

7. 进行红外吸收光谱分析时,为什么要求试样为单一组分且为纯品?为什么试样不能含有游离水分?

第11章

核磁共振波谱法

11.1 概述

核磁共振波谱(Nuclear Magnetic Resonance,NMR)与紫外、红外吸收光谱一样,都是由分子吸收电磁辐射后在不同能级上的跃迁而产生的。紫外和红外吸收光谱是由电子能级跃迁和振动能级跃迁而产生的。核磁共振波谱是分子吸收约 $10^6 \sim 10^9$ nm 的长波长(位于射频区)、低能量的电磁辐射后产生的。核磁共振波谱所吸收的低能量电磁辐射不能引起分子振动或电子跃迁,只能引起核自旋能级的裂分。核磁共振波谱法与紫外或红外吸收光谱法的不同之处在于待测物质必须置于强磁场中,研究其具有磁性的原子核吸收射频辐射(4~600 MHz)产生核磁共振的现象,从而获取有关分子结构的信息。

自 1953 年出现第一台核磁共振商品仪器以来,核磁共振在仪器、实验方法、理论和应用等方面取得了巨大的进步。波谱仪频率已从 30 MHz 发展到 900 MHz。1 000 MHz 波谱仪也在加紧试制之中。仪器的工作方式从连续波谱仪发展到脉冲-傅里叶 NMR,使 NMR 从氢核(主要是 ^{1}H)的测量向烯核尤其是 ^{13}C 核发展,极大地方便了有机化合物结构的测定。随着多种脉冲序列的采用,所得谱图已从一维谱到二维谱、三维谱甚至更高维谱,为研究复杂的生物大分子结构、构象及其性能提供了有力的武器。该法应用于各种有机及无机化合物的结构分析,若与元素分析仪、紫外及红外吸收光谱、质谱等方法配合使用,则可推断蛋白质等生物分子的结构。该法还能对反应的动态过程跟踪,进而了解反应机理。因此,核磁共振已成为最重要的仪器分析手段之一,所应用的学科已从化学、物理发展到生物、食品、医学等多个学科。

11.2 核磁共振波谱法的基本原理

11.2.1 核磁共振现象的产生

1. 原子核的磁矩

原子核由中子和质子组成,质子带正电荷,中子不带电,因此原子核带正电荷,其电荷数等于质子数,与元素周期表中的原子序数相同。原子核的质量数为质子数和中子数之和。通常将原子核表示为 $^A X_Z$,其中,X 为元素的化学符号,A 是质量数,Z 是质子数(有时标在左下角)。Z 相同,A 不同的核称为同位素,如 $^1H_1$、$^2H_1$ 和 $^3H_1$,$^{13}C_6$ 和 $^{12}C_6$ 等。原子核也简化表示为 $^A X$。

实践证明,很多原子核和电子一样有自旋现象,称为核的自旋运动。带正电荷的原子核若有自旋运动,就好比是一个通电的线圈,会产生磁场,其磁性用磁矩表示。很多种同位素的原子核都具有磁矩,这样的原子核称为磁性核,是核磁共振的研究对象。原子核的磁矩(μ)取决于原子核的自旋角动量,磁矩和角动量成正比,即

$$\mu = \gamma p \tag{11.1}$$

式中　γ——磁旋比,即核磁矩与核的自旋角动量的比值,不同的核具有不同的磁旋比,它与核的质量,所带电荷以及朗德因子有关,是原子核的基本属性;

p——自旋角动量,是一个矢量,其值是量子化的,可用自旋量子数表示其大小,即

$$p = \sqrt{I(I+1)} \cdot \frac{h}{2\pi} = \frac{h}{2\pi} \cdot m \tag{11.2}$$

式中　h——普朗克常数;

I——原子核的自旋量子数,与原子的质量数和原子序数有关;

m——原子核的磁量子数。

$I \neq 0$ 的原子核才有自旋运动,$I = 0$ 的原子核就没有自旋运动,如表 11.1 和图 11.1 所示。m 值取决于 I,可取 $I-1,I-2,\cdots,-I$,共 $2I+1$ 个不连续的值。这说明 p 是空间方向是量子化的。

表 11.1　各种核的自旋量子数

质量数	质子数	中子数	自旋量子数 I	自旋核电荷分布	NMR 现象	原子核
偶数	偶数	偶数	0		无	$^{12}C_6$、$^{16}O_8$、$^{32}S_{16}$
偶数	奇数	奇数	1,2,3	伸长椭圆形	有	$^2H_1$、$^{14}N_7$
奇数	奇数	偶数	1/2 3/2, 5/2	球形 扁平椭圆形	有	H_1、$^{15}N_7$、$^{19}F_9$、$^{31}P_{15}$ $^{10}B_5$
奇数	偶数	奇数	1/2 3/2, 5/2	球形 扁平椭圆形	有	$^{13}C_6$ $^{33}S_{16}$、$^{17}O_8$

(a) 没有自旋　　(b) 自旋球体　　(c) 自旋椭圆体

图 11.1　原子核自旋与自旋量子数 I 的关系

2. 核磁共振现象的产生

有自旋现象的核在外加磁场中,由于磁矩与磁场的相互作用,可存在$(2I+1)$个取向,每个取向代表原子核的某个特定能量状态,用磁量子数 m 表示,它是不连续的量子化能级。m 与核自旋量子数的关系是:$m=I, I-1, I-2, \cdots, -I$。以 $^1H_1$ 核为例,其 $I=1/2$,故存在两种取向,或与外加磁场方向相反,能量较高,以 $m=+1/2$ 表示;或与外加磁场方向平行,能量较低,以 $m=-1/2$ 表示。两个能级间的能量差为:

$$\Delta E = 2\mu_H B_o \tag{11.3}$$

式中　　μ_H——氢核的磁矩;

　　　　B_o——外加磁场强度。

因此原子核可以吸收一定频率的电磁辐射并改变核自旋方向。

在外加磁场中的核,由于本身的自旋产生磁场,磁场的取向不一定与外界磁场完全一致,如图 11.2 所示。核自旋产生的磁场与外加磁场相互作用,使原子核除了本身自旋外,同时还存在一个以外加磁场方向为轴线的回旋运动,称为拉摩尔进动(Larmor Precession)。拉摩尔进动有一定的频率,称为拉摩尔频率。自旋核的角速度 ω_0、进动频率 ν_0 与外加磁场强度 B_0 的关系可以用拉摩尔公式表示为

$$\omega_0 = 2\pi\nu_0 = \gamma B_0 \tag{11.4}$$

$$\nu_0 = \frac{\gamma B_0}{2\pi} \tag{11.5}$$

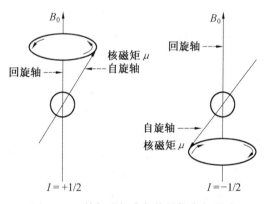

图 11.2　外加磁场中氢核的拉摩尔进动

当外加磁场不存在时,原子核对可能的磁能级并不优先选择任何一个,此时具有简并的能级;当将原子核置于外加磁场中时,能级发生分裂,其能量差与核磁矩和外加磁感应强度有关,如图 11.3 所示。当外界电磁波提供的能量刚好等于原子核相邻能级间的能量差时,核的自旋取向逆转,从低能级跃迁至高能级,这种现象称为核磁共振,其吸收的电磁波频率为

$$\Delta E = \frac{\gamma h}{2\pi} = h\nu \tag{11.6}$$

$$\nu = \frac{\Delta E}{h} = \frac{1}{2\pi}\gamma B_0 \tag{11.7}$$

式中　　$\nu = \nu_0$。

式(11.7)称为核磁共振方程或核磁共振条件,可通过这个方程计算氢核共振时的进

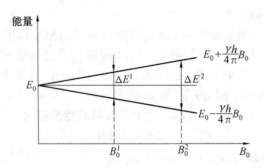

图 11.3 外加磁场中 $I = 1/2$ 的核自旋能级分裂示意图

动频率(ν_0)。例如在 $B_0 = 1.409$ T 的磁场中,$^1H_1(\gamma = 2.675 \times 10^8$ T·s)发生核磁共振需要的射频电磁波的频率(ν)为

$$\nu/\text{MHz} = \nu_0 = \frac{\gamma B_0}{2\pi} = \frac{2.675 \times 10^8 \times 1.409}{2\pi} = 60.00$$

目前核磁共振波谱主要研究的对象是 $I = 1/2$ 的核,如 $^1H_1$、$^{13}C_6$、$^{15}N_7$、$^{19}F_9$、$^{31}P_{15}$ 等,这些核的电荷分布是球形对称的,核磁共振谱线窄,最适合核磁共振检测,其中以 $^1H_1$ 核的研究最多,其次是 $^{13}C_6$ 核。

11.2.2 核磁共振波谱的特性

1. 化学位移

按照核磁共振原理,氢核在外磁场中应当只有一个共振频率。例如在 90 MHz 的核磁共振仪中,所有的氢核应当均在外磁场 $B_0 = 2.1$ T 处产生共振吸收信号。然而实际上并非如此,化合物中同类磁核往往出现不同的共振频率。研究表明,分子中原子核所受到的磁场并不完全等于外加磁场,核外的电子云对外加磁场有屏蔽作用。

同一种原子核由于处在分子中的部位不同,也就是化学环境的不同,核外电子云密度有差异,则其受到的屏蔽的大小(屏蔽常数 σ)也不同,质子实际上受到的磁场强度 $B = B_0 - B'$(B' 是核外电子云引起的次级磁场强度),由此造成的共振频率有差异,在谱图上共振吸收峰出现在不同频率区域或不同磁场强度区域。这种由于磁屏蔽作用引起的吸收峰位置的变化称为化学位移(Chemical Shift)。因此,同类磁核实际测得的共振频率可以反映出其受到电子云屏蔽的情况,即其所处的化学环境。据此可以把核磁共振谱与化合物的化学结构联系起来。如乙醇的质子核磁(^{1}HNMR)共振谱图,如图 11.4 所示。

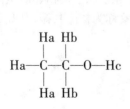
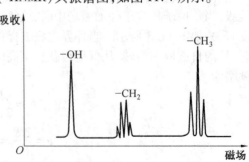

图 11.4 乙醇的质子核磁共振谱图

乙醇(C_2H_5OH)有 6 个质子,如果没有屏蔽作用,它应该只出现一个吸收峰,实际上谱图上出现了对应—OH、—CH_2、—CH_3 的三个吸收峰。可以理解为:Hc 与电负性大的氧相连,由于氧是吸电子基团,使 Hc 的电子云密度比 Ha、Hb 都小,其核受到的屏蔽也小,所以在低磁场处出现;而 Hb 仍受到氧吸电子的影响,故 Ha 相对于 Hb 共振吸收峰出现在更高磁场处。由此可见,磁屏蔽效应能够反映出氢原子在分子中所处的位置。并且应用高分辨率的核磁共振仪检测时,可以看到每个共振吸收峰往往是峰组,称之为峰的裂分,核磁共振峰裂分也是受周围相邻同种磁核的影响,分裂峰数由相邻碳原子上的氢原子数决定,裂分峰数目遵守 n+1 规律——相邻 n 个 H,裂分成 n+1 峰。吸收峰的相对强度与对应的质子数成正比。图 11.5 为 CH_3CH_2Cl 的 ^1H NMR 谱。

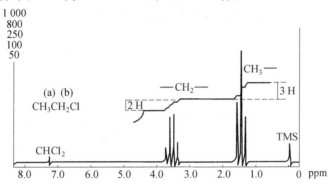

图 11.5　CH_3CH_2Cl 的核磁共振谱图

2. 化学位移的表示

同一分子中不同类型的氢核,由于化学环境不同,其共振吸收频率会出现差异。其差值不仅与氢核所处的环境相关,还与所使用的仪器等因素有关。但是这个差异,与辐照的射频频率 ν_0 或磁场强度 B_0 相比,差值仅为 ν_0 或 B_0 的百万分之十左右。为了克服测量上的困难及避免因仪器不同造成结果不同,在实际工作中常使用一个与仪器无关的相对测量值来表达核所处的化学环境,采用位移常数 δ 来表示化学位移,即规定某一标准物,以其峰位置作为核磁谱图的坐标原点,如图 11.5 所示。测量样品中各吸收峰的频率 $\nu_{样}$ 与标样的频率 $\nu_{标}$ 的差值 $\Delta\nu$,或磁感强度 B 的差值 ΔB,两者的比值只与核的性质有关,定义 δ 为

$$\delta = \frac{\nu_{样} - \nu_{标}}{\nu_{标}} \times 10^6 = \frac{\Delta\nu}{\nu_0} \times 10^6 \tag{11.8}$$

式中　$\nu_{样},\nu_{标}$——样品中的磁核与标准物中的磁核的共振频率;

$\Delta\nu$——样品与标准物的磁核共振频率差;

ν_0——仪器的振荡器频率。

δ 值仅与核所处的化学环境有关,故称为化学位移。

因为 $\Delta\nu$ 的数值相对于 $\nu_{标}$ 来说是很小的值,而 $\nu_{标}$ 与仪器的振荡器频率非常接近,故 $\nu_{标}$ 常可用振荡器频率代替。由于 δ 的值非常小,一般在百万分之几的数量级,所以为了

便于读、写,常在式中乘以 10^6。

在测定 $^1H_1$ 及 $^{13}C_6$ 的核磁共振谱时,最常采用四甲基硅烷(TMS)作为测量化学位移的标准物,因为 TMS 的 4 个甲基对称分布,甲基所处的化学环境相同,所以无论是在氢谱或碳谱中都只有一个峰,且 TMS 又易除去(沸点 27 ℃)。但 TMS 是非极性溶剂,不溶于水。对于那些强极性试样,必须用重水做溶剂,测谱时采用其他标准物。在氢谱及碳谱中都规定 $\delta_{TMS}=0$,且位于图谱的右边。在它的左边的 δ 为正值,在它右边的 δ 为负值,绝大部分有机物的 δ 值为正值。如图 11.5 和图 11.6 所示。

需强调的是,δ 为一相对值,它与仪器所用的磁感强度无关。用不同的磁感强度(也就是用不同的电磁波频率)的仪器所测定的 δ 数值均相同。例如在 60 MHz 和 100 MHz 仪器上测定的 1,2,2-三氯丙烷的 ^1H NMR 谱如图 11.6 所示。

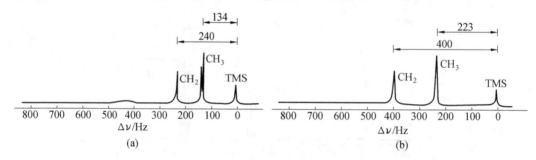

图 11.6　在(a)60 MHz 和(b)100 MHz 仪器上测定的 1,2,2-三氯丙烷的 ^1H NMR 谱

3. 影响化学位移的主要因素

(1)取代基电负性。

由于诱导效应,取代基电负性越强,与取代基连接于同一碳原子上的氢核受核外电子云屏蔽越少,共振峰越移向低场(B_0),反之亦然。以甲基的衍生物为例。若存在共轭效应,导致质子周围电子云密度增大,信号向高场移动;反之移向低场。见表 11.2。

表 11.2　甲基衍生物的化学位移情况

化合物	CH_3F	CH_3OCH_3	CH_3Cl	CH_3I	CH_2Cl_2	$CHCl_3$
电负性	4.0	3.5	3.1	2.5		
化学位移 δ	4.26	3.24	3.05	2.16	5.33	7.24

(2)磁各向异性效应。

分子中质子与某一基团的空间关系,有时会影响质子化学位移的效应,称为磁各向异性效应,它是通过空间起作用的。在外磁场的作用下,诱导电子环流产生的次级磁力线具有闭合性,在不同的方向或部位有不同的屏蔽效应:与外磁场同向的磁力线部位是去屏蔽区(−),吸收峰位于低场;与外磁场反向的磁力线部位是屏蔽区(+),吸收峰位于高场。例如,在 C=C 或 C=O 双键中的 π 电子垂直于双键平面,在外磁场的诱导下产生环流,如图 11.7 所示,双键上下方的质子处于屏蔽区(+),而在双

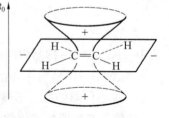

图 11.7　双键质子的去屏蔽图

键平面上的质子位于去屏蔽区(-),吸收峰位于低场。乙炔分子中的 π 电子以键轴为中心呈对称分布,如图 11.8 所示,处在键轴方向上下的质子处于屏蔽区(+),吸收峰位于较高场。在苯环中,环流半径与芳环半径相同,芳环中心位于屏蔽区(+),与芳环相连的质子位于去屏蔽区(-),吸收峰位于低场,如图 11.9 所示。

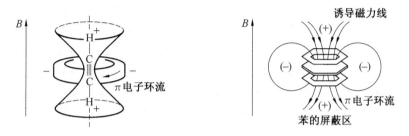

图 11.8　乙炔质子的屏蔽作用　　　图 11.9　π 电子诱导环产生的磁场

(3) 氢键。

当分子形成氢键时,氢键中氢的信号明显地移向低磁场,化学位移 δ 变大。一般认为这是由于形成氢键时,质子周围的电子云密度降低所致。对于分子间形成的氢键,其化学位移的改变与溶剂的性质以及浓度有关。在惰性溶剂的稀溶液中,可以不考虑氢键的影响。对于分子内形成的氢键,其化学位移的变化与溶液浓度无关,只取决于它自身的结构。

11.3　核磁共振波谱仪

核磁共振波谱仪的结构如图 11.10 所示,主要由磁体、探头(样品管)、射频发生器、扫描单元、信号检测及记录处理系统等 6 部分组成。按照仪器的工作方式,又可将核磁共振波谱仪分为连续波核磁共振波谱仪(CW-NMR)和脉冲傅里叶变换核磁共振波谱仪(PFT-NMR)两种类型。

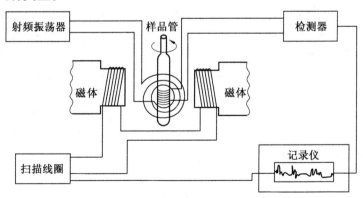

图 11.10　核磁共振波谱仪的结构示意图

11.3.1 连续波核磁共振波谱仪

1. 磁体

磁体是连续波核磁共振波谱仪中最重要的部分之一,磁体的作用在于产生一个均匀、稳定以及重现性较好的高强度磁场,连续波核磁共振波谱仪的灵敏度和分辨率主要决定于磁体的质量和强度。在连续波核磁共振波谱仪中通常用对应的质子共振频率来描述不同场强。连续波核磁共振波谱仪常用的磁体有三种:永久磁铁、电磁铁和超导磁体。永久磁铁一般可提供 0.705 T 或 1.41 T 的磁场,对应质子共振频率为 30 MHz 和 60 MHz。超导磁体提供的磁场可达 10 T 以上,对应 800 MHz 的共振频率。而电磁铁可提供对应 60 MHz、90 MHz、100 MHz 的共振频率的磁场。由于电磁铁的热效应和磁场强度的限制,目前应用不多,商品连续波核磁共振波谱仪中使用永久磁铁的低档仪器可供教学及日常分析使用。而高场强(200 MHz 以上)的连续波核磁共振波谱仪,则采用超导磁体,超导磁体(及其中心的探头)的结构如图 11.11 所示。

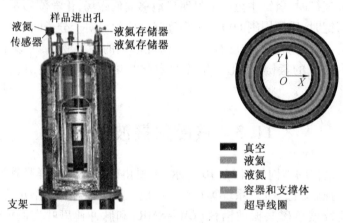

图 11.11 超导磁体的结构

超导磁体是由含铌合金丝缠绕的超导线圈完全浸泡在液氦中间,利用含铌合金在液氦温度下的超导性质来提供磁场的。为减低液氦的消耗,其外围是液氮层。液氦及液氮均由高真空的罐体储存,以降低蒸发量。在液氦、液氮均灌装以后,由一套专用的连接装置,通过液氮导管下方的超导线圈电流输入插座,缓慢地给超导线圈通入电流。当超导线圈中的电流达到额定值(即产生额定的磁感应强度)时,使线圈的两接头闭合撤去电源。只要液氦始终完全淹没线圈,含铌合金在此温度下的超导性就会使电流一直维持下去。

磁体的中心为样品管,为使磁力线均匀,设置两组匀场线圈。两组匀场线圈分别为低温匀场线圈和室温匀场线圈。低温匀场线圈浸泡在液氦中,调节时升场进行。室温匀场线圈由分析测试人员在放置样品管后进行调节。

无论是用磁铁或磁体,核磁共振谱仪均要求磁场高度均匀,若样品中各处磁场不均匀,则各处的原子核共振频率不同,这将导致谱峰加宽,即分辨率下降。为了使样品处在一个均匀的磁场中,一般在磁铁或磁体上绕有扫描线圈以消除磁场的不均匀性,同时利用一个气动涡轮转子使样品在磁场内以几十赫兹的速率旋转,使磁场的不均匀性平均化,以此来提高灵敏度和分辨率。

2. 探头

探头是连续波核磁共振波谱仪的核心元件,它固定于磁铁或磁体的中心。探头中不仅包含样品管,而且包括扫描线圈和接收线圈,以保证测量条件的一致性。为了避免扫描线圈与接收线圈相互干扰,两线圈要垂直放置,并采取措施防止磁场的干扰。样品管底部装有电热丝和热敏电阻检测元件,探头外装有恒温水套。

3. 射频发生器(也称射频振荡器)

射频发生器用于产生一个与外磁场强度相匹配的射频频率,它能提供能量,使磁核从低能级跃迁到高能级。连续波核磁共振波谱仪通常采用恒温下石英晶体振荡器产生基频,经过倍频、调谐及功率放大后馈入与磁场垂直的线圈中。^{1}H 核常用 60 MHz、90 MHz、100 MHz 的固定振荡频率的质子磁共振仪。为了获得高分辨率,频率的波动必须小于 10^{-8},输出功率小于 1 W,且在扫描时间内波动小于 1%。

4. 扫描单元

扫描单元是连续波核磁共振波谱仪特有的一个部件,用于控制扫描速度、扫描范围等参数。在连续波核磁共振波谱仪中,大部分商品仪器采用扫场方式,通过在扫描线圈内加上一定电流,来进行核磁共振扫描。相对于连续波核磁共振波谱仪的均匀磁场来说,这样的变化不会影响其均匀性。相对扫场方式来说,扫频方式工作起来比较复杂,但目前大多数装置都配有扫频方式。

5. 信号检测及记录处理系统

核磁共振产生的射频信号通过探头上的接收线圈加以检测,产生的电信号通常要大于 105 倍后才能记录,连续波核磁共振波谱仪记录处理系统的横轴驱动与扫描同步,纵轴为共振信号。现代连续波核磁共振波谱仪都配有一套积分装置,可以在连续波核磁共振波谱仪上以阶梯的形式显示出积分数据。由于积分信号不像峰高那样易受多种条件影响,所以可以通过它来估计各类核的相对数目及含量,有助于定量分析。随着计算机技术的发展,一些连续波核磁共振波谱仪配有多次重复扫描并将信号进行累加的功能,从而有效地提高了仪器的灵敏度。

11.3.2 脉冲傅里叶变换核磁共振波谱仪

与连续波核磁共振波谱仪一样,脉冲傅里叶变换核磁共振波谱仪也由磁体、射频发生器、信号检测器及探头等部件组成。不同的是,脉冲傅里叶变换核磁共振波谱仪是用一个强的射频,以脉冲的方式(一个脉冲中同时包含了一定范围的各种射频的电磁波)将样品中所有的核激发,等效于一个多通道射频仪,而傅里叶变换则一次性给出所有 NMR 谱线数据,相当于多通道接收机。每施加一个脉冲,就能得到一张常规的核磁共振谱图。脉冲时间非常短,仅为微秒级。为了提高信噪比,可进行多次重复照射、接收,将信号累加。现在生产的脉冲傅里叶变换核磁共振波谱仪大多是超导核磁共振仪,采用超导磁铁产生高的磁场。这样的仪器可以达到 200~900 MHz,仪器性能大大提高,它能够研究连续波核磁共振波谱仪无法涉足的天然丰度低而又十分重要的稀核(如 ^{13}C、^{15}N 等)。

与连续波核磁共振波谱仪相比,脉冲傅里叶变换核磁共振波谱仪具有以下优点:

(1) 分析速度快,几秒或几十秒可完成一次 ^{1}H NMR 测定;

(2) 灵敏度高,通过累加可以提供信噪比,$S/N \propto \sqrt{n}$(n——采样累加次数);

(3) 可以测定 ^{1}H$_1$、^{13}C$_6$ 及其他核的 NMR 谱;

(4) 通过计算机处理,可以得到新技术谱图,如 NOE 谱、质子交换谱、^{13}C 的 DEPT 谱和各种 2D-NMR 谱。

11.4 实验技术

11.4.1 常用溶剂

核磁共振波谱通常在溶剂中进行,固体试样要选择适当的溶剂来配制成溶液,液体试样以原液或稀释液,由于样品的溶液黏度过高会降低谱峰的分辨率,所以一般配制成约含 10% 试样的溶液。对于溶剂的要求是溶剂本身不含有被测原子,对试样的溶解度大,化学性质稳定。

对于低、中极性的样品,常采用氘代二氯甲烷做溶剂,因其价格远低于其他氘代试剂。对一些特殊的样品,也用氘代苯(用于芳香化合物、芳香高聚物)、氘代一甲基亚砜(用于在一般溶剂中难溶的物质)。极性大的样品化合物可采用氘代丙酮、重水等。

对于碳谱的测量,为兼顾氢谱的测量及锁场的需要,一般仍采用相应的氘代试剂。

11.4.2 试样的准备和测定

常规核磁共振波谱仪测定使用 5 mm 外径的试样管。根据不同核磁共振波谱仪的灵敏度,取不同量的试样溶解在 0.5~0.6 mL 溶剂中,配制成适当浓度的溶液。对于 ^{1}H NMR 和 ^{19}F NMR 谱,可取 2~20 mg 试样配制成 0.01~0.1 mol·L^{-1} 溶液;对于 ^{13}C NMR 和 ^{29}Si NMR 谱,可取 20~100 mg 试样配制成 0.1~0.5 mol·L^{-1} 溶液(相对分子质量以 400 计)。超导核磁共振波谱仪具有更高的灵敏度,试样只需 mg 乃至 μg 级。

为测定化学位移值,需加入一定的基准物质。若出于溶解度或化学反应性等的考虑,基准物质不能加在样品溶液中,可将液态基准物质(或固态基准物质的溶液)封入毛细管后再插到样品管中。对于碳谱和氢谱的测量,基准物质最常用四甲基硅烷。

11.4.3 谱图解析

从核磁共振图谱上可以获得三个主要的信息:

(1) 从化学位移判断核所处的化学环境;

(2) 从峰的裂分个数及耦合常数鉴别谱图中相邻的核,以说明分子中基团间的关系;

(3) 积分线的高度代表了各组峰面积,而峰面积与核的数目成正比,通过比较积分线的高度可以确定各种核的相对数目。

综合应用这些信息,就可以对所测定样品进行结构分析和鉴定,确定其相对分子质量,也可用于定量分析。

习 题

1. 什么是化学位移？影响化学位移的因素有哪些？
2. 某核的自旋量子数为5/2，试指出该核在磁场中有多少种磁能级？并指出每种磁能级的磁量子数？
3. 电磁波频率不变，要使核磁共振发生，氟核和氢核哪个将需要更大的外磁场？为什么？
4. 在下面的化合物中，哪个质子具有较大的 δ 值？为什么？

$$\text{Cl}-\underset{\underset{H_a}{|}}{\overset{\overset{H}{|}}{C}}-\underset{\underset{H_b}{|}}{\overset{\overset{H}{|}}{C}}-\text{Br}$$

5. 简述从 ^{1}H NMR 谱图能得到化合物的哪些结构信息？
6. 简述核磁共振波谱仪的主要结构组成。

第12章

质 谱 法

12.1 概 述

质谱法(Mass Spectrometry,MS)是利用电磁学原理,将离子或化合物电离成具有不同质量的离子,按其质量和电荷的比值(质荷比,m/z)进行分离和分析的方法。

质谱法给出的数据是以碎片离子的相对强度对质荷比构成的质谱图和以表格形式表示的质谱表。根据质谱图提供的信息可进行有机物、无机物的定性、定量分析,复杂化合物的结构分析,同位素比的测定及固体表面的结构和组成的分析。

1. 质谱法的分类

质谱法根据用途不同可分为有机质谱法、无机质谱法、同位素质谱法和气体分析质谱法。根据被测化合物的结构不同分为原子质谱(无机质谱)和分子质谱。

早期质谱法主要用于无机化学同位素研究,后来质谱法用来分析石油馏分中的复杂烃类混合物,并证实了复杂分子也能产生确定的质谱,开拓了有机质谱法。20世纪50年代初,随着质谱仪的商品化,有机质谱法与核磁共振波谱、红外光谱等的联用,使有机质谱法成为现代质谱法的主流,分子结构分析的最有效的手段。20世纪80年代,分子质谱发生了巨大的变化,出现了对非挥发性或热不稳定分子离子化的新方法,进一步促进了质谱法的发展,如快原子轰击电离子源、基质辅助激光解吸电离源、电喷雾电离源、大气压化学电离源以及随之而来的比较成熟的液相色谱-质谱联用仪、电感耦合等离子体质谱仪、傅里叶变换质谱仪等。目前,质谱研究拓展到了研究生物大分子,如蛋白质、核酸等,已成为生命过程研究不可缺少的工具之一,也是分子质谱学最具发展潜力的重要领域。

2. 质谱法的特点

(1)应用范围广。质谱仪既可以进行无机及有机物质的定性分析,还可以进行同位素分析(其他方法比较困难);可直接进行气体、固体或液体样品分析。

(2)提供的信息多。能提供确定的相对分子质量、分子官能团的元素组成、分子式以及分子结构等大量数据,是唯一可以确定物质的相对分子质量和分子式的方法。

(3)灵敏度高。绝对灵敏度为 $10^{-13} \sim 10^{-10}$ g;样品用量少,一般仅需几微克甚至更少的样品;检出极限可达 10^{-14} g。

(4)分析速度快(几秒),可与色谱、液谱、红外仪等联用,能进行多组分同时检测。
3. 质谱法的分析过程

质谱法的分析过程如图 12.1 所示,是将样品导入真空离子源系统后,采用高速电子来撞击被测定的混合物气体或原子,使分子或原子碎裂并电离成正离子,再将正离子加速导入质量分析器中,按质荷比的大小有顺序地分离,收集并记录其相对强度而得到质谱图。从本质上讲,质谱不是波谱,而是物质带电粒子的质量谱。因此质谱仪必须具备下述几个部分。

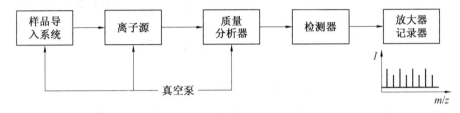

图 12.1　质谱仪的组成及流程图

质谱仪的种类很多,虽然仪器的组成系统基本相同,但是具体的仪器及应用上有较大的区别。本章主要介绍有机质谱仪及其分析方法。

12.2　质谱仪的构造及其工作原理

12.2.1　真空系统

为了保证离子源的正常工作,并消减离子间碰撞、离子和分子间碰撞等,质谱仪的离子源和质量分析器都必须处在 $10^{-3} \sim 10^{-6}$ Pa 的真空中才能工作,并要求真空度非常稳定。一般真空系统由机械真空泵、扩散泵或涡轮分子泵组成。近年来生产的质谱仪大多使用涡轮分子泵。涡轮分子泵直接与离子源或质量分析器相连,抽出的气体再由机械真空泵排到体系之外。

12.2.2　样品导入系统

样品导入系统的作用是按电离方式的需要,将样品送入离子源的适当部位。将样品导入质谱仪可通过直接进样和色谱进样两种方式实现。

1. 直接进样

对于气态或液态样品,可用注射器或进样阀直接注入储存器(已抽真空)中。对于固体样品,常用进样杆直接导入。将样品置于进样杆顶部的小坩埚中,当进样杆拉进拉出时,斜置的封闭阀可将真空体系与外界大气隔绝,通过加热蒸发导入样品,如图 12.2 所示。

2. 色谱进样

常将质谱仪与气相色谱、高效液相色谱或毛细管电泳色谱联用,使它们兼有色谱法的优良分离能力和质谱法强有力的鉴定能力,色谱的流出物经接口可直接导入质谱仪。

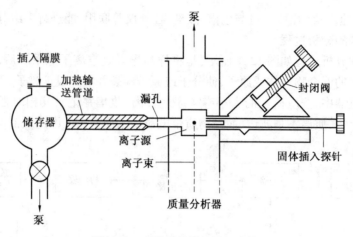

图 12.2　质谱仪的样品导入系统

目前样品导入系统发展较快的是多种液相色谱-质谱联用的接口技术,主要包括各种喷雾技术(电喷雾、热喷雾和离子喷雾)、传送装置(粒子束)和粒子诱导解吸(快原子轰击)等。

12.2.3　离子源

离子源的作用是将待分析的样品电离,得到带有样品信息的离子。离子源的性能决定了离子化效率,很大程度上决定着质谱仪的灵敏度。常见的离子化方式有气相离子源和解吸离子源两种(见表 12.1),前者是样品在离子源中以气体的形式被离子化,后者为从固体表面或溶液中溅射出的带电离子。气相离子源一般是用于分析沸点小于 500 ℃、相对分子质量小于 1 000、对热稳定的化合物。解吸电离源的最大优点是能用于测定不挥发、热不稳定、相对分子质量高达 10^5 的试样。在很多情况下,进样和离子化是同时进行的。

表 12.1　质谱法中常见离子源

基本类型	名称	离子化方式
气相离子源	电子轰击(EI)	高能电子
	化学电场(CI)	反应气体
	场致电离(FI)	高电位电极
解吸离子源	场解吸(FD)	高电位电极
	快原子轰击(FAB)	高能原子束
	电喷雾电离(ESI)	高电位电极
	基体辅助激光解吸电离(MALDD)	激光光束

通常又将离子源分为硬电离源和软电离源。硬电离源有足够的能量碰撞分子,使它们能处在高激发能态。由硬电离源所获得的质谱图,通常可以提供被分析物质所含功能基的类型和结构信息。在由软电离源获得的质谱图中,分子离子峰的强度很大,碎片离子峰较少而强度低,但由其提供的质谱数据可以得到精确的相对分子质量。

质谱仪的离子源种类很多,现将几种常见的离子源介绍如下。

1. 电子轰击电离源(Electron Impact source,EI)

电子轰击电离源又称 EI 源,是有机质谱仪中应用最为广泛的离子源,它主要适用于易挥发有机样品的电离。图 12.3 是电子轰击电离源的原理图,由 GC 或直接进样杆进入的样品,以气体形式进入离子源,在离子源内,电加热的铼或钨的灯丝的温度约为 2 000 ℃,产生高速电子束,射出的电子与样品分子发生碰撞使样品分子电离。

$$M+e^-(高速)\longrightarrow M^++2e^-(低速)$$

一般情况下,灯丝与阳极之间的电压为

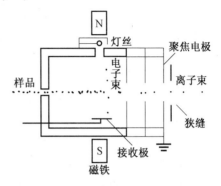

图 12.3 电子轰击离子源原理图

70 eV,分子中各种化学键的键能最大为几十电子伏特,所以电子轰击的能量远远超过普通化学键的键能,能引起分子多个键的断裂,产生碎片离子。由分子离子可以确定化合物的相对分子质量,碎片离子可以提供重要官能团的信息。对于相对分子质量较大或不稳定的化合物,在 70 eV 的电子轰击下很难得到分子离子。对于一些不稳定的化合物,为了得到相对分子质量,可以采用 10~20 eV 的电子能量,不过此时仪器的灵敏度将大大降低,需要加大样品的进样量,而且得到的质谱图不再是标准质谱图。

电子轰击电离源的特点:

(1)离子流稳定性好,电离效率高;

(2)属于硬电离源,分子轰击能量大,能提供丰富的结构信息;

(3)物质电离规律的研究比较完善,已建立数万种有机化合物的标准谱图库;

(4)不适用于相对分子质量较大或难挥发、热稳定性差的样品。

2. 化学电离源(Chemical Ionization,CI)

CI 和 EI 在结构上没有多大差别,或者说主体部件是共用的。其主要差别是 CI 源在工作过程中要引进一种反应气体。在离子源内充满一定压强反应气体,如甲烷、异丁烷、氮等,用高能量的电子(100 eV)轰击反应气体使之电离,然后反应气离子与样品分子发生碰撞,进行离子-分子反应,形成准分子离子和少数碎片离子。

化学电离源的特点:

(1)属于软电离源,即使是分析不稳定的有机化合物,也能得到较强的分子离子峰,因而可以求得相对分子质量;

(2)对于含有很强的吸电子基团的化合物,检测负离子的灵敏度远高于正离子的灵敏度,因此,CI 源一般都有正 CI 和负 CI,可以根据样品情况进行选择;

(3)由于 CI 得到的质谱不是标准质谱,所以不能进行库检索。

EI 和 CI 源主要用于气相色谱-质谱联用仪,适用于易汽化的有机物样品分析。对于相对分子质量较大的化合物分析,尤其是生物大分子,如蛋白质、多肽、寡聚核苷酸等,一般采用软电离方式。常见的软电离离子化方式有快原子轰击源、基质辅助激光解吸离子化源、电喷雾离子化源等。

3. 快原子轰击源(Fast Atom Bombardment,FAB)

将样品制成溶液,涂布于金属靶上送入 FAB 中。将经强电场加速后的惰性气体中性原子束(如氩)对准靶上样品轰击。基质中存在的缔合离子及经快原子轰击产生的样品离子一起被溅射进入气相,并在电场作用下进入质量分析器。

快原子轰击源的特点:

(1)离子化能力强,避免对物质加热,可用于热稳定性差、难汽化和相对分子质量大的样品电离;

(2)FAB 比 EI 容易得到比较强的分子离子或准分子离子;

(3)离子化过程中,可同时生成正、负离子,这两种离子都可以用质谱仪进行分析;

(4)对非极性样品灵敏度稍低,主要用于磁式双聚焦质谱仪。

4. 基质辅助激光解吸电离源(Laser Description,LD)

基质辅助激光解吸电离源是将溶于适当基质中的样品涂布于金属靶上,利用高强度的紫外或红外脉冲激光照射样品,使样品离子化。激光电离源必须有合适的基质才能得到较好的离子产率,所以通常称为基质辅助激光解吸离子源。此方式主要用于相对分子质量大的大分子分析,仅限于作为飞行时间分析器的离子源使用。

5. 电喷雾电离源(Electrospray Ionization,ESI)

电喷雾电离源是近年来新出现的电离方式,它主要用于液相色谱-质谱联用仪。它的作用既是液相色谱和质谱的接口,又是电离源。它的主要部件是一个由两层套管组成的电喷雾喷嘴。如图 12.4 所示,喷嘴内层是液相色谱流出物,外层是大流量的雾化气(常用氮气),将流出溶液分散成微滴。在喷嘴的斜前方还有一个辅助气喷嘴,辅助气的作用是使微滴的溶剂快速蒸发。在微滴蒸发过程中,表面电荷密度逐渐增大,当增大到某个临界值时,离子就可以从表面蒸发出来,然后借助于喷嘴与锥孔之间的电压,穿过取样孔进入质量分析器。

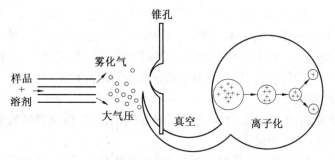

图 12.4 电喷雾离子源原理图

根据加到喷嘴上的电压是正还是负,可以得到正或负离子的质谱。电喷雾离子源最大的特点是容易形成多电荷离子,使大分子的质荷比在一般质谱仪的测量范围内,且热稳定性差的化合物不会在电离中分解,故称采用这种电离源的质谱为无碎片质谱。很适合于强极性的大分子有机化合物分析,如蛋白质、肽、糖等。

12.2.4 质量分析器

质量分析器的作用是将离子源产生的离子按 m/z 顺序分开并排列成谱。质量分析器的种类很多,有机质谱仪最常用的质量分析器有四极杆质量分析器,单、双聚焦质量分析器,飞行时间质量分析器,离子阱质量分析器等。

1. 单、双聚焦质量分析器

双聚焦质量分析器是在单聚焦质量分析器的基础上发展起来的。单聚焦质量分析器的主体是处在磁场中的扁形真空腔体。离子进入质量分析器后,由于磁场的作用,其运动轨道发生偏转,改做圆周运动。其运动轨道的半径 R 可由下式表示

$$R = \frac{1.44 \times 10^{-2}}{B} \times \sqrt{\frac{m}{z}U} \tag{12.1}$$

式中 m—— 离子的质量;
z—— 离子的电荷量;
U—— 离子的加速电压;
B—— 磁感应强度。

由式(12.1)可知,在一定的 B,U 条件下,不同 m/z 的离子其运动半径不同,那么由离子源产生的离子经过质量分析器后就可实现分离,如图 12.5 所示。如果保持质量分析器的位置不变(即 R 不变),连续改变 U 或 B,则可以使不同 m/z 的离子按顺序进入接收器检测,实现质量扫描。

单聚焦质量分析器结构简单,操作方便,但其分辨率很低,目前只用于同位素质谱仪和气体质谱仪。双聚焦质量分析器提高了检测分辨率。

单聚焦质谱仪分辨率低的主要原因在于它不能克服离子初始能量分散对分辨率造成的影响。双聚焦质量分析器为了消除离子能量分散对分辨率的影响,通常在扇形磁场前加一扇形电场,如图 12.6 所示,扇形电场是一个能量分析器,不起质量分离作用。质量相同而能量不同的离子经过静电场后会彼此分开。如果设法使静电场的能量色散作用和磁场的能量色散作用大小相等、方向相反,就可以消除能量分散对分辨率的影响。只要是质量相同的离子,经过电场和磁场后可以会聚在一起,其余质量的离子会聚在另一点。这种由电场和磁场共同实现质量分离的分析器,同时具有方向聚焦和能量聚焦作用,所以称双聚焦质量分析器。

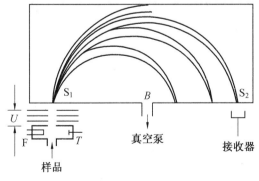

图 12.5 单聚焦质量分析器原理图

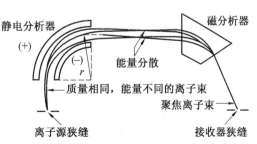

图 12.6 双聚焦质量分析器原理图

双聚焦质量分析器的优点是分辨率高,质量数可精确到小数点后四位。缺点是扫描速度慢,操作、调整比较困难,且目前仪器造价也比较昂贵。

2. 四极杆质量分析器

四极杆质量分析器因其由 4 根平行的棒状电极组成而得名。电极材料是镀金陶瓷或钼合金。离子束在与棒状电极平行的轴上聚焦,相对的 2 根电极间加有电压$(U_{dc} + U_{rf})$,另外 2 根电极间加有 $-(U_{dc} + U_{rf})$。其中,U_{dc} 为直流电压,U_{rf} 为射频电压。4 个棒状电极形成一个四极电场。图 12.7 是这种质量分析器原理图。对于给定的 U_{dc}/U_{rf} 不变的情况下,对应于一个特定的 U_{rf},四极电场只允许一个特定质荷比的离子在轴向稳定运动到达接收器,其余质荷比的离子则与电极碰撞被过滤掉。改变 U_{rf} 值,可以使另一种质荷比的离子按顺序通过四极电场而再被收集。

实际测定中,设置扫描范围就是设置 U_{rf} 的变化范围,当 U_{rf} 从一个值变化到另一个值时,检测器测定到的离子就会从 m_1 变化到 m_2,即得到从 m_1 到 m_2 的质谱。

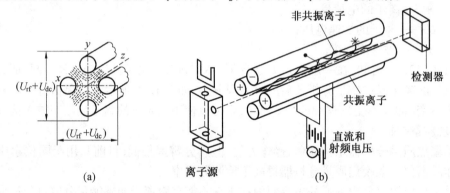

图 12.7　四极杆质量分析器原理图

四极杆质量分析器的特点:
(1) 仪器结构紧凑,体积小,价格低廉;
(2) 性能稳定,扫描速度快;
(3) 灵敏度较高,能消除组分间的干扰,适合定量分析;
(4) 分辨率不够高,质量数精确到整数,常用于色谱 - 质谱联用仪。

3. 飞行时间质量分析器

飞行时间质量分析器的主要部分是一个离子漂移管,如图 12.8 所示,经离子源电离的离子在加速电压(U)作用下得到动能,则

$$\frac{1}{2}mv^2 = zU$$

而

$$v = \sqrt{\frac{2zU}{m}} \tag{12.2}$$

式中　　m—— 离子的质量;
　　　　z—— 离子的电荷数;
　　　　v—— 离子的速度。

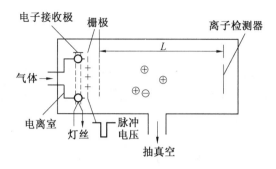

图 12.8　飞行时间质量分析器原理图

得到动能的离子进入自由空间,设离子在漂移区飞行时间为 t,漂移区长度为 L,则

$$t = L\sqrt{\frac{m}{2zU}} \tag{12.3}$$

由式(12.3)可以看出,得到相同能量的离子,质量越大,达到接收器所需要的时间越长,根据这个原理,可以把不同质量的离子分开。

飞行时间质量分析器的特点:

(1) 扫描速度快,飞行时间一般在 1～30 μs;

(2) 灵敏度高;

(3) 测定质量范围宽,仅决定于飞行时间,可达几十万原子质量单位。

目前该类质量分析器,利用激光脉冲电离方式、离子延迟引出技术和离子反射技术,分辨率(R)可达 20 000 以上,最高可检出质量超过 300 000 D(1 D ≈ 1.65×10^{-27} kg)。并且具有很高的灵敏度,已广泛应用于气相色谱 - 质谱联用仪、液相色谱 - 质谱联用仪和基质辅助激光解吸飞行时间质谱仪中。

12.2.5　检测器

质谱仪主要使用电子倍增器检测离子流。当从质量分析器里出来的离子束撞击电子倍增器阴极时,产生二次电子,电子经电子倍增器产生放大的电信号,电信号被送入计算机储存和处理后可以得到质谱图及其他各种信息。光电倍增器所产生的二次电子的数量与离子的质量及能量有关,可能存在质量歧视效应,因此在定量分析时需加以校正。

12.2.6　质谱仪的性能指标

1. 质量范围

质量范围是指仪器测量质量数的范围。不同用途的质谱仪的质量范围差别较大。有机质谱仪的相对分子质量范围一般从几十到几千。质量范围的大小取决于质量分析器,四极杆质量分析器上限在 1 000 左右,而飞行时间质量分析器上限可达几十万。

2. 分辨率

分辨率表示仪器分开两个相邻质量离子的能力,通常用 R 表示。

一般的定义是:对于两个相等强度的相邻峰,当两峰间峰谷不高于峰高的 10% 时,就可以认为这两峰已经分开,则仪器的分辨率表示为

$$R = \frac{m_1}{m_2 - m_1} = \frac{m_1}{\Delta m}$$

式中 m—— 质量数，$m_1 < m_2$。

一般 $R < 10\ 000$ 称为低分辨率仪器，$R = 10\ 000 \sim 30\ 000$ 称为中分辨率仪器，$R > 30\ 000$ 称为高分辨率仪器。低分辨率仪器只能给出整数的相对离子质量数；高分辨率仪器则可给出小数的相对离子质量数。

3. 灵敏度

质谱仪的灵敏度有绝对灵敏度、相对灵敏度和分析灵敏度等几种表示方法，其中有机质谱仪常用绝对灵敏度表示。绝对灵敏度是指仪器可以检测到的最小样品量；相对灵敏度是指仪器可以同时检测的大组分与小组分含量之比；分析灵敏度则指输入仪器的样品量与仪器的输出信号之比。目前有机质谱仪的灵敏度优于 1×10^{-10} g。

12.3 质谱联用技术

质谱仪是一种很好的定性鉴定用仪器，但对混合物的分析无能为力。色谱仪是一种很好的分离用仪器，但定性能力很差。色谱-质谱的联用，则结合了色谱对复杂基体化合物的高分离能力与质谱独特的选择性、灵敏度、相对分子质量及结构信息于一体，发挥了各自的专长，使分离和鉴定同时进行，具有广泛的应用领域。

12.3.1 气相色谱-质谱联用（GC-MS）

气相色谱-质谱的联用技术已比较成熟，它适于易挥发、半挥发性有机小分子化合物的分析。GC-MS 主要由 3 部分组成：色谱部分、质谱部分和数据处理系统。但色谱部分一般不带色谱检测器，而利用质谱仪作为检测器。

色谱-质谱联用技术，必须解决的主要问题有两大方面：一是如何实现接口，降低压力使色谱柱的出口与质谱的进样系统连接，达到两部分速度的匹配；二是必须除去色谱中大量的流动相分子。

气相色谱的流出物已经是气相状态，可直接导入质谱。GC-MS 联用是联用技术中困难较少的，但它们的困难在于工作气压差异。由于气相色谱仪是在低压下工作，而质谱仪需要高真空，两者之间的工作压力相差几个数量级，因此为了减少大量载气破坏质谱仪真空，色谱仪使用毛细管色谱柱。

GC-MS 的质谱仪部分可以是磁式质谱仪、四极杆质谱仪，也可以是飞行时间质谱仪和离子阱。目前使用最多的是四极杆质谱仪。离子源主要是 EI 源和 CI 源。

作为 GC-MS 联用仪的附件，还可以有直接进样杆和 FAB 源等。但是 FAB 源只能用于磁式双聚焦质谱仪。直接进样杆主要是分析高沸点的纯样品，不经过 GC 进样，而是直接送到离子源，加热汽化后，由 EI 源电离。另外，GC-MS 的数据系统可以有几套数据库，主要有 NIST 库、Willev 库、农药库、毒品库等。

GC-MS 已得到了极为广泛的应用，如环境污染物的分析、药物的分析、食品添加剂的分析等。GC-MS 还是兴奋剂鉴定及毒品鉴定的有力工具。

12.3.2 液相色谱-质谱联用(LC-MS)

据估计已知化合物中约70%的化合物均为亲水性强、挥发性强的有机物,热不稳定的化合物及生物大分子,因而液相色谱-质谱的联用应用领域更加广泛。

LC-MS联用的关键仍是LC和MS之间的接口装置。接口装置的主要作用是去除溶剂并使样品离子化。目前,几乎所有的LC-MS联用仪都使用大气压电离源作为接口装置和离子源。大气压电离(API)源包括电喷雾电离(ESI)源和大气压化学电离(APCI)源两种,二者中电喷雾电离源应用最为广泛。

目前,液相色谱-电喷雾-质谱联用系统(LC-ESI-MS)也已经广泛应用于药物分析。LC-ESI-MS能够提供令人满意的分析速度、灵敏度、选择性和可靠性。大约80%的化合物经高效液相色谱(HPLC)分离后能在电喷雾-质谱中得到检测。

12.3.3 串联质谱(MS-MS)

将两个或更多的质谱连接在一起,称为串联质谱,最简单的串联质谱(MS-MS)由两个质谱串联而成。

MS-MS联用是依靠第一台质谱仪分离出特定组分的分子离子,然后导入碰撞室活化产生碎片离子,再进入第二台质谱仪进行扫描及定性分析。

最常见的串联质谱为三级四极杆串联质谱。现在还出现了多种质量分析器组成的串联质谱,如四极杆-飞行时间串联质谱(Q-TOF)和飞行时间-飞行时间(TOF-TOF)串联质谱等,大大扩展了应用范围。

串联质谱主要用于混合物气体中的痕量成分分析,研究亚稳态离子变迁,工业和天然物质中各种复杂化合物的定性和定量分析,如药物代谢研究、天然物质鉴定、环保分析和法医鉴定等方面的分析工作。

与色谱-质谱联用相比,MS-MS具有如下优点:

(1)分析速度快。质谱作为分离器,是以相对分子质量大小的瞬间分离为基础,这个分离过程约为10^{-5} s。

(2)能分析相对分子质量大、极性强的物质。

(3)灵敏度高。可以避免色谱过程引入的各种干扰,而且质谱的本底噪声也由于第一台质谱的选择而被消除。因此有利于提高分析的灵敏度。

12.4 实验技术

12.4.1 质谱的解析

在质谱分析中,主要用条(棒)状质谱图和表格表示质谱数据。质谱图由离子的质荷比和其相对强(丰)度构成,如图12.9所示,其横坐标为质核比 m/z,纵坐标为相对强度。相对强度是把原始质谱图上最强的离子峰定为基峰,并规定其相对强度为100%,其他离子峰以此基峰强度的相对百分数表示。离子峰的强度与离子的数量成正比。用表格形式表示的质谱数据,称为质谱表。质谱表中有两项:一项是 m/z,另一项是相对强度。

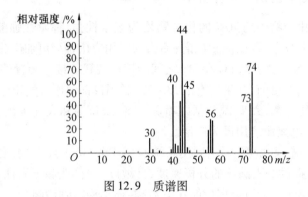

图 12.9 质谱图

在质谱图中可以看到许多离子峰,但峰的类型不同,除了与试样的结构有关,还与电离源的种类、试样受到的压力等有关,归纳起来有以下主要类型。

1. 分子离子峰

在电子轰击下,有机物分子失去一个电子所形成的离子称为分子离子。由于分子离子是化合物失去一个电子形成的,因此,分子离子是自由基离子。

$$M + e^- \longrightarrow M^+ \cdot + 2e^-$$

式中 $M^+ \cdot$ 是分子离子,显然,只带一个电荷的分子离子峰的 m/z 数值相当于该化合物的相对分子质量,所以分子离子峰可用于测定有机化合物的相对分子质量。分子离子峰的强度根据物质类型而不同,一般情况下,各种有机物的分子离子峰强度从强到弱的顺序为:芳环、共轭多烯、烯、环状化合物、酮、醚、酯、胺、酸、醇、高相对分子质量的烃。因此,分子离子峰的强度可以用于大致推测化合物的类型。

2. 碎片离子峰

当电子轰击的能量超过分子离子所需要的能量(50~70 eV)时,可能使分子离子的化学键进一步断裂,产生质量数较低的碎片,称为碎片离子。质谱图中出现的相应的峰称为碎片离子峰,碎片离子峰位于分子离子峰的左侧。如甲烷质谱 $CH_4^+ \cdot$ 的 m/z 是 16,而 $m/z = 15$ 的离子峰是 $CH_4^+ \cdot$ 失去一个 H 后生成的碎片 $CH_3^+ \cdot$ 离子峰。分子的碎裂过程与其结构有密切关系。

3. 同位素离子峰

大多数元素都是由具有一定天然丰度的同位素组成的。有机化合物中含有的某些元素也具有天然同位素,如 C、H、O、S、Cl、Br 等。因此,化合物的质谱中除了有最轻的同位素组成的分子离子 $M^+ \cdot$,还会有 $(M+1)^+ \cdot$、$(M+2)^+ \cdot$、$(M+3)^+ \cdot$ 等质量数更大的不同种同位素形成的离子峰,通常把由重同位素形成的离子峰称为同位素峰。如天然碳中有两种同位素:^{12}C 和 ^{13}C,如果由 ^{12}C 组成的化合物的质量为 M,那么,由 ^{13}C 组成的同一化合物的质量则为 $M+1$。同样一个化合物生成的分子离子会有质量为 M 和 $M+1$ 的两种离子。又如,在裂解过程中,若产生 $^{12}CH_2^+$ 离子,同时会产生质量大于 14 的同位素离子:$^{13}CH_2^+$、$^{12}CHD^+$、$^{12}CD_2^+$、$^{13}CHD^+$ 和 $^{13}CD_2^+$ 等,而在质谱图中会出现 $m/z = 14(^{12}CH_2^+)$ 离子峰和 5 个大于 14 的同位素离子峰。通常人们把某元素的同位素占该元素的相对原子质量分数称为同位素的丰度。对于某元素,其同位素的丰度是一定的,所以可根据同位素离子峰的比例,正确确定分子离子峰。

除上述离子外,还可能出现重排离子、亚稳离子和多电子离子。

12.4.2 定性分析

质谱图可提供关于分子结构的许多信息,因而强定性能力是质谱的重要的特点。

1. 相对分子质量的确定

一般分子离子的质荷比(m/z)就等于化合物的相对分子质量。因此,在解释质谱图时首先要确定分子离子峰,其方法为:

(1)分子离子峰一定是质谱中质量数最大的峰,它应处在质谱的最右端。分子离子峰应具有合理的质量丢失,即在比分子离子小 4~14 及 20~25 个质量单位处,不应有离子峰出现。否则,所判断的质量数最大的峰就不是分子离子峰。

(2)分子离子应为奇电子离子,它的质量数应符合氮规则。所谓氮规则是指在有机化合物分子中含有奇数个氮时,其相对分子质量应为奇数;含有偶数个(包括 0 个)氮时,其相对分子质量应为偶数。

2. 分子式的确定

在确认了分子离子峰并知道了化合物的相对分子质量后,对于低分辨率的质谱仪,可以利用分子离子峰的同位素峰来确定分子式,即根据相对分子质量和 M^+、$(M+1)^+$、$(M+2)^+$ 的丰度比,从贝农(Beynon)表查到分子式。而对于高分辨率的质谱仪,由于能得到精确的相对分子质量,可以由计算机轻而易举地计算出所含不同元素的个数。目前傅里叶变换质谱仪、双聚焦质谱仪、飞行时间质谱仪等都能给出化合物的元素组成。

3. 结构式的确定

从未知物的质谱图推断分子结构的一般步骤是:

(1)确定分子离子峰;

(2)用同位素峰的强度比较法或精密质量法确定分子式;

(3)利用化学式计算化合物的不饱和度,即确定化合物中环和双键的数目。

(4)利用碎片离子信息,推断未知物的结构。

(5)验证所得结果。验证的方法有文献检索、标准图谱比较、标准品对照等。

12.4.3 定量分析

质谱法可以定量测定有机分子、生物分子及无机试样中元素的含量。质谱的定量分析与其他仪器一样,对浓度进行测量时基于待测化合物的响应值与其标准物或参照物的响应值之间的关系,利用标准曲线法、内标法等定量分析。

习　　题

1. 简述质谱法的基本原理。
2. 质谱仪由哪几部分构成,各部分的作用是什么?
3. 离子源的作用是什么?试论述几种常见离子源的原理及特点。

4. 有机化合物在电子轰击源中有可能产生哪些类型的离子？从离子的质谱峰中可以得到哪些信息？

5. 如何利用质谱信息来判断化合物的相对分子质量和分子式？

6. 色谱和质谱联用后有什么突出优点？

第13章

电化学分析法

13.1 概 述

电化学分析是仪器分析的重要组成部分之一,与光分析、色谱分析共同构成了现代仪器分析的三大重要支柱。电化学分析是利用物质的电化学性质来测定其组成和含量并进行分析的方法。以电导、电位、电流和电量等电化学参数与被测物质含量之间的关系作为计量基础。

电化学分析法的种类很多,习惯上按分析过程中所测定的电参数的类型进行分类。一般的电化学分析法可分成以下几类。

电位分析法:根据试液的电极电位或体系电动势进行分析,包括直接电位法和电位滴定法。

电导分析法:根据溶液的电导进行分析,包括直接电导法和电导滴定法。

电解分析法:根据电解过程中电极上析出物质的质量进行分析。

库仑分析法:根据电解过程所消耗的电量进行分析,包括恒电位库仑分析法和电流库仑分析法。

伏安分析法与极谱分析法:根据电解被测试液所得的电流-电压曲线进行分析,称为伏安分析法;若是采用滴汞电极的伏安法,则称为极谱分析法。

电化学分析法的特点:

(1)灵敏度和准确度高,选择性好。极谱分析法检出限可达 10^{-12} mol·L^{-1} 数量级。

(2)电化学分析仪器装置简单,操作方便。

(3)应用广泛。可进行无机离子、有机化合物、药物和生物活性成分的分析。

13.2 电化学分析法的基础知识

13.2.1 化学电池

电化学分析中采用由两支电极和电解质溶液组成的电池,能将化学能与电能进行相互转化的装置称为化学电池。电极是提供电子转移或发生电极反应的场所,将电极插入到对应的电解液中才能发生作用。

电化学分析法涉及两类化学电池,即原电池和电解池。原电池能自发地将化学能变成电能,电极反应是自发进行。电解池不能自发地将化学能变成电能,而需要从外部电源提供能量,使电极反应进行。当电池工作时,电流必须在电池内部和外部流通,构成回路。电流是电荷的流动,外部电路是金属导体,移动的是带负电荷的电子。电池内部是电解质溶液,移动的是带正负电荷的离子。为了使电流能在整个回路中通过,必须在两个电极的金属-溶液界面处发生电极反应,即离子从电极上取得电子,或上交电子给电极。

无论是原电池还是电解池,通常将发生氧化反应的电极(离子获得电子)称为阳极(Anode),发生还原反应的电极(离子失去电子)称为阴极(Cathode)。而正极和负极的区分是根据电极电位的正负程度来确定的,电位较高的电极为正极,电位较低的电极为负极。

原电池如图 13.1 所示,接通两电极后,在两电极上分别发生氧化反应和还原反应。

银电极(阴极)发生还原反应:$Ag^+(aq)+e \rightleftharpoons Ag(s)$

铜电极(阳极)发生氧化反应::$Cu^{2+}(aq)+2e \rightleftharpoons Cu(s)$

在化学电池内,单个电极上的反应称为半电池反应。该原电池可以表示为

$$(-)Cu|CuSO_4(a_1)\|AgNO_3(a_2)|Ag(+)$$

用符号表示化学电池时,习惯将阳极写在左边,阴极写在右边。两边的垂线表示金属与溶液的相界。该界面上存在的电位差,称为电极电位。中间的垂线表示不同电解质溶液的界面。该界面上的电位差,称为液体接界电位。它是由于不同离子扩散经过两个溶液界面时的速度不同导致界面两侧阳离子和阴离子分布不均衡而引起的。若两电解质溶液用盐桥连接,液体接界电位可消除,则用两条垂线表示。当同一相中同时存在多种组分时,用","隔开。一般规定,电池中的溶液应注明浓(活)度。如有气体,则应注明压力、温度。若不注明,系指 25 ℃及 100 kPa(标准压力)。

电解池反应如图 13.2 所示,当接通电源时,电极上发生下列反应:

Pt 阳极(+):$H_2O \longrightarrow \frac{1}{2}O_2+2H^++2e$

Pt 阴极(-):$Cu^{2+}+ 2e \rightleftharpoons Cu(s)$

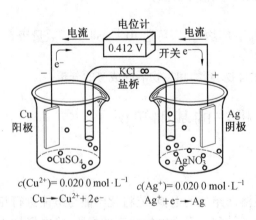

图 13.1 原电池

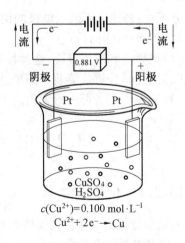

图 13.2 电解池

在阳极上发生氧化反应,有氧气产生;而在阴极上发生还原反应,有铜析出。在电解池中阳极为正极,阴极为负极,这一点与原电池相反。在实际电解过程中,由于超电位的存在,物质在阴极的析出电位要大于理论值。

13.2.2 电极电位

当金属插入到相应的金属盐溶液中时,会在电极上形成电位,称为电极电位。例如锌片,浸入合适的电解质溶液(如 $ZnSO_4$)中,由于金属中 Zn^{2+} 的化学势大于溶液中 Zn^{2+} 的化学势,锌就不断溶解下来进入溶液中。Zn^{2+} 进入溶液中,电子被留在金属片上,其结果是在金属与溶液的界面上金属带负电,溶液带正电,两相间形成了双电层,建立了电位差,这种双电层将排斥 Zn^{2+} 继续进入溶液,金属表面的负电荷对溶液中的 Zn^{2+} 又有吸引,形成了相间平衡电极电位。

13.2.3 电极电位的测定

电池都是由至少两个电极组成的,根据它们的电极电位,可以计算出电池的电动势。但是目前还无法测量单个电极的绝对电位值,而只能测量整个电池的电动势。于是就统一以标准氢电极(NHE)作为标准,并人为地规定它的电极电位为零,然后把它与待测电极组成电池,测得的电池电动势规定为该电极的电极电位(Electrode Potential)。因此,目前通用的标准电极电位值都是相对值,即相对标准氢电极的电位而言的,并不是绝对值。

测量时规定将标准氢电极作为负极与待测电极组成电池:

$$标准氢电极 \| 待测电极$$

这样测得此电池的电动势就是待测电极的电位。

对于给定的电极而言,电极电位是一个确定的常量,它与反应物质的活度有关,它们之间的关系可用能斯特方程来表示。

对于电极反应 $aA + bB \Longleftrightarrow cC + dD + ne$,用能斯特方程可将电极电位表示为

$$E = E^{\ominus} + \frac{RT}{nF}\ln\frac{a_C^c a_D^d}{a_A^a a_B^b} \tag{13.1}$$

式中 E —— 电极电位;

         $E^{\ominus}$ —— 标准电极电位;

         R —— 气体常数,$8.314\ 41\ \text{J} \cdot \text{mol}^{-1} \cdot \text{K}^{-1}$;

         T —— 绝对温度;

         n —— 参与电极反应的电子数;

         F —— 法拉第常数,$F = 96\ 486.7\ \text{C} \cdot \text{mol}^{-1}$;

         a —— 参与化学反应各物质的活度。若氧化态活度与还原态活度均等于 1,此时电极电位即为标准电极电位 $E^{\ominus}$。

如果以常用对数表示,并将有关常数值代入,则

$$E = E^{\ominus} + \frac{0.059\ 2}{n}\lg\frac{a_C^c a_D^d}{a_A^a a_B^b} \quad (25\ ℃) \tag{13.2}$$

13.2.4 电极的分类

电极是将溶液的浓度信息转变成电信号的一种传感器或者是提供电子交换的场所。电极的种类很多,若按电极在测量过程中的作用,可分为参比电极和指示电极;若按工作性质可分为工作电极和辅助电极;若按电极特性可分为惰性电极、金属电极、膜电极(离子选择电极)、微电极、化学修饰电极等。

(1) 参比电极在测量过程中,其电位不随测量对象的不同而发生改变,即基本保持恒定。这样测量时电池电动势的变化就仅仅是指示电极或工作电极的电极电位的变化。

(2) 指示电极是在电化学池中用以反映离子或分子浓度变化的电极,电极电位随被测溶液中待测离子活度变化而变化。

(3) 工作电极在测量过程中的特征是不但发生了电极反应,而且溶液的本体浓度会发生明显的变化,如在电重量分析中,待测离子在电极上析出,测量前后溶液浓度发生改变。

13.2.5 电极的极化

电极反应一般涉及较为复杂的过程,如图 13.3 所示。从图 13.3 中可以看出,虽然电极反应仅仅是 $O' + ne \Longrightarrow R'$,但是反应前后均有可能涉及诸多分步骤:首先是 O、R 从溶液本体到电极表面的物质传递,包括对流、扩散和迁移三类过程;然后是经过均相化学反应将 O 及 R 转化为可以直接参与电极反应的 O' 及 R' 而且 O'R' 还有可能吸附在电极表面上或参与到电极的晶体结构中去,即进行物态转化;最后才是电子交换步骤。

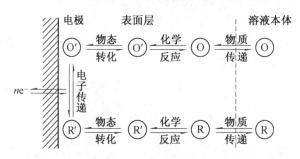

图 13.3 一般电极反应步骤

在电解过程中,当电极上外加一定的电压至发生电极反应而产生电流时,溶液中电极表面的电活性物质将不断被消耗,由能斯特方程可知,电极电位与电极反应中的氧化态和还原态的活度有关,如果电极表面的电活性物质的量发生改变,而又不能及时补充,则实际电极电位将偏离原来的平衡电位(即由能斯特公式计算的平衡值)。这种现象称为电极的极化,而电极电位的偏离值称为过电位(η)。

电极反应过程中引起活度变化的可能性很多,如电极反应消耗引起的表面活度降低,或在电极表面沉积引起的电极表面性质改变,都有可能导致电极电位对平衡值的偏离,而影响电极极化程度的因素有电解质溶液的组成、搅拌、温度、电流密度、电极反应的反应物和产物的物理状态及电极的大小、形状、组成和特性等。通常将电极极化分为浓差极化和电化学极化。

1. 浓差极化

当一定的电流流过电极-溶液界面发生电极反应时,电极表面的离子浓度迅速降低,如果扩散速率较小,则将使电极表面和溶液之间产生浓度差,即浓差。电极表面的电位将偏离平衡时的电位。这种由于物质传递引起电极表面浓度对溶液本体浓度的偏离称为浓差极化。

2. 电化学极化

当在电极上施加外电压时,由于电极反应来不及交换更多的电量,致使电极上聚积更多的电荷时,就会使电极电位比平衡电位更负或更正,这种由于电子交换过程缓慢而导致的极化称为电化学极化。

在化学电池中,两支电极的极化程度可能不同。对于一定的电流,电极电位偏离平衡电位较大的电极称为极化电极,而偏离很小的电极称为不极化电极或去极化电极。

13.3 电位分析法

电位分析法是最重要的电化学分析方法之一,各种高选择性离子选择性电极、生物膜电极及微电极的研究一直是分析化学中活跃的研究领域。电位分析法分为直接电位法和电位滴定法两类。直接电位法是通过测量电池电动势来确定待测物质浓度的方法;电位滴定法是通过测量滴定过程中电池电动势的变化来确定终点的滴定分析法。

13.3.1 电位分析法原理

电位分析法的测量依据是能斯特方程,是通过测量零电流条件下的电池电动势,利用指示电极电位与溶液活度之间的关系(能斯特方程)来进行分析的方法。

电动势的测量需要构成一个化学电池,即由两个电极(指示电极和参比电极)和被测试样构成的电解质溶液组成。

1. 参比电极

常用的参比电极有甘汞电极和银-氯化银电极。

甘汞电极是以甘汞(Hg_2Cl_2)饱和的一定浓度的氯化钾溶液为电解液的电极,如图13.4所示,其电极反应为

$$Hg_2Cl_2 + 2e \Longleftrightarrow 2Hg + 2Cl^-$$

电极电位为

$$E_{Hg_2Cl_2/Hg} = E^0_{Hg_2Cl_2/Hg} - \frac{RT}{F} \ln a_{Cl^-} \tag{13.3}$$

甘汞电极的电极电位随温度和氯化钾的浓度变化而变化,表13.1中列出了不同温度和不同氯化钾浓度下甘汞电极的电极电位。

银-氯化银电极也是浸在氯化钾中的涂有氯化银的银电极,如图13.5所示,其电极反应为

$$AgCl + e \Longleftrightarrow Ag + Cl^-$$

上篇　仪器分析理论基础

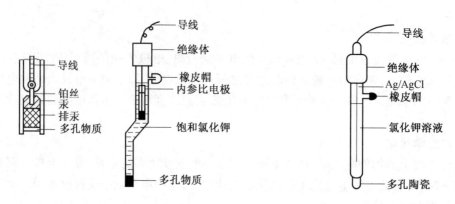

图 13.4　甘汞电极　　　　　图 13.5　银-氯化银电极

银-氯化银电极也是随氯化钾的浓度变化而变化的(见表 13.1)。

表 13.1　不同 KCl 浓度下的电极电位

KCl 溶液浓度	甘汞电极	Ag-AgCl 电极
0.1 mol·L^{-1}	0.333 7 V	0.288 0
1 mol·L^{-1}	0.280 7 V	0.222 3
饱和	0.241 5 V	0.200 0

注:以上电位值是相对于标准氢电极的数值。

2. 指示电极

指示电极的作用是指示与被测物质的浓度相关的电极电位。指示电极对被测物质的指示是有选择性的,一种指示电极往往仅对特定离子显示高选择性。故通常将离子选择性电极(Ion Selective Electrode,ISE)作为指示电极,其特性决定了测定对象及其性能。

13.3.2　离子选择性电极的种类和响应机理

离子选择性电极也是一个电化学传感器,其关键是使用了一个称为选择膜的敏感元件,故又称为膜电极。离子选择性电极的基本构造包括三部分:①敏感膜,这是最关键的部分。②内参比液,它含有与膜及内参比电极响应的离子。③内参比电极,通常用 Ag-AgCl 电极。离子选择性电极的膜电位与有关离子浓度的关系符合能斯特方程,但膜电位的产生机理与其他电极不同,膜电位的产生是由于离子交换或扩散的结果。在敏感膜上并不发生电子得失,而只是在膜的两个表面上发生离子交换,形成膜电位。

各种类型的离子选择性电极的响应机理虽各有特点,但其电位产生的基本原理基本相同,关键都在于膜电位。在敏感膜与溶液两相间的界面上,由于离子扩散,产生了相间电位(道内电位);在膜相内部,膜内外的表面和膜本体的两个界面上尚有扩散电位产生,其大小应该相同。

在图 13.6 中,若敏感膜仅对阳离子 M 有选择性响应,当电极浸入含有该离子的溶液中时,在膜内外的两个界面上,均产生相间电位

$$E_{道,外} = k_1 + \frac{RT}{nF}\ln\frac{\alpha_{M(外)}}{\alpha'_{M(外)}}$$

$$E_{道,内} = k_1 + \frac{RT}{nF}\ln\frac{\alpha_{M(内)}}{\alpha'_{M(内)}}$$

$$E_{膜} = E_{道,外} + E_{扩,外} - E_{扩,内} - E_{道,内} = \frac{RT}{nF}\ln\frac{\alpha_{M(外)}}{\alpha_{M(内)}}$$

$(k_1 \approx k_2, E_{扩,外} \approx E_{扩,内})$

同理,对于负离子

$$E_{膜} = -\frac{RT}{nF}\ln\frac{\alpha_{M(外)}}{\alpha_{M(内)}}$$

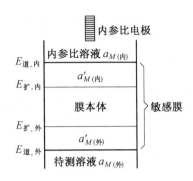

图 13.6　膜电位及离子选择性电极的作用示意图

离子选择性电极的电位为内参比电极的电位与膜电位之和,如图 13.6 所示,即

$$E_{\text{ISE}} = E_{内参比} + E_{膜} = E_{内参比} \pm \frac{RT}{nF}\ln\frac{\alpha_{M(外)}}{\alpha_{M(内)}} = k \pm \frac{RT}{nF}\ln\alpha_{M(外)} \quad (13.4)$$

离子选择性电极的种类很多,可以按如表 13.2 进行分类。

表 13.2　离子选择性电极的分类

离子选择性电极 { 原电极 { 晶体膜电极 { 均相膜电极 / 非均相膜电极 } ; 非晶体膜电极 { 刚性基质电极 / 流动载体电极 } } ; 敏化电极 { 气敏电极 / 酶电极 } }

原电极是指敏感膜直接与试液接触的离子选择性电极。敏化电极是以原电极为基础装配成的离子选择性电极。

1. 玻璃膜电极

玻璃膜电极是对氢离子的活度有选择性响应的电极,是出现最早、应用最多的非晶体膜电极。

电极玻璃膜内为 0.1 mol·L^{-1} 的 HCl 内参比溶液,涂有 AgCl 的银丝作为参比电极,如图 13.7 所示。使用时,将玻璃膜电极插入待测溶液中。在水浸泡之后,玻璃膜中不能迁移的硅酸盐基团(称为交换点位)中 Na 的点位全部被 H 占有,当玻璃膜电极外膜与待测溶液接触时,由于溶胀层表面与溶液中氢离子的活度不同,氢离子便从活度大的相向活度小的相迁移,从而改变了溶胀层和溶液两相界面的电荷分布,如图 13.8 所示,产生外相界电位 $E_{外}$;玻璃膜电极内膜与内参比溶

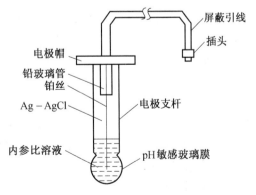

图 13.7　玻璃电极结构示意图

液同样也产生内相界电位 $E_{内}$，跨越玻璃膜的相间电位 $E_{膜}$ 可表示为

$$E_{膜}=E_{外}-E_{内}=k_1+0.059\ 2\log\left(\frac{a_1}{a_1'}\right)-k_2-0.059\ 2\log\left(\frac{a_2}{a_2'}\right) \tag{13.5}$$

式中　a_1，a_1'——膜外部待测氢离子的活度；

　　　a_2，a_2'——膜内参比溶液的氢离子的活度。

由于玻璃内、外表面的性质基本一致，即 $k_1=k_2$，$a_1'=a_2'$，且恒定，因此

$$E_{膜}=E_{外}-E_{内}=0.059\ 2\log\left(\frac{a_1}{a_2}\right)=k+0.059\ 2\log a_1=k-0.059\ 2\mathrm{pH}_{试液}$$

玻璃电极的优点是不受溶液中氧化剂、还原剂、颜色及沉淀的影响。目前在 pH 值测量中通常将参比电极和玻璃电极组合在一起形成 pH 复合电极，如图 13.9 所示。

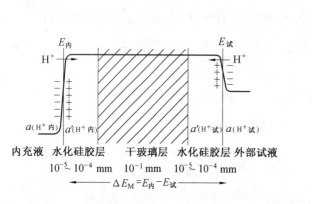

图 13.8　玻璃电极膜的电位形成示意图

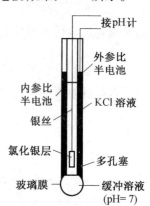

图 13.9　pH 复合电极

2. 晶体膜电极

晶体膜电极的敏感膜是由难溶盐经加压或拉制而成的一单晶、多晶或混晶的活性膜。晶体膜电极又分为均相晶体膜和非均相晶体膜两类。均相晶体膜电极的敏感膜是由一种或几种化合物的晶体均匀混合而成。例如，氟离子选择性电极为 LaF_3 单晶膜；对 Cd^-、Br^-、I^-、CN^- 阴离子有响应的多晶膜电极是以 Ag_2S 晶体为主，分别与 AgCl、AgBr、AgI、AgSCN 等晶体混合制成；对 Cd^{2+}、Cu^{2+}、Pb^{2+} 等阳离子有响应的多晶膜电极是由 CdS、CuS、PbS 等晶体混合而成。非均相晶体膜电极是由均匀细小的难溶盐沉淀微晶加到惰性物质(如硅橡胶、聚氯乙烯、石蜡等)中热压而成，惰性物质只是用于将电活性物质固定并形成憎水性界面。对于一定的晶体膜，离子的大小、形状和电荷决定了其是否能够进入晶体膜内。

氟离子选择性电极的敏感膜是掺氟化铕的氟化镧单晶膜，管中充入 0.1 mol·L^{-1} 的 NaF 和 0.1 mol·L^{-1} 的 NaCl 作为内参比溶液，插入银-氯化银电极作为内参比电极(见图 13.10)，其中，Cl^- 离子用以固定内参比电极电位，F^- 离子用以控制膜内表面的电位，氟离子可在氟化镧单晶膜空穴中移动。将电极插入待测离子溶液中，待测离子可吸附在膜表面，它与膜上相同的离子交换，并通过扩散进入膜相。这样，在晶体膜与溶液界面上建立了双电层结构，产生了相界电位 E

$$E=K-0.059\lg a_F \tag{13.6}$$

式中　E——氟离子选择性电极电位；
　　　a_F——氟离子的活度；
　　　K——常数。

由式(13.6)知，氟离子选择性电极电位 E 与氟离子的活度有关。

上述晶体膜电极把 LaF_3 改变为 AgCl、AgBr、AgI、CuS、PbS 等难溶盐和 Ag_2S，压片制成薄膜作为电极材料，就得到银离子、铜离子、铅离子等各种离子的选择性电极。

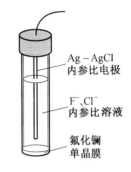

图 13.10　氟离子选择性电极

3. 硝酸根，钙、钾离子选择性电极

这种电极属于液膜电极(Liquid Membrane Electrode)，由含有离子交换剂的憎水性多孔膜、含有离子交换剂的有机相及内参比溶液和参比电极构成。

对于钙离子选择性电极，内参液为 $0.1\ mol\cdot L^{-1}$ 的 $CaCl_2$ 溶液，液体膜为多孔性纤维素渗析膜，该渗析膜中含有离子交换剂($0.1\ mol\cdot L^{-1}$ 的二癸基磷酸钙的苯基磷酸二正辛酯溶液)。若改变离子交换剂，可以测定钾离子、硝酸根离子等。

4. 气敏电极

气敏电极由离子敏感电极、参比电极、中间电解质溶液和憎水性透气膜组成。它是通过界面化学反应工作的。试样中待测气体扩散通过透气膜，进入离子敏感膜与透气膜之间形成的中间电解质溶液薄层，使其中某一离子活度发生变化，由离子敏感电极指示出来，这样可间接测定透过的气体。例如 CO_2、NH_3、SO_2 等气体可能引起 pH 值的升高或降低，就可以用 pH 玻璃电极指示变化。除上述气体外，气敏电极还可以测定 NO_2、H_2S、HCN、Cl_2 等。

5. 酶电极

酶电极是基于界面酶催化化学反应的敏化电极。它将酶活性物质覆盖在电极表面，这层酶活性物质与被测的有机物或无机物(底物)反应，形成一种能被电极响应的物质。例如，尿素在尿素酶催化下可发生下面反应

$$NH_2CONH_2 + 2H_2O \xrightarrow{\text{尿素酶}} 2NH_4^+ + CO_3^{2-}（铵离子选择性电极检测）$$

又如，葡萄糖氧化酶能催化葡萄糖的氧化反应

$$葡萄糖 + O_2 + H_2O \xrightarrow{\text{葡萄糖氧化酶}} 葡萄糖酸 + H_2O_2（氧电极检测）$$

在现有离子选择性电极上被检测的常见酶催化产物有：CO_2、NH_3、NH_4^+、I^-、CN^-、NO_2 等。

6. 组织电极

使用组织切片作为生物传感器的敏感膜是以天然的生物组织内丰富存在的酶作为催化剂，利用电位法指示电极对酶促反应产物或反应物的响应，而实现对底物的测量。如香蕉与碳糊制成的香蕉电极可测定多巴胺。组织电极所使用的生物敏感膜可以是动物组织切片，如肾、肝、肌肉、肠黏膜等；也可以是植物组织切片，如植物的根、茎、叶等。表 13.3 给出多种组织电极的酶源与测定对象。

表 13.3 组织电极的酶源与测定对象一览表

组织酶源	测定对象	组织酶源	测定对象	组织酶源	测定对象
香蕉	草酸、儿茶酚	葡萄	H_2O_2	鼠脑	嘌呤、儿茶酚胺
菠菜	儿茶酚类	黄瓜汁	L-抗坏血酸	大豆	尿素
土豆	儿茶酚、磷酸盐	卵形植物	儿茶酚	鱼鳞	儿茶酚胺
花椰菜	L-抗坏血酸	烟草	儿茶酚	红细胞	H_2O_2
莴苣种子	H_2O_2	番茄种子	醇类	鱼肝	尿素
玉米脐	丙酮酸	燕麦种子	精胺	鸡肾	L-赖氨酸
生姜	L-抗坏血酸	猪肝	丝氨酸		
		猪肾	L-谷氨酸		

13.3.3 电位分析法的应用

1. 直接电位法

(1) pH 值测定。

在溶液 pH 值测定时,通常使用饱和甘汞电极与玻璃电极,由于玻璃电极电位中包含了无法确定的不对称电位,故采用比较法来确定待测溶液的 pH 值,即采用 pH 值已知的标准缓冲溶液 s 和 pH 值待测的试液 x,测定各自的电池电动势分别为

$$E_x = k + 2.303 \frac{RT}{F} \text{pH}_x \tag{1}$$

$$E_s = k + 2.303 \frac{RT}{F} \text{pH}_s \tag{2}$$

由式(1),式(2)得

$$\text{pH}_x = \text{pH}_s + \frac{(E_x - E_s)F}{2.303RT} \tag{13.7}$$

式中,pH_s 已知,实验测出 E_x 和 E_s 后,即可计算出试液的 pH_x。国际纯粹与应用化学联合会推荐式(13.7)作为 pH 值的实用定义。使用时要尽量使温度保持恒定,并选用与待测溶液 pH 值接近的标准缓冲溶液,见表 13.4。

表 13.4 标准缓冲溶液的 pH 值

温度/℃	草酸氢钾 0.05 mol·L^{-1}	酒石酸氢钾 25 ℃,饱和	邻苯二甲酸氢钾 0.05 mol·L^{-1}	KH_2PO_4 0.025 mol·L^{-1} Na_2HPO_4 0.025 mol·L^{-1}
0	1.666	—	4.003	6.984
10	1.670	—	5.998	6.923
20	1.675	—	4.002	6.881
25	1.679	3.557	4.008	6.865
30	1.683	3.552	4.015	6.853
35	1.688	3.549	4.024	6.844
40	1.694	3.547	4.035	6.838

pH 值测定的准确度决定于标准缓冲溶液的准确度,也决定于标准溶液和待测溶液组成接近的程度。此外,玻璃电极一般适用于 pH 值为 1~9,pH>9 时会产生碱误差,读数偏高,pH<1 时会产生酸误差,读数偏低。

(2)离子活度(或浓度)的测定。

测定离子活度是利用离子选择性电极与参比电极组成的电池,通过测定电池电动势来测定离子的活度,这种测量仪器称为离子计。

将离子选择性电极(指示电极)和参比电极插入试液可以组成测定各种离子活度的电池,电池电动势为

$$E_M = k \pm \frac{RT}{nF} \ln a_i \qquad (13.8)$$

离子选择性电极做正极时,对阳离子响应的电极,式(13.8)中取正号,对阴离子响应的电极,取负号。能斯特公式表示的是电极电位与离子的活度之间的关系,所以测量得到的是离子的活度,而不是浓度($a = \gamma \cdot c$)。如果以电位对浓度的对数作图就会发现,当待测离子浓度稍高时,就不呈线性关系,待测离子的浓度越高,误差就越大。如果要在分析时控制试液与标准溶液的总离子强度一致,则试液中待测离子的活度系数就会相同,即活度系数 γ 可视为恒定值,则式(13.8)变为

$$E_M = k' \pm \frac{RT}{nF} \ln c_i$$

因此,在实际工作中,常采用加入离子强度调节缓冲溶液的方法来控制溶液的总离子强度。具体的定量方法常用下列两种方法。

①标准曲线法。用待测离子的纯物质配制一系列不同浓度的标准溶液,并用总离子强度调节缓冲溶液(TISAB)保持溶液的离子强度相等,以其浓度的对数与电位值作图得到校准曲线,再在同样条件下配制试样溶液并测定其电位值,由校准曲线上读取试样中待测离子的含量。

测量时需要在标准系列溶液和试液中加入总离子强度调节缓冲液,它们有三个方面的作用:首先,保持试液与标准溶液有相同的总离子强度及活度系数;其次,缓冲剂可以控制溶液的 pH 值;第三,含有配位剂,可以掩蔽干扰离子。测氟离子过程中所使用的 TISAB 的典型组成是 1.0 mol·L^{-1} 的 NaCl,0.25 mol·L^{-1} 的 HAc,0.75 mol·L^{-1} 的 NaAc 及 0.001 mol·L^{-1} 的柠檬酸钠。

该方法的缺点是当试样组成比较复杂时,难以做到与标准曲线条件一致,需要靠回收率实验对方法的准确性加以验证。标准曲线法适用于大批量试样的分析。

②标准加入法。分析复杂的样品应采用标准加入法,即将样品的标准溶液加入到样品溶液中进行测定。也可以采用样品加入法,即将样品溶液加入到标准溶液中进行测定。

采用标准加入法时,先测定体积为 V_x、浓度为 c_x 的样品溶液的电位值 E_x;然后在样品中加入体积为 V_s、浓度为 c_s 的样品的标准溶液,测得电位值 E_{x+s}。

通常用标准加入法分析时,要求加入的标准溶液体积 V_s 比试液体积 V_x 约小 100 倍,而浓度大 100 倍,这时由于 $V_x \ll V_s$,可认为溶液的体积基本不变,待测溶液的增量 $\Delta c = c_s V_s / V_x$。

对于一价阳离子,若离子强度一定,由 E_{x+s} 和 E_x 的能斯特方程得

$$\Delta E = E_{x+s} - E_x = \frac{2.303RT}{F}\lg\left(1 + \frac{\Delta c}{c_x}\right) \tag{13.9}$$

设 $S = \frac{2.303RT}{F}$,则

$$\Delta E = S\lg\left(1 + \frac{\Delta c}{c_x}\right) \tag{13.10}$$

$$c_x = \Delta c \left(10^{\frac{\Delta E}{S}} - 1\right)^{-1} \tag{13.11}$$

标准溶液加入后的电位值变化一般要大于 20 mV 左右,否则应增大标准溶液的浓度。

2. 电位滴定法

(1) 电位滴定法的特点。

电位滴定法是利用电极电位的突跃来指示终点到达的滴定方法。将滴定过程中测得的电位值 E 对消耗的滴定剂体积作图,绘制成滴定曲线,由曲线上的电位突跃部分来确定滴定的终点。电位滴定法的准确度优于直接电位法。其主要特点是:

① 准确度与普通滴定相同,测定的相对误差可小于 0.2%;
② 能用于难以用指示剂判断终点的混浊或有色溶液的滴定和非水溶液的滴定;
③ 不需要准确地测量电极电位值,温度、液体接界电位的影响不大;
④ 能用于连续滴定和自动滴定,并适用于微量分析。

(2) 电位滴定法的装置及过程。

电位滴定法的仪器分为手动滴定法和自动滴定法。手动滴定法所需仪器为上述 pH 计或离子计,在滴定过程中测定电极电位变化,然后绘制滴定曲线。自动滴定仪有两种工作方式:自动记录滴定曲线方式和自动终点停止方式。自动记录滴定曲线方式是在滴定过程中自动绘制滴定体系中 pH 值(或电位值)滴定体积变化曲线,然后由计算机找出滴定终点,给出消耗的滴定体积。自动终点停止方式是预先设置滴定终点的电位值,当电位值到达预定值后,滴定自动停止。

图 13.11 是 ZD-2 型自动电位滴定仪的工作原理图。使用前,预先设置化学计量点电位值 E_0。在滴定过程中,被测离子浓度由电极转变为电信号,经调制放大器放大后,一方面送至电表指示出来(或由记录仪记录下来);另一方面由取样回路取出电位信号和设定的电位值 E。比较其差值 ΔE 送到电位-时间转换器(E-t 转换器)作为控制信号。E-t 转换器是一个脉冲电压发生器,它的作用是产生开通和关闭两种状态的脉冲电压,当 $\Delta E > 0$ 时,E-t 转换器输出脉冲电压加到电磁阀线圈两端。电磁阀开启时,滴定正常进行。当 $\Delta E = 0$ 时,电磁阀自动关闭。

(3) 滴定终点的确定。

电位滴定法是靠电极电位的突跃来指示滴定终点的。在滴定到达终点前后,滴液中的待测离子浓度往往连续变化 n 个数量级,引起电位的突跃。随着滴定剂的不断加入,电极电位 E 不断发生变化,电极电位发生突跃时,说明滴定到达终点。

滴定终点的确定方法通常有下列三种。

① E-V 曲线法。以电池电动势 E(或指示电极的电位 E)对滴定剂体积 V 作图,得到图 13.12(a) 所示的滴定曲线。对反应物系数相等的反应来说,曲线突跃的中点(转折

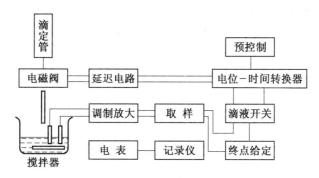

图 13.11　ZD－2 型自动电位滴定仪工作原理图

点)即为化学计量点;对反应物系数不相等的反应来说,曲线突跃的中点与化学计量点稍有偏离,但偏差很小,可以忽略,仍可用突跃中点作为滴定终点。

② ($\Delta E/\Delta V$) – V 曲线法。如果滴定曲线的突跃不明显,则可绘制如图 13.12(b)所示的 $\Delta E/\Delta V$ 值对 V 的一级微商滴定曲线,可得到一呈现尖峰状的极大的曲线,极大值所对应的 V 值即为滴定终点。

③ 二级微商法。绘制($\Delta^2 E/\Delta V^2$) – V 的二阶微商滴定曲线图,如图 13.12(c)所示,二阶微商 $\Delta^2 E/\Delta V^2 = 0$ 时就是终点。

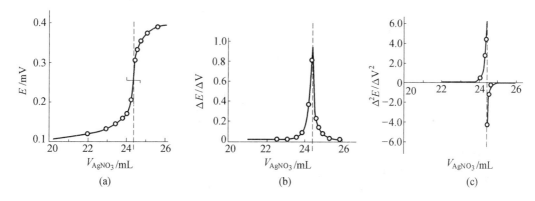

图 13.12　用 0.100 0 mol·L^{-1} AgNO$_3$ 溶液滴定 2.433×10^{-3} mol·L^{-1} Cl$^-$ 的电位滴定曲线

(4)电位滴定法实例。

例 1　以银电极为指示电极,双液接饱和甘汞电极为参比电极,用 0.100 0 mol·L^{-1} AgNO$_3$ 标准溶液滴定含 Cl$^-$ 的试液,得到的原始数据见表 13.5(电位突跃时的部分数据)。用二阶微商法求出滴定终点时消耗的 AgNO$_3$ 标准溶液的体积。

表 13.5　实验原始数据

消耗 AgNO$_3$ 体积 V/mL	电位 E/V	消耗 AgNO$_3$ 体积 V/mL	电位 E/V
24.00	0.174	24.40	0.316
24.10	0.183	24.50	0.340
24.20	0.194	24.60	0.351
24.30	0.233	24.70	0.358

解 处理滴定数据得表13.6。

表13.6 处理滴定数据

消耗 AgNO$_3$ 体积 V/mL	电位 E/V	$\dfrac{\Delta E}{\Delta V}$	$\dfrac{\Delta^2 E}{\Delta V^2}$
24.00	0.174	0.09	
24.10	0.183	0.11	0.2
24.20	0.194	0.39	2.8
24.30	0.233	0.83	4.4
24.40	0.316	0.24	−5.9
24.50	0.340	0.11	−1.3
24.60	0.351	0.07	−0.4
24.70	0.358		

表13.6中，一阶微商和二阶微商分别由后项减去前项再比体积差得到，如

$$\frac{\Delta E}{\Delta V} = \frac{0.316 - 0.233}{24.40 - 24.30} = 0.83$$

$$\frac{\Delta^2 E}{\Delta V^2} = \frac{\left(\dfrac{\Delta E}{\Delta V}\right)_2 - \left(\dfrac{\Delta E}{\Delta V}\right)_1}{\Delta V} = \frac{0.24 - 0.83}{24.45 - 24.35} = -5.9$$

二阶微商等于零时所对应的体积应在24.30～24.40之间，准确值计算为

$$V_{终点} = 24.30 + (24.40 - 24.30) \times \frac{4.4}{4.4 + 5.9} = 24.34 \text{ mL}$$

13.4　伏安分析法

伏安分析法是指以电解为基础、以测定电解过程中的电流-电压曲线（伏-安曲线）为特征的一系列电化学分析法的总称，包括经典极谱分析法、现代极谱分析法、溶出伏安分析法及循环伏安分析法等。用滴汞电极或其他液态电极做工作电极，其电极表面做周期性的更新时，伏安分析法又称为极谱法（Polarography），它是最早发现和最先开始使用的伏安分析法。

目前，伏安分析法已成为痕量物质测定、化学反应机理的电极过程动力学研究及配合物的组成及化学平衡常数等基本理论研究的重要工具。

13.4.1　经典极谱分析法

经典极谱分析法就是指使用滴汞电极测量物质的伏安分析法。

1. 经典极谱分析法的基本装置

滴汞电极作为工作电极，其上部为储汞瓶，下接一根厚壁塑料管，塑料管的下端接一支毛细管，其内径大约为0.05 mm，汞从毛细管中有规则地滴落。饱和甘汞电极作为参比电极。构成电解池时，滴汞电极为负极，饱和甘汞电极为正极。其基本装置和电路如图13.13所示，加在电解池两电极之间的电压可通过改变滑线电阻上触点C的位置来调节，

并可由伏特计测得其数值的大小,电解过程中电流的变化,则用串联在电路中的检流计来测量。

2. 经典极谱分析法的基本原理

若在含有一还原性物质(Cd^{2+})的溶液中浸入两个铂电极,接通外电源,当外加电压从零开始逐渐增加时,并没有明显的电流。直到铂电极两端达到足够大的电压时,可见到显著的电极反应发生,通过试液的电流随之增大。在电解池中将发生以下反应:试液中带正电荷的 Cd^{2+} 被吸引移向阴极,从阴极上获得电子还原成金属镉。

$$Cd^{2+} + 2e = Cd$$

同时,带负电荷的阴离子移向阳极,并释放电子。

$$2OH^- = H_2O + \frac{1}{2}O_2 + 2e$$

如前所述,在外加电压较小时不能引起电极反应,电解池系统几乎没有电流或只有微弱电流通过,此微小电流称为残余电流。如图 13.14 所示,若继续增大外加电压,电流略增,当外加电压增至某一数值后。通过电解池的电流显著变大,同时在两电极上发生连续的电解现象。若以外加电压 $U_{外}$ 为横坐标,电解池电流 i 为纵坐标作图,可得如图 13.14 所示的 $i-U$ 曲线。图中称为 D 点电压,也就是能够引起电解质电解的最低外加电压,称为该电解质的分解电压,用 $U_{分}$ 表示。电解时,电压和电流的关系为

$$U_{外} - U_{分} = U_{外} - (E_a - E_c) = iR \tag{13.12}$$

式中　　i——电解电流;

　　　　R——电解回路总电阻;

　　　　E_a——阳极电位;

　　　　E_c——阴极电位。

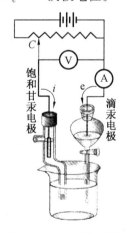

图 13.13　极谱分析装置

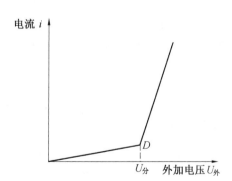

图 13.14　极谱曲线

实际上,电解所需外加电压的数值总是高于分解电压的理论值。除少量消耗于整个电解回路的 iR 电位降外,主要是用来克服由于极化所产生的阳极和阴极的超电位(由浓差极化和电化学极化引起)。也就是说,在实际电解时,要使阳离子在阴极析出,外加于阴极的电位必须比理论电极电位更负一些,而要使阴离子在阳极上放电,外加于阳极的电

位必须比理论电极电位更正一些。这种使电解产物析出的实际电极电位称为析出电位。

3. 极谱波的形成过程

极谱分析中滴汞电极的主要特点是电极面积很小,电解时虽然电流很小,但在滴汞表面上的电流密度却很高,而且溶液是静止的(不搅拌)。当外加电压使指示电极达到被测离子的分解电位时,电极很快发生浓差极化,电极表面的离子浓度随外加电压的增加而迅速下降,直至变为零。此时电流不再随外电压的增加而增加,并达到一个极限值,称为极限电流。

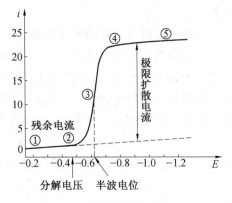

图 13.15 镉离子的极谱波

以电解氯化镉的稀溶液为例来说明极谱波的形成过程,其极谱波如图 13.15 所示。

电解时,使两电极上的外加电压自零逐渐增加,在还没有达到 Cd^{2+} 离子的分解电势以前,作为阴极的滴汞电极上没有 Cd^{2+} 离子还原,但此时仍有微小的电流通过,称为残余电流,如图 13.15 中曲线①②段。当外加电压增加到 Cd^{2+} 离子的分解电势(−0.5 ~ −0.6 V之间)时,Cd^{2+} 离子开始在滴汞电极上还原为金属镉,电流随之骤增。在滴汞电极上还原的镉与汞结合为镉汞齐,电极反应为

$$Cd^{2+} + 2e + Hg \Longrightarrow Cd(Hg)$$

作为阳极的甘汞电极上的汞氧化为 Hg_2^{2+},并与溶液中的 Cl^- 生成 Hg_2Cl_2

$$2Hg - 2e + 2Cl^- \Longrightarrow Hg_2Cl_2$$

超过分解电压以后,外加电压稍微增加,电流就迅速升高,即图 13.15 中曲线② ~ ④段,称为扩散电流 i_d;当电压增加到一定数值后,电流不再增加,达极限值(图 13.15 中④⑤段),即产生极限扩散电流(极谱定量分析的依据)。在极谱波中扩散电流的一半处,电流随电压变化的比值最大,此点对应的电位,称为半波电位 $E_{1/2}$(极谱定性分析的依据)。

在极谱电解过程中,电流一般很小(μA 数量级),电解线路的总电阻 R 不大,iR 可以忽略。

$$U_{外} = (E_a - E_c) \tag{13.13}$$

又由于饱和甘汞电极的实际电位基本恒定,若滴汞电极的电极电位以饱和甘汞电极为标准计算时,则

$$U_{外} = -E_{de} \tag{13.14}$$

式中,E_{de} 是相对于饱和甘汞电极(SCE)而言的滴汞电极电位。上式表明,滴汞电极的电极电位受外加电压控制,外加电压越大,滴汞电极的电位越负。离子的 $i - E_{de}$ 曲线称为离子的极谱波。所以可以通过调节外加电压来控制滴汞电极的电位,从而使各种离子可以在各自所需的电极电位析出。例如 Pb^{2+}、Cd^{2+}、Zn^{2+} 在 KCl 支持电解质存在下,可得到连续的极谱波:第一个波为 Pb^{2+} 的还原,第二个波为 Cd^{2+} 的还原,第三个波为 Zn^{2+} 的还原。

4. 极谱法的定量分析

(1) 扩散电流方程式。

极谱方法是以测量滴汞电极上的扩散电流为基础的方法。当待测溶液组分和温度一定时,每种物质的半波电位是一定的,不随其浓度的变化而有所改变,因而可作为极谱定性分析的依据。

扩散电流与溶液中可还原离子(如 Cd^{2+})的浓度成正比,可见扩散电流与离子的扩散速度有关。捷克科学家尤考维奇在 1934 年首先由 Fick 扩散定律推导出描述滴汞电极上扩散电流的方程式,即每滴汞从开始到滴落一个周期内极限扩散电流的平均值 i_d 与待测物质浓度(c)之间的定量关系

$$i_d = 607 n D^{1/2} m^{2/3} t^{1/6} c \tag{13.15}$$

式(13.15)即为扩散电流方程式,或称为尤考维奇公式。

式中 i_d——平均极限扩散电流,μA;

   n——电极反应中电子转移数;

   D——待测物质在溶液中的扩散系数,单位为 $cm^2 \cdot s^{-1}$;

   m——汞滴流速,单位为 $mg \cdot s^{-1}$;

   t——滴汞周期,即汞滴从生成到滴下所需要的时间;

   c——被测离子的浓度,$mmol \cdot L^{-1}$。

在一定条件下,n、D、m、t 均为常数,将这些常数合并,用 K 表示,得

$$i_d = Kc \tag{13.16}$$

可见,极限扩散电流与待测物质的浓度成正比,这就是极谱法定量分析的基本关系式。

(2) 影响扩散电流的因素。

在极谱法定量分析过程中,只有保持扩散电流方程式中的常数项 K 不变,才能使极限扩散电流与待测物质的浓度成正比。影响常数项 K 的主要因素有毛细管的特性和待测物质的扩散系数,如离子的淌度、离子的强度、溶液的黏度、介电常数、温度和毛细管的直径、汞压、电极电位等,因此在测量标准溶液和未知试样时,应保持毛细管、溶液的组成、温度相同,并且在同样的汞柱高度下完成极谱波绘制。

(3) 极谱分析中的干扰电流消除。

极谱分析中的干扰电流包括残余电流、迁移电流、氧电流、氢电流以及极谱极大等。这些干扰电流与扩散电流的本质区别是,它们与被测物质浓度之间无定量关系,因此它们的存在严重干扰极谱分析,必须设法除去。

残余电流的产生有两方面原因:一是由于溶液中存在可还原的微量杂质,如 O_2、Cu^{2+}、Fe^{3+} 等,这些物质在没有达到被测物质的分解电压以前就在滴汞电极上还原,并产生微小的电解电流;二是由于汞滴不断地生成和下落,汞滴表面与溶液间存在的双电层不断充电而产生的电容电流,其数值一般在 10^{-7} 数量级,相当于 $10^{-5}\ mol \cdot L^{-1}$ 物质的还原电流。还原性杂质可以借助纯化去离子水和试剂的办法来消除,而电容电离的干扰难以消除。所以经典极谱分析法的适宜测量范围是 $10^{-4} \sim 10^{-2}\ mol \cdot L^{-1}$。

迁移电流来源于电解池的正极和负极对被测离子的静电吸引力或排斥力。在受扩散

速度控制的电解过程中,产生浓差的同时必然产生电位差,使被测离子向电极迁移,并在电极上还原而产生电流,因此观察到的电解电流为扩散电流与迁移电流之和,而迁移电流与被测物质无定量关系,必须消除。一般向电解池加入大量电解质,由于负极对溶液中所有正离子都有静电引力,所以用于被测离子的静电引力就大大地减弱了,从而使由静电引力引起的迁移电流趋近于零,达到消除迁移电流的目的。所加入的电解质称为支持电解质,只起导电作用,不参加电极反应,因此也称惰性电解质,常用 KCl、NH_4Cl 等盐类。

极谱极大是极谱分析中经常出现的一种特殊现象。当电解开始时,电流随电压增加而迅速地上升到一个很大的值,随后才降到扩散电流区域,这种比扩散电流大得多的不正常电流峰,称为极谱极大,峰高与被测物质之间无简单关系,影响扩散电流和半波电位的测量。通常消除的办法是通过在被测溶液中加入少量的表面活性物质来抑制极谱极大,例如动物胶、聚乙烯醇、阿拉伯胶等,这些物质也称为极大抑制剂,但极大抑制剂也会降低扩散电流,用量不宜过多,并且每次用量要相等。

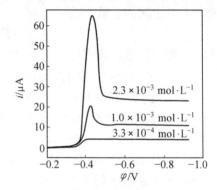

图 13.16　极谱极大

在试液中溶解的少量氧也很容易在滴汞电极上还原,并产生两个极谱波,由于它们的波形很倾斜,延伸很长,占据了 $-1.4 \sim 0$ V 极谱分析中最有用的电势区间(见图 13.16),重叠在被测物质的极谱波上,所以干扰很大,称其为氧电流或氧波和氢波。

氧波 $E_{1/2} = -0.05$ V(vs. SCE)

$$O_2 + 2H^+ + 2e \longrightarrow H_2O_2 (酸性溶液)$$
$$O_2 + 2H_2O + 2e \longrightarrow H_2O_2 + 2OH^- (中性或碱性溶液)$$

氢波　　　　　　　　$E_{1/2} = -0.94$ V(vs. SCE)

$$H_2O_2 + 2H^+ + 2e \longrightarrow H_2O (酸性溶液)$$
$$H_2O_2 + 2e \longrightarrow 2OH^- (中性或碱性溶液)$$

消除氧电流的方法有通入难被氧化的气体如 N_2 排出溶解氧,或在中性和碱性溶液中加入亚硫酸钠还原氧,或在酸性溶液中加入还原性铁粉与酸作用生成氢来驱除氧。

除上述干扰电流外,在实际工作中,还有波的叠加、前放电物质、氢放电的影响等干扰因素,都应设法消除,为了消除这些干扰因素所加入的试剂,以及为了改善波形、控制酸度所加入的其他一些辅助试剂的溶液,称为极谱法分析的底液。

(4) 定量方法。

在极谱法定量分析时,测定 i_d 的大小,用扩散电流计算是困难的。在实际工作中采用相对法定量,即只测量被测溶液和标准溶液的极谱波的波高,依据极谱波的波高(极限扩散电流)与被还原(或氧化)的离子浓度成正比即 $h = Kc$ 的关系,利用直接比较法、标准曲线法或标准加入法进行定量分析。

极限扩散电流的大小可采用平行线法、三切线法等测量,如图 13.17,图 13.18 所示,用波高直接进行计算。

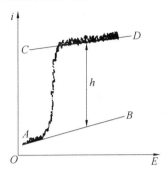

图 13.17 平行线法测波高

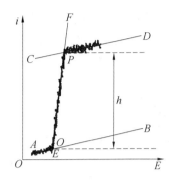

图 13.18 三切线法测波高

5. 经典极谱分析法的特点

用极谱法通常能测定浓度下限在 $10^{-4} \sim 10^{-5}$ mol·L^{-1} 的物质,相对误差一般在 $\pm 2\% \sim \pm 5\%$。在适合的条件下,可在一个试样溶液中同时测定几个组分含量而不必分离。如 Cu^{2+}、Cd^{2+}、Ni^{2+}、Zn^{2+}、Mn^{2+} 等共存时,若用经典极谱分析法,则互不干扰。

由于测量时通过溶液的电解电流很小,仅为几微安,因此,经分析后的溶液基本上没有什么变化,可反复进行测定。但经典极谱分析法由于受干扰电流的影响,灵敏度较低,且分析速度慢,一般分析过程需要 5~15 min,这是由于滴汞周期需要保持在 2~5 s,电压扫描速度一般为 5~15 min·V^{-1},获得一条极谱曲线一般需要几十滴到一百多滴汞。

13.4.2 现代极谱分析法

现代极谱分析法包括极谱催化波分析法、单扫描极谱分析法、方波极谱分析法、脉冲极谱分析法等。这些方法的灵敏度、分辨率和分辨比等方面都优于经典极谱分析法(见表 13.4)。

表 13.4 几种极谱分析法性能比较

方法	最低检测浓度/(mol·L^{-1})	分辨率/mV	分辨比
经典极谱分析法	1×10^{-5}	100	10∶1
单扫描极谱分析法	3×10^{-7}	40	400∶1
方波极谱分析法	5×10^{-8}	40	20 000∶1
脉冲极谱分析法	1×10^{-8}	40	10 000∶1
极谱催化波分析法	1×10^{-9}	—	—

1. 单扫描极谱分析法

单扫描极谱分析法(Single Sweep Polarography)是用阴极射线示波器作为电信号的检测工具,过去曾称为直流示波极谱分析法,它是对经典极谱分析法的一种改进。单扫描极谱分析法与经典极谱分析法最大的区别是:单扫描极谱分析法扫描速度要快得多(约为 25 mV·s^{-1},而经典极谱波的扫描速度一般小于 25 mV·s^{-1}),每滴汞就将产生一个完整的极谱图,得到的谱图呈峰形。因为单扫描极谱分析法产生电流大,加上峰状曲线易于测量,所以灵敏度相应比较高,一般可达 $10^{-7}\,mol\cdot L^{-1}$。

单扫描极谱分析法中,所施加的电压是在汞滴的生长后期施加,这时电极的表面积几乎不变,所以把滴汞电极替换为固体电极(如碳、金、铂等)或表面积不变的汞电极时,所得到的极化曲线及电流大小等都与上述单扫描极谱分析法完全一样,这时称为线性扫描伏安分析法。

单扫描极谱分析法的工作原理如图 13.19 所示。在极谱电解池两个电极上加一个随时间作线性变化的直流电压(锯齿波)U,在示波器的 X 轴上显示的是扫描电压,Y 轴显示的是扩散电流,荧光屏显示的是一条完整的"i–E"曲线,如图 13.20 所示。

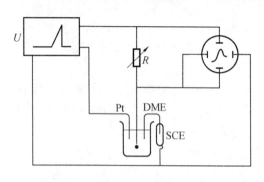
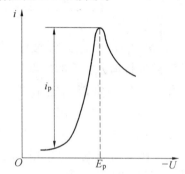

图 13.19　单扫描极谱分析法工作原理图　　图 13.20　单扫描极谱波

由图 13.20 可见,单扫描极谱波的极谱波峰形与经典极谱不同。这是由于快速扫描时汞滴附近的待测物质瞬间被还原,产生较大的电流。随着电压继续增大,电极表面物质的浓度迅速降低,使电流迅速下降,达到扩散平衡。图中 i_p 为峰电流,E_p 为峰电位。单扫描极谱分析装置采用三电极体系,即除滴汞电极和参比电极之外,还有一个辅助电极(一般为 Pt 电极),极谱电流从滴汞电极和辅助电极间流过。

对于可逆电极反应,峰电流 i_p 与被测离子浓度成正比,即

$$i_p = Kc \tag{13.17}$$

峰值电位 E_p 与经典极谱波的半波电位 $E_{1/2}$ 的关系为

$$E_p = E_{1/2} - 1.1\frac{RT}{nF} = E_{1/2} - \frac{0.028}{n}V \quad (25\ ℃) \tag{13.18}$$

单扫描极谱分析法的特点:

(1)基本原理与经典极谱分析法相同,其应用范围也相同。

(2)灵敏度高,对可逆波检出限可达 $10^{-7}\,mol\cdot L^{-1}$。比经典极谱分析高 2~3 个数量级。

(3)扫描速度快,只需在荧光屏上直接读取峰高。

(4)分辨率高。此法可分辨两个半波电位相差 35~50 mV 的离子。

(5)氧波的干扰作用大为降低,因此分析前可不除去溶液中的溶解氧。

2. 交流极谱分析法

交流极谱分析法是将小振幅的低频正弦交流电压叠加到直流极谱分析法的扫描电压上,测量通过电解池的交流电流的变化,获得极谱曲线。交流极谱的分析过程如图 13.21 所示。该方法的装置是将交流电压与直流电源串联,通过电解池的电流由三部分组成:直

流电流、交流电流和电容电流。电容把直流电流信号隔离,交流电流信号经交流放大器放大后可用检流计测量,记录交流电流信号随外加直流电压的变化可得到交流极谱图,如图13.21 所示。在交流极谱分析法中产生一个峰形信号,峰的最大处为峰电流(i_p),对应经典极谱分析法的半波电位,如图13.22 所示。

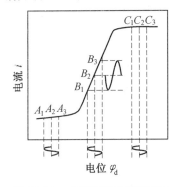
图 13.21　交流极谱电流的产生

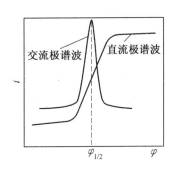
图 13.22　交流极谱波与直流极谱波的对比

交流极谱分析法的特点:极谱波是峰形信号,分辨率比直流极谱分析法高,峰电位差 40 mV 就可以分辨;峰电流 i_p 正比于待测离子的浓度;氧波干扰较少,测定时不必除氧。

3. 方波极谱分析法

方波极谱分析谱法是交流极谱分析法的一种。这类极谱分析法中,在向电解池均匀而缓慢地加入直流电压的同时,再叠加一个 225 Hz 的振幅很小(≤30 mV)的交流方形波电压。可通过测量不同外加直流电压时交变电流的大小,得到交变电流-直流电压曲线以进行定量分析。

方波极谱分析法大大降低了电容电流,其灵敏度要比交流极谱分析法的灵敏度高出 2 个数量级,检出限可达 10^{-7} mol·L^{-1}。

4. 脉冲极谱分析法

脉冲极谱分析法是在滴汞电极的每滴汞生长后期,叠加一个小振幅的周期性脉冲电压,在脉冲电压后期记录电解电流。由于此时电容电流和毛细管噪声电流都充分衰减,所以脉冲极谱法提高了信噪比,使脉冲极谱分析法成为极谱分析法中灵敏度最高的方法之一。脉冲极谱分析法按施加脉冲电压的方式和记录电解电流方式的不同,分为常规脉冲极谱分析法和微分脉冲极谱分析法(也称导数脉冲极谱分析法、差示脉冲极谱分析法)。

常规脉冲极谱是在不发生电极反应的某一起始电位上,依次叠加一个振幅逐渐递增的脉冲电压,在每一脉冲消失前 21 ms 时(t_3-t_4),进行一次电流取样(时间约为 15 ms),得到与直流极谱分析法相似的极谱图形(图13.23),其检出限可达 $10^{-6} \sim 10^{-7}$ mol·L^{-1}。

微分脉冲极谱是在一个缓慢变化的线性扫描直流电压上,叠加一个较小的等振幅脉冲电压(也可以是阶梯形的极化电压)。它是测量在脉冲电压加入前 20 ms 时的采样值(t_1-t_2)和消失前 20 ms 时的采样值(t_3-t_4)的电流之差。由于采用了两次电流取样的方法,故能很好地扣除因直流电压扫描引起的背景电流及充电电流。微分脉冲极谱曲线呈对称峰状,如图13.24 所示。

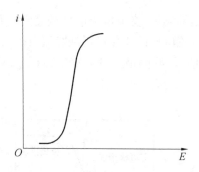

图 13.23　常规脉冲极谱波

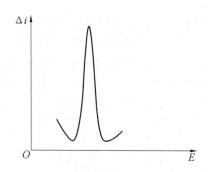

图 13.24　微分脉冲极谱波

微分脉冲极谱分析法基本消除了干扰电流,检出限可达 $10^{-9} \sim 10^{-8}$ mol·L^{-1}。

13.4.3　溶出伏安分析法

溶出伏安分析法是在极谱分析法的基础上发展起来的一种痕量分析方法,它的工作方式为先富集后溶出,是电解分析法和伏安分析法的结合。

1. 溶出伏安分析法的基本原理

溶出伏安分析法主要分为两个过程。

一是电解富集过程:将工作电极电位固定在产生极限电流的电位上进行电解,搅拌下使痕量的被测物质富集在电极上。

二是溶出过程:静止片刻后,再在两电极上施加反向扫描电压,使电极反应与上述富集电极反应相反,沉积在电极上的离子全部被溶解,形成较大的峰电流(如图 13.25)。

溶出伏安分析法根据溶出时电极上所发生的电极反应性质的不同,分为阳极溶出伏安分析法和阴极溶出伏安分析法。前者在电解富集时,工作电极为阴极,溶出时则为阳极;后者则在电解时是阳极,溶出时为阴极。

所以阳极溶出伏安分析法是将被测金属离子(M^{z+})在阴极(工作电极)上还原为金属,如果阴极为汞电极,则形成汞齐;然后再反向扫描,阴极变为阳极,金属阳离子在阳极上被氧化为金属离子而溶出,此时产生氧化电流。整个过程可表示为

$$M^{z+}+ze(+Hg) \xrightarrow{\text{恒电位富集}} M(Hg) \xrightarrow{\text{电位扫描溶出}} M^{z+}+ze(+Hg)$$

阴极溶出伏安分析法是先将工作电极(M)做阳极,经阳极氧化转变为金属离子(M^{z+}),金属离子(M^{z+})可与被测离子 A^- 生成难溶盐 MA_z 而富集在电极上。然后再将工作电极做阴极,进行电位扫描,使难溶盐还原析出金属并释放出阴离子,产生还原电流。整个过程可表示为

$$M+zA^- \xrightarrow{\text{恒电位富集}} MA_z\downarrow +ze \xrightarrow{\text{电位扫描溶出}} M+zA^-$$

溶出过程的峰电流(i_p)与被测物质的浓度成正比,这是溶出伏安分析法的定量依据。影响溶出峰电流的因素很多,如电极的种类、性质和形状、溶液的搅拌速度和方式、电解富集电位和时间、电位扫描速度、溶出方式、底液和温度等。所以只有当这些因素确定了以后,峰电流(i_p)与被测物质浓度(c)的关系才是

$$i_p=Kc$$

实际应用中阳极溶出伏安分析法应用较多。若试样为多种金属离子共存时,富集过

程按分解电压的大小依次沉积,溶出时,先沉积的金属后溶出,故可不经分离同时测定多种金属离子,如图 13.26 所示。

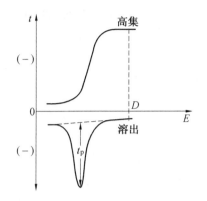
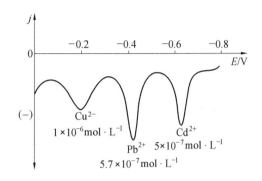

图 13.25 阳极溶出伏安分析法极谱波　　图 13.26 盐酸溶液中镉、铅、铜的溶出伏安分析图

2. 溶出伏安分析法的工作电极

溶出伏安分析法所使用的电极有汞电极和固体电极两种。汞电极有悬汞电极(图 13.27)和汞膜电极(图 13.28)之分。汞膜电极是在银电极或玻碳电极上镀一薄层汞而制成的电极,由于汞膜很薄,沉积的金属浓度高、扩散速度快。使用汞膜电极时的灵敏度高出悬汞电极时 1~2 个数量级。溶出伏安分析法常用的固体电极有石墨电极、玻碳电极、铂电极和银电极等。

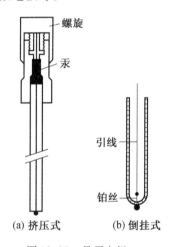
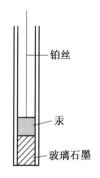

图 13.27 悬汞电极　　图 13.28 汞膜电极

3. 溶出伏安分析法的特点及应用

溶出伏安分析法特点:
(1)灵敏度高,比经典极谱分析法高 4~5 个甚至 6 个数量级,可测定至 $10^{-9} \sim 10^{-11}$ mol·L^{-1};
(2)分析速度快,一般数分钟完成一次测定;
(3)试样用量少,一般 0.1~1 mL 就可以进行测定;
(4)可同时测定多个元素,通常可同时分析 6~7 种元素;
(5)仪器简单,价格低廉。

溶出伏安分析法应用：由于溶出伏安分析法的灵敏度非常高，被广泛应用于超纯物质的分析及化学、化工、食品卫生、金属腐蚀、环境检测、超纯材料、生物等各个领域中的微量元素分析。阳极溶出伏安分析法可测定30多种元素，而阴极溶出伏安分析法可测定元素有20多种。有些有机物如丁二酸、双硫腙等也可以用溶出伏安分析法测定。

13.5 电化学分析法新技术

13.5.1 化学修饰电极

化学修饰电极是利用化学或物理方法，将具有特定功能的分子、离子、聚合物或其他物质固定在电极表面，以达到改善电极的性质，实现功能设计的目的。如在铂电极表面修饰一层聚合物(1,2-二氨基萘)，则可像玻璃电极一样用于pH值测定。

化学修饰通常在石墨、玻璃、金属等固体电极(也称为基体电极)的表面进行。采用的方法有吸附、键合和聚合等。

选择合适的修饰物就可以方便地制备对于特定组分具有非常高的选择性和灵敏度的电极，这是化学修饰电极的最大特点。如通过将EDTA键合到玻碳电极表面，利用循环伏安分析法测定Ag^+时，灵敏度大大提高。化学修饰电极的另一个重要功能是其催化作用，如图13.29所示。修饰层的还原态与溶液中某物质的氧化态反应后产生修饰层的氧化态，修饰层的氧化态经电极反应后又产生修饰层的还原态。如此循环，修饰层虽然参与反应，但结束时并不发生改变，即修饰层催化了溶液中该物质的还原。

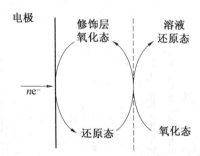

图13.29　化学修饰电极的催化作用示意图

13.5.2 生物电化学分析法

电化学分析法具有快速、灵敏、小巧等特点，所以特别适合于生物体系的研究。将生物学中的一些方法(如免疫伏安分析法和酶技术)与电化学分析法结合在一起，促进了许多生物电化学分析法的产生。大脑组织及神经系统的导电性，具备了电化学分析法中必要的辅助电解质及测定条件，微电极和超微电极的出现使活体原位电化学分析法及微取样方法的研究十分活跃。

例如免疫伏安分析法，即是利用抗原与抗体间反应的高选择性，融合伏安分析法的高灵敏性和方便快速的特点而形成的生物电化学分析法。生物电化学传感器也是生物电化学分析法中常见的。

习 题

1. 原电池与电解池的主要区别是什么?
2. 盐桥的作用是什么？对盐桥中的电解质有什么要求？
3. 25 ℃时,电池:

$Cu|Cu^{2+}(0.02\ mol\cdot L^{-1})\|Fe^{2+}(0.2\ mol\cdot L^{-1}),Fe^{3+}(0.01\ mol\cdot L^{-1}),H^+(1\ mol\cdot L^{-1})$

(1) 写出该电池的电极反应和总反应。
(2) 标出电极的极性并说明电子和电流的流动方向。
(3) 计算电池的电动势并说明该电池是原电池还是电解池。

4. 电位分析过程中是否电流流过电极？测量的电位值与何有关？
5. 膜电位是如何产生的？膜电极为什么具有较高的选择性？
6. 电位分析的根据是什么？直接电位分析法的主要误差来源有哪些？
7. 为什么说电位滴定法一般比电位测定法误差小？
8. pH 电极的实用定义是什么？
9. 何谓极谱分析法和伏安分析法？伏安分析法有什么特点？
10. 极谱定性和定量的依据是什么？有哪几种定量方法？
11. 伏安分析法为什么具有很高的灵敏度？

下篇 仪器分析实验

仪器分析实验的基本要求

一、基本要求

1. 了解有关分析方法及其仪器结构的基本原理、仪器的主要组成部件和它们的工作过程。

2. 掌握有关分析方法的实验技术,正确使用仪器。未经过教师允许不得随意改变操作参数,更不得改换、拆卸仪器的零部件。

3. 了解有关分析方法的特点、应用及局限性。学会根据试样情况选择合适的分析方法及最佳测试条件。

4. 掌握有关分析方法的分析步骤和对测试数据进行处理的方法。

5. 维护实验室的仪器设备,每次完成实验后,要使仪器复原,罩好防尘罩。如发现仪器工作出现不正常情况,要做好记录并及时报告,由教师和实验室工作人员进行处理。

二、学生实验规则

1. 实验前要认真做好实验预习,明确实验目的、要求、步骤、方法和基本原理,并写好实验预习报告,方能进入实验室。

2. 实验时应遵守实验室各项制度和章程,以保证实验顺利进行和实验室安全。

3. 遵守纪律、不迟到、不早退,保持室内安静。

4. 爱护仪器,节约水、电、试剂等公共财物。

5. 实验过程中,应随时注意地面、桌面、仪器的整洁,废液只能倒入废液缸,以免堵塞、腐蚀水槽及下水道。

6. 对实验中的一切实验现象和数据都应如实地用签字笔记录在报告上,实验完毕后,要将实验报告交给指导教师审阅。

7. 细心操作分析仪器,如有损坏,立即报告指导教师。

8. 完成实验后,要清洗、整理仪器、药品,检查水、电开关,经指导教师检查、同意后,方可离开实验室。

仪器分析实验预习的基本要求

仪器分析实验相对来说难度较大,实验步骤多,实验仪器操作复杂,实验前必须对实验内容进行认真学习,做好预习,避免实验中出现差错而影响实验的进行,主要从以下几个方面做好预习。

1. 认真阅读教材,明确实验的基本原理与方法。
2. 了解实验的基本内容、实验步骤及其注意事项。
3. 了解本次实验所使用的仪器,熟悉它的结构、原理和使用方法。
4. 对实验过程中的步骤要熟练掌握,合理安排,以免互相影响,造成分析误差。
5. 对实验中的试剂要了解其作用及配制的方法,有些试剂的加入顺序是不可以颠倒的,要引起足够的重视。
6. 仪器使用过程中的关键过程要熟记于心,以免发生意外事故,造成不必要的损失。使用电器设备时,要特别小心,切不可用湿手去开启电器开关和电闸。凡是漏电的仪器不要使用,以免触电。
7. 明确本实验的目的、要求及其实验要点,以便能达到预期的效果。
8. 预习报告应简单明了,不要生搬硬套,照抄书本;实验中有些数据及常数要事先写好,并设计好本次实验的原始数据记录表格。

教师要在实验前检查预习报告。根据实验的基本原理和方法,实验前向学生提出简单的问题,检查学生的预习情况,符合要求后方可以进行实验。

写好实验报告是完成实验的一个必不可缺的重要环节。实验报告应包括以下项目:实验名称、实验日期、简明实验原理、实验仪器类型与型号、主要实验步骤或主要实验条件、实验数据及处理、结果与讨论等。对实验结果的分析与讨论是实验报告的重要部分,其内容无固定模式,但是可涉及如实验原理的进一步深化理解,做好实验的关键、自己的体会,实验现象的分析和解释,结果的误差分析以及对该实验的改进意见等方面内容。以上内容学生都可就其中体会较深的方面讨论一项或几项。

实验1　气相色谱法测定苯系物

一、实验目的

1. 了解气相色谱仪的结构和工作原理。
2. 掌握归一化法进行定量分析的基本原理及方法。
3. 掌握相对保留值、分离度和校正因子的测定方法。

二、实验原理

气相色谱法是利用试样中各组分在流动相(气相)和固定相的分配系数的不同,对混合物进行分离和测定。特别适用于分析气体和易挥发液体物质。

苯系物,如苯、乙苯、间二甲苯和邻二甲苯等具有较相近的物理性质,后三者的沸点非常接近,分别为136.2 ℃、139.1 ℃和144.4 ℃,化学分析方法难以分离检测,而气相色谱则可以比较容易地对其进行有效的分离,一般气相色谱仪常备有热导检测器和火焰检测器,它们均可对其进行定性、定量分析。

三、仪器及试剂

1. 仪器

气相色谱仪:带有氢火焰检测器;毛细管柱:ϕ0.25 mm×30 mm;固定相:SE-54;高纯氮气;高纯氢气;低噪音空气压缩机;进样针:1 μL。

2. 试剂

苯、间二甲苯和邻二甲苯均为色谱纯。

四、实验步骤

1. 开启氮气钢瓶和载气稳压阀,使氮气通入色谱仪。按照说明书使仪器正常运行,并设定于下列条件:柱温为90 ℃;汽化室温度为160 ℃;氢火焰检测器温度为160 ℃。

2. 在设置条件下基线稳定后,分别吸取0.2 μL苯、间二甲苯和邻二甲苯以及试样(苯系物混合物)进样,记录它们相应的数据,重复两次。

五、数据记录及处理

1. 将上述测定的标准样品和待测样品的相关数据记录于表1.1中。

表 1.1　实验数据

名称	校正因子	保留时间	1		2		平均值	
			峰面积 A	半峰宽	峰面积 A	半峰宽	峰面积 A	半峰宽
苯	0.89							
间二甲苯	0.94							
邻二甲苯	0.96							

注：校正因子是以壬烷为内标物时测得的。

2. 根据保留时间确定待测试样的归属。

3. 计算苯、间二甲苯和邻二甲苯间的分离度。

4. 用归一化法确定各组分的含量。

六、注意事项

1. 点燃氢气火焰时，应将氢气流量开大，以保证顺利点燃。确定点燃后，再将氢气流量慢慢降至规定值。氢气降得过快会熄火。

2. 可用如下方法判断氢火焰是否点燃：将冷金属物置于检测器出口上方，若有水汽冷凝在金属表面，表明氢火焰已点燃。

3. 每次注入样品时注射器的进样速度应尽量快一些。

七、思考题

1. 试讨论归一化法定量分析的优点和局限性。

2. 归一化法定量分析为什么要用校正因子？相对校正因子和绝对校正因子有何不同？

3. 画出气相色谱仪的结构示意图。

实验 2 乙醇中微量水分的测定

一、实验目的

1. 熟悉相对定量校正因子的定义及测定方法。
2. 熟悉内标法定量公式及其应用。

二、实验原理

分离有机物中的微量水分,应选用有机高分子聚合物固定相(如 GDX 类)。此类固定相具有较大的比表面积,孔结构均匀,机械强度好,高温时也不流失。它由于和羟基化合物亲和力极小,故分离时水峰最先流出,而有机物峰在后面,具有出峰快,峰形对称等特点。特别适于分析试样中的痕量水。

为了减少操作条件的波动而对分析结果产生的影响,实验采用内标法进行定量。内标法是一种常用的定量方法,准确度高。用内标法定量时,首先称取一定质量的内标物和纯待测物,分别记为 m_s 和 m_i,混合后进样测出 i 和 s 物质的峰面积分别为 A_i 和 A_s,根据 $m_i = f_i A_i$,则有

$$f'_{i,s} = \frac{m_i \times A_s}{m_s \times A_i}$$

然后在一定质量被测试样中加入已知量的内标物,测定并求出试样中 i 组分的质量分数

$$w_i = \frac{m_i}{m} = \frac{A_i m_s}{A_s m} f'_{i,s}$$

式中　　w_i —— 试样中 i 组分的质量分数;

m —— 试样的质量;

$f'_{i,s}$ —— 组分 i 对内标物峰面积的相对校正因子。

内标应是试样中不存在的纯物质,能与试样互溶,且不发生任何化学反应,其色谱峰与待测组分峰要尽量靠近,位于几个待测组分的中间,但又要完全分开,内标物的加入量也要和待测组分的含量相近。

本实验中采用甲醇为内标物,其色谱峰在乙醇和水之间。

三、仪器及试剂

1. 试剂

无水甲醇和无水乙醇:在分析纯无水甲醇和无水乙醇中加入在 500 ℃ 加热处理的 5A 分子筛,并密封放置过夜。

2. 仪器

气相色谱仪:7890 Ⅱ型附带 TCD 检测器、GDX104 填充柱、氮气钢瓶;微量注射器:10 μL。

四、实验步骤

1. 按照说明书使仪器正常运行,并调节至如下条件:柱温为 100 ℃;汽化室温度为 160 ℃;检测器温度为 160 ℃;温度升到后设置桥电流为 80 mA。

2. 相对校正因子的测定。

(1) 内标物标准溶液的配制。用移液器移取 5.0 mL 无水乙醇至称量瓶中,然后分别加入无水甲醇和超纯水各 0.05 g(准确称至±0.000 1 g),混合均匀。

(2) 吸取 0.2 μL 进样,记录色谱数据,测量各组分的峰面积,重复进样两次。

3. 试样的测定。

(1) 样品的配制。准确称取 5.0 mL 待测乙醇,称重后质量记为 m。加入无水甲醇约 0.01 g(准确至±0.000 1 g),混合均匀。

(2) 吸取上述已知内标物的未知试样 0.2 μL 进样,记录色谱数据,重复进样两次。

4. 色谱仪的关机。首先设热导检测器桥电流为"0",然后将柱温、汽化室和检测器温度设为室温,待降至室温时,关闭色谱仪电源,继续通氮气约 2~3 min 后关闭氮气。

五、数据记录及处理

1. 将实验所得数据分别记录于下列各表2.1 和表2.2 中。

表 2.1　相对校正因子的测定

进样次序	1	2	平均值
水的峰面积/(mV·s)			
甲醇的峰面积/(mV·s)			
水的质量/g			
甲醇的质量/g			

表 2.2　试样中水分的测定

进样次序	1	2	平均值
水的峰面积/(mV·s)			
甲醇的峰面积/(mV·s)			
试样的质量/g			
甲醇的质量/g			

2. 计算以甲醇为标准的平均相对校正因子。

3. 计算试样中水分的含量。

六、注意事项

1. 如果峰信号超出量程以外,样品量可以酌情减少,或增加衰减比。
2. 为保证峰宽测量的准确,应适当调整峰宽参数。

七、思考题

1. 试解释本实验色谱峰为什么按水、甲醇和乙醇的顺序流出?
2. 用内标法进行定量分析有哪些优点和缺点?

实验3　气相色谱法测定葡萄酒中的乙醇含量

一、实验目的

1. 进一步掌握气相色谱仪的使用方法。
2. 掌握内标法时进行样品含量分析的方法。

二、实验原理

内标法是一种常用的色谱定量分析的方法,它是在一定量的样品中加入一定量的内标物,是利用待测组分和内标物的峰面积和内标物质量计算待测组分含量的方法,具有准确度高,进样条件波动对结果影响小的特点。(具体方法参见实验2)

三、仪器及试剂

1. 仪器

气相色谱仪;氢火焰检测器;微量注射器。

2. 试剂

无水乙醇:分析纯;无水甲醇:分析纯;无水正丙醇:分析纯;葡萄酒。

四、实验步骤

1. 纯物质溶液的配制。量取 0.2 mL 无水乙醇于样品瓶中,并称重。量取 0.2 mL 正丙醇于同一样品瓶中,并称重。再加入 3 mL 无水甲醇作为溶剂,混匀。
2. 样品溶液的配制。取 1 mL 葡萄酒于烧杯中,用 0.45 μm 微孔膜过滤 4 次,量取 0.5 mL 于样品瓶中,并准确称重。量取 0.2 mL 正丙醇于同一样品瓶中,再称重。并加入 0.5 mL 无水甲醇混匀,备用。
3. 设置色谱操作条件。柱温 40 ℃;汽化室温度 160 ℃;检测器温度 160 ℃;N_2 流速 40 mL/min;H_2 流速:40 mL/min;空气流速:400 mL/min。
4. 待气相色谱仪基线稳定后,注入 0.2 μL 标准溶液至色谱仪,记录标样的色谱图,重复进样两次。
5. 注入 0.2 μL 样品溶液至色谱仪,记录样品色谱图,重复进样两次。

五、数据记录及处理

1. 将实验所得数据记录于下表 3.1 和表 3.2 中。

表 3.1　相对校正因子的测定

进样次序	1	2	平均值
无水乙醇的峰面积/(mV·s)			
正丙醇的峰面积/(mV·s)			
无水乙醇的质量/g			
正丙醇的质量/g			

表 3.2　试样中水分的测定

进样次序	1	2	平均值
乙醇的峰面积/(mV·s)			
正丙醇的峰面积/(mV·s)			
葡萄酒的质量/g			
正丙醇的质量/g			

2. 确定样品色谱图中乙醇和正丙醇峰的位置,并标于色谱图中。
3. 由纯物质溶液色谱图计算以正丙醇为内标物的相对校正因子。
4. 计算葡萄酒中乙醇的含量。

六、注意事项

1. 要确定氢火焰点燃。(具体方法参见实验1)
2. 微量注射器进样后,要用水和甲醇彻底清洗。

七、思考题

1. 选择内标物的条件有哪些?
2. 用该实验条件能否测定葡萄酒中的水含量?

实验 4　室内环境空气中甲醛含量的测定

一、实验目的

1. 学会空气中甲醛含量测定的方法。
2. 进一步掌握气相色谱仪的使用方法。

二、实验原理

空气中甲醛在酸性条件下吸附在涂有 2,4-二硝基苯肼(2,4-DNPH)的 6201 担体上,生成稳定的甲醛腙。用二硫化碳洗脱后,经 OV-1 色谱柱分离,用氢焰离子化检测器测定,以保留时间定性,峰高定量。本实验中定量方法采用标准曲线法或单位校正法。

检出下限为 0.2 μg/mL(进样品洗脱液 5 μL)。

三、仪器及试剂

1. 仪器

采样管:内径 5 mm,长 100 mm 玻璃管,内装 150 mg 吸附剂,两端用玻璃棉堵塞,用胶帽密封,备用;空气采样器:流量范围为 0.2~10 L/min,流量稳定。采样前和采样后用皂膜计校准采样系统的流量,误差小于 5%;具塞比色管:5 mL;微量注射器:10 μL,体积刻度应校正;气相色谱仪:具备氢火焰离子化检测器;固定相(OV-1)。

2. 试剂

本法所用试剂纯度为分析纯;水为二次蒸馏水;二硫化碳:需重新蒸馏进行纯化;2,4-DNPH溶液:称取 0.5 mg 2,4-DNPH 于 250 mL 容量瓶中,用二氯甲烷稀释到刻度;盐酸溶液:2 mol/L;吸附剂:10 g 6201 担体(60~80 目),用 40 mL 2,4-DMPH 二氯甲烷饱和溶液分两次涂敷,减压,干燥,备用;甲醛溶液:含量 36%~38%。

四、实验步骤

1. 溶液的配制。

(1)甲醛标准储备溶液的配制。取 2.8 mL 含量为 36%~38% 甲醛溶液,放入 1 L 容量瓶中,加水稀释至刻度。此溶液 1 mL 约相当于 1 mg 甲醛。其准确浓度用碘量法标定(此处省略)。

(2)甲醛标准溶液:临用时,将甲醛标准储备溶液用水稀释成 1.00 mL 含 10 μg 甲醛,立即再取此溶液 10.00 mL,加入 100 mL 容量瓶中,用水定容至 100 mL,此液 1.00 mL 含 1.00 μg 甲醛,放置 30 min 后,用于配制标准系列管。此标准溶液可稳定 24 h。

2. 采样。

取一支采样管,使用前取下胶帽,拿掉一端的玻璃棉,加一滴(约 50 μL)2 mol/L 盐酸溶液后,再用玻璃棉堵好。将加入盐酸溶液的一端垂直朝下,另一端与采样进气口相连,以 0.5 L/min 的速度,抽气 50 L。采样后,用胶帽套好,并记录采样点的温度和大气压力。

3. 分析步骤。

(1) 气相色谱测试条件。色谱柱:柱长 2 m,内径 3 mm 的玻璃管,内装 OV-1+Shimalitew 担体;柱温:230 ℃;检测室温度:260 ℃;汽化室温度:260 ℃;载气(N_2)流量:70 mL/min;氢气流量:40 mL/min;空气流量:450 mL/min。

(2) 绘制标准曲线和测定校正因子。在作样品测定的同时,绘制标准曲线或测定校正因子。

① 标准曲线的绘制:取 5 支采样管,各管取下一端玻璃棉,直接向吸附剂表面滴加一滴(约 50 μL) 20 mol/L 盐酸溶液。然后,用微量注射器分别准确加入甲醛标准溶液(1.00 mL 含 1 mg 甲醛),制成在采样管中的吸附剂上甲醛含量在 0~20 μg 范围内有五个浓度点的标准管,再填上玻璃棉,反应 10 min,再将各标准管内吸附剂分别移入 5 个具塞比色管中,各加入 1.0 mL 二硫化碳,稍加振摇,浸泡 30 min,即为甲醛洗脱溶液标准系列管。然后,取 5.0 μL 各个浓度点的标准洗脱液,进色谱柱,得色谱峰和保留时间,每个浓度点重复做三次,测量峰高的平均值。以甲醛的浓度(μg/mL)为横坐标,平均峰高(mm)为纵坐标,绘制标准曲线,并计算回归线的斜率。以斜率的数值作为样品测定的计算因子 B_s,单位为 μg/(mL·mm)。

② 测定校正因子:在测定范围内,可用单点校正法求校正因子。在样品测定同时,分别取试剂空白溶液与样品浓度相接近的标准管洗脱溶液,按气相色谱最佳测试条件进行测定,重复做三次,得峰高的平均值和保留时间。校正因子为

$$f = \frac{C_0}{h - h_0}$$

式中 f——校正因子,μg/(mL·mm);

C_0——标准溶液浓度,μg/mL;

h——标准溶液平均峰高,mm;

h_0——试剂空白溶液平均峰高,mm。

(3) 样品测定。采样后,将采样管内吸附剂全部移入 5 mL 具塞比色管中,加入 1.0 mL 二硫化碳,稍加振摇,浸泡 30 min。取 5.0 μL 洗脱液,按绘制标准曲线或测定校正因子的操作步骤进样测定。每个样品重复做三次,用保留时间确认甲醛的色谱峰,测量其峰高,得峰高的平均值(mm)。在每批样品测定的同时,取未采样的采样管,按相同操作步骤作试剂空白的测定。

五、数据记录及处理

1. 用标准曲线法计算空气中甲醛的浓度为

$$c = \frac{(h - h_0) \cdot B_s}{V_0 \cdot E_s} \cdot V_1$$

式中　c——空气中甲醛浓度,mg/m^3;
　　　h——样品溶液峰高的平均值,mm;
　　　h_0——试剂空白溶液峰高的平均值,mm;
　　　B_s——用标准溶液制备标准曲线得到的计算因子,$\mu g/(mL \cdot mm)$;
　　　V_1——样品洗脱溶液总体积,mL;
　　　E_s——由实验确定的平均洗脱效率;
　　　V_0——换算成标准状况下的采样体积,L。

2. 用单点校正法计算空气中甲醛的浓度为

$$c = \frac{(h-h_0) \cdot f}{V_0 \cdot E_s} \cdot V_1$$

式中　f——用单点校正法得到的校正因子,$\mu g/(mL \cdot mm)$;其他符号同上式。

六、注意事项

使用本法所列举的气相色谱条件,空气中的醛酮类化合物可以分离,二氧化硫及氮氧化物无干扰。

七、思考题

如何能判断所选择的测定结果的可靠性?

实验 5　高效液相色谱柱效能的评定

一、实验目的

1. 了解高效液相色谱仪的基本结构和工作原理。
2. 掌握高效液相色谱仪的操作技能。
3. 掌握测定高效液相色谱柱的理论塔板数的方法。

二、实验原理

气相色谱中评价色谱柱柱效的方法及计算理论塔板数的公式,同样适用于高效液相色谱

$$n = 5.54\left(\frac{t_R}{Y_{1/2}}\right)^2 = 16\left(\frac{t_R}{Y}\right)^2$$

速率理论及范第姆特方程式对于研究影响高效液相色谱柱效的各种因素,同样具有指导意义

$$H = A + B/u + Cu$$

然而由于组分在液体中的扩散系数很小,纵向扩散项(B/u)对色谱峰扩展的影响实际上可以忽略,而传质阻力项(Cu)则成为影响柱效的主要因素,可见要提高液相色谱的柱效能,提高柱内填料装填的均匀性和减小粒度,加快传质速率是非常重要的。目前所使用的固定相,通常为 5~10 μm 的微粒,而装填技术的优劣亦将直接影响色谱柱的分离效能。

除上述影响柱效的一些因素外,对于液相色谱还应考虑到一些柱外展宽的因素,其中包括进样器的死体积和进样技术等所导致的柱前展宽,以及由柱后连接管、检测器流通池体积所导致的柱后展宽。

三、仪器及试剂

1. 仪器

高效液相色谱仪;紫外吸收检测器;C_{18}柱;微量注射器:25 μL;超声波发生器。

2. 试剂

苯、联苯和萘均为分析纯;甲醇:色谱纯;纯净水。

四、实验步骤

1. 将流动相经 0.245 μm 膜过滤,并于超声波发生器中,脱气 15 min。
2. 实验条件为检测器波长:254 nm;流动相:甲醇/水 = 88/12;流量 1 mL/min。将仪器

按照仪器的操作步骤调节至进样状态,待仪器液路和电路系统达到平衡,记录仪基线平直时,即可进样。

3. 吸取 3 μL 标准混合液进样记录色谱图,重复进样两次。

五、数据记录及处理

1. 根据实验记录苯、联苯、萘的保留时间、峰宽、半峰宽于表 5.1 中。

表 5.1 实验数据

组分	序号	t_R/min	W/min	$W_{1/2}$/min
苯	1			
	2			
	平均			
联苯	1			
	2			
	平均			
萘	1			
	2			
	平均			

2. 计算以苯为标准时的柱效。
3. 计算各组分间的分离度。

六、注意事项

1. 使用微量注射器吸样品时,要防止气泡吸入。经样品润洗过的注射器插入样品液面后,反复提拉数次,赶尽气泡,然后缓慢提升针芯吸取所需量。

2. 本实验柱温为室温即可。

七、思考题

1. 如何用实验的方法判别色谱上各色谱峰的归属?
2. 欲减小各组分的保留时间,可以改变哪些操作条件?如何改变?

实验6　可乐、茶叶中咖啡因的高效液相色谱分析

一、实验目的

1. 进一步熟悉高效液相色谱仪的使用方法。
2. 掌握标准曲线法测定咖啡因含量的方法。
3. 学习液相色谱分析用样品前处理方法。

二、实验原理

咖啡因又称咖啡碱,化学名称为1,3,7-三甲基黄嘌呤,是可从茶叶或咖啡中提取而得的一种生物碱。咖啡因能使大脑皮层兴奋,使人精神兴奋。咖啡中的咖啡因含量为1.2%~1.8%,茶叶中为2.0%~4.7%。阿司匹林、可乐饮料中均含咖啡因。其分子式为$C_8H_{10}O_2N_4$,结构式为

传统测定咖啡因含量的方法是先萃取,再用分光光度法测定。由于一些杂质也具有一定的紫外吸收,会产生误差,而且整个过程也比较烦琐。用反相色谱法测定咖啡因,是先分离,后检测,消除了杂质干扰,提高了结果的准确性。

标准曲线法也称为外标法,是液相色谱中常用的定量分析方法。将咖啡因标准品配成不同浓度的系列标准溶液,定量进样后,可以得到一系列色谱图。用峰面积或峰高为纵坐标,与之对应的浓度为横坐标绘图,可得到标准工作曲线。在相同的操作条件下,定量进试样,得到样品的色谱图,根据所得的峰面积和峰高在标准曲线上查出被测组分的含量。

三、仪器及试剂

1. 仪器

高效液相色谱仪;紫外检测器,ODS色谱柱,微量注射器;超声波脱气机;真空抽滤装置一套;容量瓶、移液管和烧杯若干。

2. 试剂

咖啡因:分析纯;甲醇:色谱纯;可乐饮料和茶叶:市售;超纯水。

四、实验步骤

1. 将实验使用的流动相进行过滤和脱气处理。
2. 开机,依次打开高压泵、检测器、工作站。调整色谱条件如下:检测器波长 254 nm,选择流动相比为甲醇:水=30:70,流动相流速为 1 mL/min,柱温为室温。
3. 溶液的配制

(1) 1.0 mg/mL 咖啡因标准储备液。准确称取 100 mg(准确至 0.1 mg)咖啡因,用配制好的流动相溶解,然后转入到 100 mL 容量瓶中,稀释至刻度,摇匀备用。

(2) 咖啡因标准系列溶液的配制。分别移取 1 mL、2 mL、3 mL、4 mL、6 mL 标准储备液于 5 个 50 mL 容量瓶中,用流动相稀释到刻度,摇匀。此系列标准溶液的浓度为 20 μg/mL、40 μg/mL、60 μg/mL、80 μg/mL 及 120 μg/mL。

(3) 试样溶液的配制。可乐饮料试样溶液的配制:将 4.00 mL 可乐饮料于 50 mL 容量瓶中,用流动相稀释至刻度,摇匀;茶叶试样溶液的配制:准确称量干燥的且经研磨成细末的茶叶 0.5 g,用新沸的开水 30 mL 冲泡,并加盖保持 10 min。移去上清液后,再次用开水冲泡 10 min。将两次清液合并于 100 mL 容量瓶中,用水定容。

4. 标准曲线的绘制。待基线走平后,取各浓度标准溶液各 20 μL 浓度由低到高顺序进样,记录峰面积和保留时间。

5. 样品的测定。将上述两种试样经 0.45 μm 滤膜过滤,然后取 20 μL 进样,记录峰面积和保留时间。

6. 实验完毕后,清洗色谱系统后,关机。

五、数据记录及处理

1. 将标准溶液及试样溶液中咖啡因的峰面积及保留时间列于表 6.1 中。

表 6.1 实验数据

测试项目	t_R/min	A/mV·s
20 μg/mL		
40 μg/mL		
60 μg/mL		
80 μg/mL		
120 μg/mL		
待测试样		

2. 用软件绘制出咖啡因峰面积-浓度标准曲线,并计算回归方程和相关系数。

3. 根据试样溶液中的咖啡因的峰面积,计算可乐饮料和茶叶中的咖啡因含量,分别用 mg/L 和 mg/kg 表示。

六、注意事项

1. 做完实验后仔细清洗色谱柱。否则,样品中的杂质会积存在色谱柱内,影响色谱柱的寿命。

2. 为获得良好的实验结果,标准溶液和样品的进样量要严格保持一致,可使用定量环进样。

3. 不同的茶叶咖啡因含量不大相同,称取的样品量可酌量增减。

七、思考题

1. 用标准曲线法定量的优缺点是什么?

2. 根据咖啡因的结构式,试分析咖啡因能用离子交换色谱法分析吗? 为什么?

实验 7　原料乳与乳制品中三聚氰胺检测

一、实验目的

1. 掌握测定三聚氰胺时乳及乳制品试样的前处理方法。
2. 掌握三聚氰胺的检测方法。

二、实验原理

乳及乳制品试样用三氯醋酸溶液-乙腈提取,再经阳离子交换固相萃取柱净化后,用高效液相色谱测定,外标法进行定量。

三、仪器及试剂

1. 仪器

液相色谱仪:配有紫外检测器或二极管阵列检测器;分析天平:感应量为 0.000 1 g;离心机:转速不低于 4 000 r/min;超声波水浴;具塞塑料离心管:50 mL;微孔滤膜:0.2 μm;阳离子交换萃取柱:基质为苯磺酸化的聚苯乙烯-二乙烯基苯高聚物。

2. 试剂

三聚氰胺标准品:纯度大于 99.0%;甲醇:色谱纯;乙腈:色谱纯;氨水:含量为 25% ~ 28%;三氯醋酸:分析纯;柠檬酸:分析纯;辛烷磺酸钠:色谱纯;定性滤纸;氮气:高纯;醋酸锌:219 g/L;甲醇水溶液:1+1;三氯醋酸溶液:1% 溶液;5% 氨化甲醇:量取 5 mL 氨水和 95 mL 甲醇混匀;离子对试剂缓冲液:准确称取 2.10 g 柠檬酸和 2.16 g 辛烷磺酸钠,加入约 980 mL 水溶解,用 NaOH 溶液调节溶液的 pH 值为 3.0 后,定容至 1 L;阳离子交换固相萃取柱:水为 GB/T 6682 规定的一级水。

四、实验步骤

1. 三聚氰胺标准储备液的配制。准确称取 100 mg 三聚氰胺标准品于 100 mL 容量瓶中,用 1+1 甲醇水溶液溶解并稀释至刻度。配制成 1 mg/mL 的标准储备液,于 4 ℃下避光保存。

2. 标准系列溶液的配制。用流动相将三聚氰胺储备液逐级稀释到浓度为 0.1 μg/mL、0.5 μg/mL、1.0 μg/mL、5.0 μg/mL、10.0 μg/mL 和 20.0 μg/mL 的标准工作液,经微孔滤膜过滤后,备用。

3. 样品的处理。称取液态或奶粉试样 2 g(精确至 0.000 1 g)于具塞塑料离心管中,加入 15 mL 三氯醋酸溶液和 5 mL 乙腈,加入 2 mL 219 g/L 的醋酸锌,超声提取 10 min,再振荡提取 10 min 后,以不低于 4 000 r/min 的转速离心 10 min,上清液经三氯醋酸溶液润湿的滤纸过滤后,用三氯醋酸溶液定容至 25 mL。移取 5 mL 滤液,在滤液中加入 5 mL 水混匀后做待净化液。

4. 固相萃取柱的活化。使用前依次用 3 mL 甲醇、5 mL 水活化。

5. 净化。将 5 mL 待净化液转移至固相萃取柱中。依次用 3 mL 水和 3 mL 甲醇洗涤,抽至近干,用 6 mL 氨化甲醇溶液进行洗脱。整个固相萃取过程流速不应超过 1 mL/min。洗脱液于 50 ℃ 下用氮气吹干,残留物用 1 mL 流动相定容,旋涡振荡混合 1 min 后,经微孔滤膜过滤,供 HPLC 测定。

6. 三聚氰胺测试条件。色谱柱:C_{18}柱;流动相:离子对试剂缓冲液/乙腈 = 90/10;流速:1.0 mL/min;柱温:40 ℃;检测波长:240 nm;进样量:20 μL。

7. 将三聚氰胺系列标准溶液和待测样品在上述条件下进样,记录数据。

五、数据记录及处理

1. 记录实验数据于表 7.1 中。

表 7.1 实验数据

测试项目	0.1 μg/mL	0.5 μg/mL	1.0 μg/mL	5 μg/mL	10 μg/mL	20 μg/mL	待测样品
峰面积/(mV·s)							

2. 以峰面积-浓度作图,得到标准曲线回归方程。计算待测样品溶液的浓度。

3. 用下式计算样品中三聚氰胺的含量,用 mg/kg 表示。

$$X = \frac{c \times V}{m} \times f$$

式中　X——试样中三聚氰胺的含量,mg/kg;

　　　c——待测样品溶液中三聚氰胺的浓度,μg/mL;

　　　V——样液最终定容体积,mL;

　　　m——试样的质量,g;

　　　f——稀释倍数。

六、注意事项

1. 若样品中脂肪含量较高,可以用三氯醋酸饱和的正乙烷液-液分配除脂后再用固相萃取柱净化。

2. 固相萃取柱使用前必须活化。

3. 本方法的定量限于 2 mg/kg。

七、思考题

请查找资料试将该法与其他测定三聚氰胺的含量方法作比较。

实验 8　婴幼儿食品和乳品中烟酸和烟酰胺的测定

一、实验目的

1. 掌握烟酸和烟酰胺的测定方法。
2. 掌握烟酸和烟酰胺测定时样品的前处理方法。

二、实验原理

试样经热水提取、酸性沉淀蛋白后,以 C_{18} 色谱柱分离,用紫外检测器定量。本方法适用于婴幼儿食品和乳品中烟酸和烟酰胺的测定。

三、仪器及试剂

1. 仪器

液相色谱仪:带紫外检测器;pH 计:精度为 0.01;超声波振荡器;天平:感应量为 0.1 mg;培养箱:30~80 ℃;烟酸和烟酰胺:含量大于 99.0%。

2. 试剂

淀粉酶:酶活力≥1.5 U/mg;浓盐酸:分析纯;氢氧化钠:分析纯;高氯酸:体积分数为 60%;甲醇:色谱纯;异丙醇:色谱纯;庚烷磺酸钠:优级纯;水:GB/T 6682 规定的一级水。

四、实验步骤

1. 标准溶液的配制。

(1) 烟酸及烟酰胺标准储备液的配制。称取烟酸及烟酰胺标准品各 0.1 g(精确到 0.000 1 g),分别置于 100 mL 容量瓶中,用水溶解定容,此溶液的浓度为 1.0 mg/mL。

(2) 烟酸及烟酰胺混合标准中间液的配制。分别准确吸取烟酸及烟酰胺标准储备液 2.0 mL 至 50 mL 容量瓶中,用水定容,此溶液的浓度为 40 μg/mL。临用前配制。

(3) 烟酸及烟酰胺混合标准系列测定液。分别准确吸取烟酸及烟酰胺混合标准中间液 0.0 mL、1.0 mL、2.0 mL、5.0 mL、10.0 mL,至 50 mL 容量瓶中用水定容。该标准系列浓度分别为 0.0 μg/mL、0.8 μg/mL、1.6 μg/mL、4.0 μg/mL、8.0 μg/mL。临用前配制。

2. 试样的预处理。

(1) 含淀粉的试样的处理。称取混合均匀固体试样 5.0 g(精确到 0.000 1 g),加入 45~50 ℃ 的水约 25 mL,或称取混合均匀液体试样 20.0 g(精确到 0.000 1 g)于 150 mL 锥形瓶中,再加入约 0.5 g 淀粉酶,摇匀后向锥形瓶中充氮气,盖上瓶塞,置于 50~60 ℃ 的培养箱内培养约 30 min 后,取出冷却至室温。

(2)不含淀粉试样的处理。称取混合均匀固体试样 5.0 g(精确到 0.000 1 g)加入 45~50 ℃的水约 25 mL,或称取混合均匀液体试样 20.0 g(精确到 0.000 1 g)于 150 mL 锥形瓶中,振摇,静置 5~10 min,充分溶解,并冷却至室温。

(3)提取。将上述锥形瓶置于超声波振荡器中振荡约 10 min。

(4)沉淀及定容。待试样溶液降至室温后,用 2.4 mol/L 盐酸(移取 10 mL 盐酸于 50 mL 容量瓶中,用水定容)调节试样溶液的 pH 值为 1.7±0.1,放置约 2 min,再用 2.5 mol/L 的氢氧化钠(称取 5.0 g 氢氧化钠于 50 mL 容量瓶中,用水定容)调节试样溶液的 pH 值至 4.5±0.1。将试样溶液转至 50 mL 容量瓶中,用水反复冲洗锥形瓶,洗液合并于 50 mL 容量瓶中,用水稀释至刻度,混匀后经滤纸过滤,滤液再经 0.45 μm 微孔膜加压过滤,即为试样待测液。

3. 色谱条件。C_{18}柱:(粒径 5 μm,150 mm×4.6 mm)或具有同等性能的色谱柱;流动相:甲醇 70 mL,异丙醇 20 mL,庚烷磺酸钠 1 g,用 910 mL 水溶解并混匀后,用高氯酸调节 pH 值至 2.1±0.1,再经 0.45 μm 滤膜过滤;流速:1.0 mL/min。检测波长:261 nm;柱温:25 ℃;进样量:10 μL。

4. 标准曲线的绘制。将烟酸及烟酰胺混合标准测定液依次进行色谱测定。记录各组分的色谱峰面积或峰高,以峰面积或峰高为纵坐标,以标准测定液的浓度为横坐标,绘制标准曲线。

5. 试样的测定。将试样待测液进行色谱测定。记录各组分色谱峰面积或峰高,根据标准曲线计算出试样待测液中烟酸及烟酰胺各组分的浓度 c_i。

五、数据记录及处理

1. 记录实验数据于表 8.1 中。

表 8.1 实验数据

测试项目	0.00 μg/mL	0.80 μg/mL	1.60 μg/mL	4.00 μg/mL	8.00 μg/mL	待测液
$A_{烟酸}$/(mV·s)						
$A_{烟酰胺}$/(mV·s)						

2. 按下式计算试样中烟酸或烟酰的含量。

$$X_{1或2} = \frac{c_i \times V \times 100}{m}$$

式中 $X_{1或2}$——试样中烟酸或烟酰胺的含量,μg/100 g;
   m——试样的质量,g;
   c_i——试样待测液中烟酸或烟酰胺的浓度,μg/mL;
   V——试样溶液的体积,mL。

3. 按下式计算试样中维生素烟酸总含量。

$$X = X_1 + X_2$$

式中 X——试样中维生素烟酸的总含量,μg/100 g;
   X_1——试样中烟酸的含量,μg/100 g;

X_2—— 试样中烟酰胺的含量,μg/100 g。

六、注意事项

1. 试样待测液必须经滤膜过滤。
2. 同一试样两次测定值之差不得超过平均值的10%。

七、思考题

查找资料并简述微生物法测定烟酸和烟酰胺的原理。

实验9 婴幼儿食品和乳品中维生素 A、D、E 的测定

一、实验目的

1. 掌握维生素 A、D、E 的测定方法。
2. 掌握维生素 A、D、E 测定时样品的前处理方法。

二、实验原理

试样皂化后,经石油醚萃取,维生素 A、E 用反相色谱法分离,外标法定量;维生素 D 用正相色谱法净化后,反相色谱法分离,外标法定量。

三、仪器及试剂

1. 仪器

高效液相色谱仪:带紫外检测器;旋转蒸发器;恒温磁力搅拌器:20~80 ℃;氮吹仪;离心机:转速≥5 000 r/min;培养箱:60±2 ℃;天平:感应量为 0.1 mg。

2. 试剂

α-淀粉酶:酶活力≥1.5 U/mg;无水硫酸钠:分析纯;异丙醇:色谱纯;石油醚:沸程为 30~60 ℃;甲醇:色谱醇;正己烷:色谱纯;维生素 C 的乙醇溶液:15 g/L;氢氧化钾溶液:称取固体氢氧化钾 250 g,加入 200 mL 水溶解。

四、实验步骤

1. 维生素 A、D、E 标准溶液的配制。

(1)维生素 A 标准储备液(视黄醇)。精确称取 10 mg 的维生素 A 标准品,用乙醇溶解并定容于 100 mL 棕色容量瓶中,此标准储备液的浓度为 100 μg/mL。

(2)维生素 E 标准储备液(α-生育酚)。精确称取 50 mg 的维生素 E 标准品,用乙醇溶解并定容于 100 mL 棕色容量瓶中,此标准储备液的浓度为 500 μg/mL。

(3)维生素 D_2 标准储备液。精确称取 10 mg 的维生素 D_2 标准品,用乙醇溶解并定容于 100 mL 棕色容量瓶中,此标准储备液的浓度为 100 μg/mL。

(4)维生素 D_3 标准储备液。精确称取 10 mg 的维生素 D_3 标准品,用乙醇溶解并定容于 100 mL 棕色容量瓶中。此标准储备液的浓度为 100 μg/mL。

上述维生素 A、D、E 标准储备液均须在-10 ℃ 以下避光储存。

2. 试样的预处理。

(1)含淀粉的试样。称取混合均匀的固体试样 5 g 或液体试样 50 g(精确至 0.1 mg)

于 250 mL 锥形瓶中,加入 α-淀粉酶 1 g,固体试样需用 50 mL 45~50 ℃水使其溶解,混合均匀后充氮气,盖上瓶塞,置于(60±2) ℃的培养箱内培养 30 min。

(2)不含淀粉的试样。称取混合均匀的固体试样 10 g 或液体试样 50 g(精确至 0.1 mg)于 250 mL 锥形瓶中,固体试样需用 50 mL 45~50 ℃水使其溶解,混合均匀。

3. 待测液的制备。

(1)皂化。在上述处理的试样溶液中加入 100 mL 维生素 C 的乙醇溶液,充分混匀后加 25 mL 氢氧化钾溶液混匀。放入磁力搅拌棒,充氮气排出空气,盖上塞。在 1 000 mL 的烧杯中加入 300 mL 的水,将烧杯放在恒温磁力搅拌器上,当水温控制在(53±2) ℃时,将锥形瓶放入烧杯中,磁力搅拌皂化液约 45 min 后取出立刻冷却至室温。

(2)提取。用少量水将皂化液转入 500 mL 分流漏斗中,加入 100 mL 石油醚,轻轻摇动,排气后盖好塞,室温下振荡 10 min 后静置分层,将水相转入另一 500 mL 分液漏斗中,按上述的方法进行第二次萃取。合并醚液后,用水洗至近中性。醚液通过无水硫酸钠过滤脱水,滤液收至 500 mL 圆底烧瓶中,于(40±2) ℃旋转蒸发器上、充氮气条件下蒸至近干(绝不允许蒸干)。残渣用石油醚转移至 10 mL 容量瓶中,定容。

(3)从上述容量瓶中移取 2.0 mL 石油醚溶液放入试管 A 中,再移取 7.0 mL 石油醚放入试管 B 中,将试管置于(40±2) ℃的氮吹仪中吹干。向试管 A 中加入 5.0 mL 甲醇,振荡溶解残渣。向试管 B 中加入 2.0 mL 正已烷振荡溶解残渣。再将两试管以不低于 5 000 r/min 的速度离心分离 10 min,取出试管静置至室温后待测。A 试管用来测定维生素 A、E,B 试管用来测定维生素 D。

4. 维生素 A、E 的测定。

(1)色谱参考条件。色谱柱:C_{18}柱,250 mm×4.6 mm,5 μm,或具同等性能的色谱柱;流动相:甲醇;流速:1.0 mL/min;检测波长:325 nm(维生素 A),294 nm(维生素 E)。柱温:(35±1) ℃;进样量 20 μL。

(2)维生素 A、E 标准曲线的绘制。分别吸取维生素 A 标准储备溶液 0.50 mL、1.00 mL、1.50 mL、2.00 mL、2.50 mL 于棕色容量瓶中,用乙醇定容到刻度,混匀。此标准系列工作液浓度分别为 1.00 μg/mL、2.00 μg/mL、3.00 μg/mL、4.00 μg/mL、5.00 μg/mL;分别吸取维生素 E 标准储备液 1.00 mL、2.00 mL、3.00 mL、4.00 mL、5.00 mL 于 50 mL 棕色容量瓶中,用乙醇定容到刻度,混匀。此标准系列工作液浓度分别为 10.0 μg/mL、20.0 μg/mL、30.0 μg/mL、40.0 μg/mL、50.0 μg/mL。分别将上述标准工作液注入液相色谱仪中,得到峰面积或峰高。以峰面积或峰高为纵坐标,以维生素 A、E 标准工作液的浓度为横坐标绘制维生素 A、E 的标准曲线。

(3)维生素 A、E 试样的测定。将试管 A 中试液注入液相色谱仪,得到峰面积或峰高,根据各自标准曲线得到待测溶液中维生素 A、E 的浓度。

5. 维生素 D 的测定。

(1)维生素 D 待测液的净化。

①色谱条件。硅胶柱,150 mm×4.6 mm,或具同等性能的色谱柱;流动相:环己烷与正已烷按体积比 1∶1 混合,并按体积分数 0.8% 加入异丙醇;流速:1 mL/min;检测波长:264 nm;柱温:35 ℃;进样体积:500 μL。

②将 50 μL 标准维生素 D 溶液(此标准液用正己烷溶解)注入液相色谱仪中测定,确定维生素 D 的保留时间。然后将 500 μL 试样溶液(试管 B 中)注入液相色谱仪中,根据维生素 D 标准液保留时间收集待测液于试管 C 中。将试管 C 置于 40 ℃的氮吹仪中吹干,取出准确加入 1.0 mL 甲醇溶解,即为维生素 D 待测液。

(2)维生素 D 待测液的测定。

①色谱条件。C_{18} 柱,250 mm×4.6 mm,5 μm,或具有同等性能的色谱柱;流动相:甲醇;流速:1 mL/min;柱温:(35±1) ℃;检测波长:264 nm;进样体积:100 μL。

②标准曲线的绘制。分别准确吸取维生素 D_2 或 D_3 标准储备液 0.20 mL、0.40 mL、0.60 mL、0.80 mL、1.00 mL 于 100 mL 棕色容量瓶中,用乙醇定容至刻度混匀。此标准系列工作液的浓度分别为 0.200 μg/mL、0.400 μg/mL、0.600 μg/mL、0.800 μg/mL、1.000 μg/mL。分别将维生素 D_2 或 D_3 标准工作液注入液相色谱仪中,得到峰面积或峰高。以峰面积或峰高为纵坐标,经维生素 D_2 或 D_3 标准工作液浓度为横坐标分绘制标准曲线。

③试样的测定。吸取维生素 D 待测液(C 试管中)100 μL 注入液相色谱仪中,得峰面积或峰高,根据标准曲线得到维生素 D 待测液中维生素 D_2 或 D_3 的浓度。

五、数据记录及处理

1.记录实验数据于表 9.1~表 9.3 中。

表 9.1 维生素 A 的测定

测试项目	1.00 μg/mL	2.00 μg/mL	3.00 μg/mL	4.00 μg/mL	5.00 μg/mL	试样待测液
峰面积 mV·S						

表 9.2 维生素 E 的测定

测试项目	10.0 μg/mL	20.0 μg/mL	30.0 μg/mL	40.0 μg/mL	50.0 μg/mL	试样待测液
峰面积 mV·S						

表 9.3 维生素 D 的测定

测试项目	0.200 μg/mL	0.400 μg/mL	0.600 μg/mL	0.800 μg/mL	1.000 μg/mL	试样待测液
峰面积 mV·S						

2.按下式计算试样中维生素 A 的含量。

$$X = \frac{c_s \times 10/2 \times 5 \times 3.33 \times 100}{m}$$

式中 X——试样中维生素 A 的含量,IU/100 g;

c_s——从标准曲线得到的维生素 A 待测液的浓度,μg/mL;

m——试样的质量,g;

3.33——微克转换成国际单位的系数。

3.按下式计算试样中维生素 D 的含量。

$$X = \frac{c_s \times 10/7 \times 2 \times 2 \times 40 \times 100}{m}$$

式中　X——试样中维生素 D 的含量,IU/100 g;
　　　c_s——从标准曲线得到的维生素 A 待测液的浓度,μg/mL;
　　　m——试样的质量,g;
　　　40——微克转换成国际单位的系数。

注:试样中的维生素 D 含量是维生素 D_2 和 D_3 含量的总和。

4. 按下式计算试样中维生素 E 的含量。

$$X = \frac{c_s \times 10/2 \times 5 \times 2 \times 1.01 \times 100}{m \times 100}$$

式中　X——试样中维生素 E 的含量,IU/100 g;
　　　c_s——从标准曲线得到的维生素 E 待测液的浓度,μg/mL;
　　　m——试样的质量,g;
　　　1.01——毫克转换成国际单位的系数。

六、注意事项

同一试样两次测定值之差不得超过平均值的 10%。

七、思考题

简述维生素 A、D、E 的性质与功用。

实验 10　火焰原子吸收光谱法测定水中的铜

一、实验目的

1. 了解并掌握原子吸收分光光度计工作原理、仪器结构和使用方法。
2. 掌握原子吸收分光光度计定量依据及定量方法。

二、实验原理

在锐线光源条件下,基态原子蒸气对共振线的吸收符合朗伯-比尔定律

$$A = \lg \frac{I_0}{I} = KLN_0 \tag{10.1}$$

式中　A——吸光度;

　　　I_0——入射光强度;

　　　I——原子吸收后透射光强度;

　　　K——吸收系数;

　　　L——辐射光穿过原子蒸气的光程长度;

　　　N_0——基态原子的密度。

试样在原子化时,火焰温度低于 3 000 K 时,对于大多数元素来说,原子蒸气中基态原子的数目上接近原子总数。在固定的条件下,待测元素的原子总数与该元素在试样中的浓度成正比,即

$$A = K'c \tag{10.2}$$

式(10.2)为原子吸收光谱法进行定量分析的依据。常用定量分析方法有标准曲线法、标准加入法等。样品的原子化方法有火焰法和石墨炉法。本实验采用火焰法。实验中选用乙炔为燃气,空气为助燃气。

标准曲线法关键在于绘制标准曲线,其方法是:先配制一系列浓度合适的标准溶液,在最佳测定条件下,由低浓度到高浓度依次测定它们的吸光度,然后以吸光度(A)为纵坐标,标准溶液的浓度(c)为横坐标,绘制出吸光度(A)-浓度(c)的标准曲线。再在与绘制标准曲线相同的条件下测定样品的吸光度,利用标准曲线以内插法求出被测元素的浓度。

标准曲线是否呈线性受很多因素的影响。在分析过程中,必须保持标准溶液和试液的性质及组成接近,设法消除干扰,选择最佳条件,保证测定条件一致的情况下才能得到良好的标准曲线和准确的分析结果。原子吸收法标准曲线的斜率常可能有微小的变化,这是由于喷雾效率和火焰状态的微小变化而引起的,所以每次进行测定时,即使设定参数没有改变,也应重新制作标准曲线。

三、仪器及试剂

1. 仪器

火焰原子吸收分光光度计;乙炔钢瓶;空气压缩机;铜空心阴极灯;烧杯、50 mL 容量瓶、10 mL 吸量管若干。

2. 试剂

铜标准溶液:10 μg/mL;稀硝酸:2+100;去离子水。

四、实验步骤

1. 铜系列标准溶液的配制。用 10 mL 吸量管分别吸取浓度为 10 μg/mL 的铜标准溶液 0.00 mL、1.00 mL、2.00 mL、3.00 mL 和 4.00 mL 于 50 mL 容量瓶中(编号为 0 ~ 4 号),用稀硝酸稀释至刻度,摇匀。

2. 待测水样的配制。用 10 mL 吸量管吸取 5.00 mL 水样于 50 mL 容量瓶中,用稀硝酸稀释至刻度,摇匀。

3. 仪器最佳条件的选择。按操作规范要求开机,联机自检,选择波长,用待测水样调试仪器至最佳工作状态。

4. 吸光度的测定。待仪器稳定后,在相同条件下,用去离子水校零,分别测定系列标准溶液和样品溶液的吸光度。

五、数据记录及处理

1. 实验记录(表 10.1)

表 10.1　实验数据

编号	0	1	2	3	4	待测样品
浓度						
吸光度 A						

2. 以吸光度为纵坐标,铜的浓度为横坐标,绘制铜的标准曲线。

3. 计算水样中铜的浓度。

六、注意事项

1. 标准溶液和待测水样,浓度要适当,尽量使它们的吸光度在 0.1 ~ 0.5 范围之内。

2. 测定样品溶液时,每次测完一个溶液后,应用去离子水冲洗后,再测下一个溶液。

七、思考题

1. 标准曲线法适合何种情况下的分析?如试样成分比较复杂,是否也可以用同样的方法来测定?

2. 原子吸收分光光度法中,吸光度与样品的浓度之间关系如何?当试样浓度较大时将如何处理?

3. 画出原子吸收分光光度计结构示意图。

实验 11　原子吸收光谱法测定奶粉中的钙、镁含量

一、实验目的

1. 掌握原子吸收光谱法测定食品中微量元素的方法。
2. 学习食品试样的前处理方法。

二、实验原理

原子吸收光谱法是测定试样中金属元素的常用方法。测定食品中的微量金属元素时,首先要将试样进行消解处理,除去有机物质使金属元素以离子的状态存在。试样可以用湿法消解,即用强氧化酸消解成溶液;也可以用干法消解,即在 400~500 ℃ 的马弗炉中高温灰化,再将灰分溶解在硝酸或盐酸中制成溶液。

本实验将样品经湿法消化,然后测定其中的 Ca 和 Mg 元素含量。测定时需加入镧作为释放剂,以消除磷酸根等干扰。

三、仪器及试剂

1. 仪器

原子吸收分光光度计;钙和镁空心阴极灯;容量瓶若干;吸量管若干;钢瓶乙炔气和空气压缩机;微波消解炉。

2. 试剂

硝酸:1+1;盐酸:1+4;2% 盐酸:2mL 浓 HCl+98 mL 水;浓硝酸;50 g/L 镧溶液:称取 2.932 g 氧化镧,用 5 mL 去离子水湿润后,慢慢地添加 13 mL 浓盐酸使氧化镧溶解后,用去离子水稀释至 50 mL;2% 镧溶液:取 50 g/L 的镧溶液 2.0 mL,用水定容至 100 mL;实验用水为去离子水,试剂均为优级纯。

四、实验步骤

1. 溶液的配制。

(1) 钙标准储备液的配制。称取干燥的碳酸钙(相对分子质量为 100.05,光谱纯) 2.469 3 g,用盐酸(1+4)100 mL 溶解,并定容于 1 000 mL 容量瓶中,浓度为 1 000 μg/mL。

(2) 镁标准储备液的配制。称取纯镁(光谱纯)1.000 g,用硝酸(1+1)40 mL 溶解,用水定容于 1 000 mL 容量瓶中,浓度为 1 000 μg/mL。

(3) 钙、镁离子标准中间液的配制。吸取上述钙标准储备液 10 mL 于 100 mL 容量瓶中,用体积比为 2% 的盐酸定容。吸取镁标准储备液 1.0 mL 于 100 mL 容量瓶中,用体积比为 2% 的盐酸定容,得到中间液,钙浓度为 100.0 μg/mL,镁浓度为 10.0 μg/mL。

(4)钙、镁标准混合液的配制。分别吸取钙标准中间液 1.0 mL、2.0 mL、3.0 mL、4.0 mL、5.0 mL 和镁标准中间液 0.5 mL、1 mL、1.5 mL、2 mL、2.5 mL 于 50 mL 容量瓶中,加 1 mL 50 g/L 镧溶液,用 2% 盐酸定容。此标准混合溶液中钙的浓度为 2 μg/mL、4 μg/mL、6 μg/mL、8 μg/mL 和 10 μg/mL,镁的浓度为 0.1 μg/mL、0.2 μg/mL、0.3 μg/mL、0.4 μg/mL 和 0.5 μg/mL。

2. 样品处理。

精确称取 0.500 g 样品于微波消解专用内杯中,加入浓硝酸 5 mL,在 180 ℃ 电子控温加热板上消解,直至没有大量 NO_2 黄烟冒出,约预处理 30 min,冷却后加入 1 mL H_2O_2,并保证杯内溶液大于 4 mL,放入微波消解专用外杯中,旋紧盖子,放入微波消解仪中,设定消解参数后消解数分钟。取出冷却至室温,将内杯置于电热板上加热赶酸至 1~2 mL,将赶酸后的溶液全部移入 50 mL 容量瓶中,用蒸馏水冲洗内杯两次,将冲洗液一并转入 50 mL 容量瓶中,定容。然后从 50 mL 的样液中吸取 5 mL 到 50 mL 容量瓶中,再加 50 g/L 镧溶液 1 mL,用水定容,待测。同样方法处理和测定一份空白溶液。

3. 标准曲线的绘制和样品溶液测定。

按照仪器说明书将仪器工作条件调整到最佳状态,选择 Mg 灯为工作灯,预热 Ca 灯。选用 Mg 元素吸收线 285.2 nm,点火,用毛细管吸喷 2% 镧溶液调零,分别测定混合标准系列溶液和空白溶液、样品溶液中 Mg 离子的吸光值。交换工作灯,选用 Ca 吸收线 422.7 nm,采用同样步骤测定标准系列溶液或空白溶液、样品溶液的吸光值。

五、数据记录及结果

1. 以标准系列混合液浓度为横坐标,对应的吸光度为纵坐标绘制 Ca 和 Mg 标准曲线。
2. 用内插法求出样品溶液中 Ca 和 Mg 元素的含量(μg/mL)。
3. 奶粉中钙、镁的含量按下式计算

$$X = \frac{(c_1 - c_2) \times V \times f}{m \times 1\,000} \times 100$$

式中　　X——试样中各元素的含量,mg/100 g;
　　　　c_1——测定液中元素的浓度,μg/mL;
　　　　c_2——测定空白液中元素的浓度,μg/mL;
　　　　V——样液体积,mL;
　　　　f——样液稀释倍数;
　　　　m——试样的质量,g。

六、注意事项

如果样品中 Ca 和 Mg 元素的含量较低,可以适当地增加取样量。

七、思考题

1. 稀释后的标准溶液为什么只能放置较短的时间,而储备液则可以放置较长的时间?
2. 测定钙的含量时,为什么要加入镧溶液?

实验 12　微波消解原子荧光法测定食品中的砷

一、实验目的

1. 熟悉原子荧光分光光度计的结构和使用方法。
2. 掌握原子荧光分光光度计的基本原理。
3. 掌握荧光法测定食品中砷的方法。

二、实验原理

食品试样经湿消解或干灰化后,加入硫脲使五价砷预还原为三价砷,再加入硼氢化钠或硼氢化钾使之还原生成砷化氢,由氩气载入石英原子化器分解为原子态砷,在特制砷空心阴极灯的发射光激发下产生原子荧光,当实验条件固定时,其荧光强度 I_f 与被测液中的砷浓度 c 成正比。这是原子荧光光谱法的定量基础。原子荧光强度与待测元素浓度之间的线性关系只有低浓度时才成立,所以该方法是痕量元素的分析方法。

三、仪器及试剂

1. 仪器

原子荧光光度计:3100 型;压力自控密闭微波消解系统。

2. 试剂

砷标准储备液(1 000 μg/mL):砷标准工作液(0.1 μg/mL);预还原剂:50 g/L 硫脲,用时配制;硼氢化钾溶液:称取 3.000 g 硼氢化钾,0.5 g 氢氧化钠于 250 mL 烧杯中,加 100 mL 超纯水溶解,转移至塑料瓶中,用时配制;浓硝酸、浓盐酸、30% 过氧化氢、氢氧化钠均为优级纯;试验用水:超纯水;样品:珍珠粉。

四、实验步骤

1. 原子荧光光度计工作条件。

光电倍增管负高压:250 V;砷空心阴极灯电流:50 mA;辅助电流:50 mA;氩气流速:载气 600 mL/min,屏蔽 800 mL/min。

2. 微波消解系统工作条件。

设定 4 个工步:1 工步,压力为 0.5 MPa,时间为 2 min;2 工步,压力为 1.0 MPa,时间为 2 min;3 工步,压力为 1.5 MPa,时间为 2 min;4 工步,压力为 2.0 MPa,时间为 2 min。

3. 标准溶液的配制和测定。

分别吸取砷标准工作液 0.00 mL、0.5 mL、1.00 mL、2.00 mL、3.00 mL、4.00 mL 于 50 mL 容量瓶中,加入 5 mL 预还原剂,10 mL 盐酸(1+1)混匀。用超纯水稀释至刻度摇

匀。砷标准系列浓度分别为 0.0 ng/mL、1.0 ng/mL、2.0 ng/mL、4.0 ng/mL、6.0 ng/mL、8.0 ng/mL,放置 20 min 后进行测定。

4. 试样的制备与测定。

准确称取样品 0.500 g 于微波消解专用杯内,加入浓硝酸 5 mL、30% 过氧化氢 2 mL,在 150 ℃ 的电子控温加热板上加热 30 min 稍冷后,旋紧盖子,放入微波消解仪中消解 8 min。取出冷却至室温,将内杯置于电热板上加热赶酸至 1~2 mL,将赶酸后的溶液全部移入 25 mL 容量瓶中,用超纯水冲洗内杯两次,将冲洗液一并转入 25 mL 容量瓶中,向容量瓶中加入 2.5 mL 预还原剂,再加入 5 mL 盐酸(1+1),用超纯水定容到刻度摇匀,测定,同时用相同方法做空白溶液和测定。

五、数据记录及处理

1. 根据实验将数据记录于下表 12.1 中。

表 12.1 实验数据

测试项目	0.0 ng/mL	1.0 ng/mL	2.0 ng/mL	4.0 ng/mL	6.0 ng/mL	8.0 ng/mL	待测样品
吸光度 A							

2. 绘制砷系列浓度标准曲线。
3. 根据下式计算样品中砷的含量。

$$X = \frac{c_1 - c_2}{m} \times \frac{V}{1\ 000}$$

式中　　X——样品中砷含量,mg/kg;
　　　　c_1——样液中砷含量,ng/mL;
　　　　c_2——试剂空白砷含量,ng/mL;
　　　　m——试样的质量,g;
　　　　V——样品定容的体积,mL。

六、注意事项

湿消解法在重复条件下获得的两次独立测定结果的绝对差值不得超过算术平均值的 10%。

七、思考题

1. 氢化物原子荧光法有什么特点?
2. 画出仪器结构示意图。

实验 13 有机化合物紫外吸收光谱的绘制和应用

一、实验目的

1. 了解紫外-可见分光光度计的构造和使用方法。
2. 熟悉有机化合物的主要电子跃迁的类型。
3. 学习有机化合物紫外吸收光谱的绘制方法。

二、实验原理

具有不饱和结构的有机化合物,特别是芳香族的化合物,在近紫外区(200~400 nm)有特征吸收,为鉴定有机化合物提供了有用的信息。苯具有 E_1,E_2 和 B 三个吸收带,其中 E_1 和 E_2 带是 $\pi \rightarrow \pi^*$ 跃迁引起的,E_1 带:λ_{max} = 180 nm(ε = 60 000 L·cm^{-1}·mol),E_2 带:λ_{max} = 204 nm(ε = 8 000 L·cm^{-1}·mol),两者都属于强吸收带。B 带出现在 230~270 nm 之间,是价电子 $\pi \rightarrow \pi^*$ 跃迁和苯环振动叠加的结果。在气态或非极性溶液中,苯及其许多同系物的 B 带有许多精细结构。在极性溶液中,这些精细结构则减弱或消失。当苯环上有取代基时,苯的三个吸收峰都将发生显著变化,苯的 B 带显著红移,并且稠环芳烃均显示苯的三个吸收带,但是均发生红移且吸收强度增加。

溶剂的极性对有机化合物紫外吸收光谱有一定的影响。当溶剂的极性由非极性变化到极性时,精细结构就会消失,吸收带变平滑。这是由于未成键电子对的溶剂化作用降低了 n 轨道的能量,使得 n $\rightarrow$ π^* 跃迁产生的吸收带发生了紫移,而 $\pi \rightarrow \pi^*$ 跃迁产生的吸收带则发生了红移。

三、仪器及试剂

1. 仪器

紫外-可见分光光度计:UV-2120 型;石英比色杯:1.0 cm。

2. 试剂

苯,甲苯,苯酚,苯甲酸,苯胺,环乙烷,正己烷,乙醇,均为光谱纯。

四、实验步骤

1. 溶液的配制。苯的环己烷溶液:1∶250;甲苯的环己烷溶液:1∶250;苯酚的环己烷溶液:0.3 g/L;苯甲酸的环己烷溶液:0.8 g/L;苯胺的环己烷溶液:1∶3 000。
2. 苯、苯取代物吸收光谱的测绘。在 5 个 10 mL 具塞比色管中分别加入苯、甲苯、苯酚、苯甲酸、苯胺的环己烷溶液 1.0 mL,用环己烷稀释至刻度,摇匀。用石英比色杯以环己烷作为参比,分别对苯、甲苯、苯酚、苯甲酸、苯胺溶液,从 220~350 nm 进行扫描,绘制出相应的吸收光谱(曲线)。观察各吸收光谱的图形,找出每种物质的最大吸收波长(λ_{max},)并指出苯的特征峰红移了多少。

3. 乙醇中杂质苯的检查。以纯乙醇为参比,在 230~350 nm 波长范围内扫描乙醇试样,绘制 λ-A 吸收曲线。根据吸收曲线判断乙醇试样中是否有苯。

五、数据记录及处理

1. 绘制苯、甲苯、苯酚、苯甲酸、苯胺的吸收光谱。
2. 观察比较苯、甲苯、苯酚、苯甲酸、苯胺的吸收光谱,计算各取代基使苯的 λ_{max} 红移的距离。
3. 判断乙醇试样中是否有苯存在,若判断存在,请指出其理由。

六、注意事项

1. 石英比色杯每换一种溶液或溶剂时必须清洗干净,并用待测溶液或参比溶液润洗三次。
2. 本实验所用试剂均应为光谱纯或经提纯处理。

七、思考题

1. 产生紫外吸收光谱的条件是什么?
2. 苯的紫外吸收光谱中,230~270 nm 之间的较强吸收带称为什么吸收带?是由哪种跃迁产生的?
3. 请画出紫外-可见分光光度计结构的示意图。并指出每个主要部件的作用。

实验 14 紫外分光光度法测定水杨酸含量

一、实验目的

1. 学习用紫外分光光度法测定水杨酸含量的方法及原理。
2. 掌握紫外分光光度计的使用方法。

二、实验原理

水杨酸在 230~297 nm 波长附近有较强的特征吸收,因此可在紫外区直接利用标准曲线法对其准确定量。该方法无需进行显色,操作简单。

三、仪器及试剂

1. 仪器

紫外分光光度计;石英比色皿:1 cm,2 个;容量瓶:100 mL,7 支;吸量管:1 mL、2 mL、5 mL、10 mL,各 1 支。

2. 试剂

水杨酸:分析纯;未知液:浓度为 40~60 μg/mL。

四、实验步骤

1. 比色皿配套性检查。取两个石英比色皿,分别装入蒸馏水,在 220 nm 波长处,以一个比色皿为参比,调节透光比为 100%,测定另一个比色皿的透光比,其偏差应小于 0.5% 以内,可配套使用,记录第二个比色皿的吸光度值作为校正值。

2. 水杨酸标准储备溶液的配制。称取水杨酸 0.1 g(精确至 0.000 1 g),用少量水溶解,再用蒸馏水稀释至 100 mL,摇匀。此时溶液浓度为 1.0 mg/mL。

3. 水杨酸标准工作溶液的配制。吸取 10 mL 的 1.0 mg/mL 水杨酸标准溶液于 100 mL 容量瓶中,再用蒸馏水稀释至 100 mL,摇匀。此时溶液浓度为 100 μg/mL。

4. 吸收曲线的绘制。向 100 mL 容量瓶中移入 10 mL 100 μg/mL 的水杨酸标准工作溶液,再用蒸馏水稀释至 100 mL,摇匀,配制成 10 μg/mL 的待测溶液。以蒸馏水为参比,在波长在 200~350 nm 范围内测其吸光度,作吸收曲线,在曲线上查得最大吸收波长(最大吸收波长在 230~297 nm 附近)。

5. 标准曲线的绘制。准确吸取 100 μg/mL 的水杨酸标准工作溶液 0 mL、2.00 mL、4.00 mL、6.00 mL、8.00 mL,分别加入 50 mL 容量瓶中,稀释至刻度。配成不同浓度的系列标准溶液,浓度分别为 0 μg/mL、4.00 μg/mL、8.00 μg/mL、12.00 μg/mL、16.00 μg/mL,以蒸馏水为参比,在最大吸收波长处分别测出其吸光度,并填入表 14.1 内。

6.样品测定。移取 5 mL 未知液于 100 mL 容量瓶中,再用蒸馏水稀释至刻度,摇匀。以蒸馏水为参比,在最大吸收波长处测定其吸光度,由测量结果,在标准曲线上查出或计算出样品溶液的浓度。

五、数据记录及处理

1. 根据实验将数据记录于下表 14.1 中。

表 14.1　实验数据

测试项目	0 μg/mL	4.00 μg/mL	8.00 μg/mL	12.00 μg/mL	16.00 μg/mL	待测样品
吸光度 A						

2. 绘制水杨酸系列溶液标准曲线。
3. 根据未知样的稀释倍数,求出未知溶液的浓度。

六、注意事项

每改变一次波长都要用空白溶液作为参比调一次 100% 透射比。

七、思考题

1. 实验中能否用普通光学玻璃比色皿进行测定?为什么?
2. 本实验中为什么要对比色皿配套进行检查?

实验15 红外吸收光谱的测定及结构分析

一、实验目的

1. 了解红外光谱仪的工作原理及傅里叶变换红外光谱(FT-IR)仪的一般操作。
2. 学习用红外吸收光谱进行化合物的定性分析。
3. 掌握红外光谱法待测样品的制备方法。

二、实验原理

当一定频率(一定能量)的红外光照射到分子时,如果分子某基团的振动频率和外界红外辐射频率相耦合,则光的能量通过分子耦极距的变化传递给分子,这个基团就会产生振动跃迁,从而产生红外吸收光谱。用连续改变频率的红外光照射某试样,并记录分子吸收红外光情况,就会得到试样的红外吸收光谱图。

在化合物分子中,相同的基团其振动频率基本相同,所以吸收峰(简称基频峰)会出现在同一频率区域,只是由于在不同化合物分子中所处的化学环境不同,使基频峰发生一定位移。因此,掌握各种原子基团的基频峰位置及其位移规律,就可应用红外光谱来进行化合物结构分析。

要获得一张高质量的红外光谱图,除仪器本身的因素外,样品制备技术也是关键环节。如果样品处理方法不当,仪器的性能即使再好也可能得不到满意的红外光谱图。

三、仪器及试剂

1. 仪器

红外光谱仪:TENSOR-27型;压片机;可拆卸液体池;玛瑙研钵。

2. 试剂

苯甲酸:分析纯;溴化钾:光谱纯;对二甲苯:分析纯;无水乙醇或丙酮:分析纯;擦镜纸;脱脂棉。

四、实验步骤

1. 准备工作。

打开主机电源,指标灯亮,预热20 min。

(1) 点击OPUS图标,进入红外光谱仪操作软件。
(2) 设置测量参数。测试条件:频率范围:4 000~4 00 cm^{-1},分辨率为4,扫描次数为16。
(3) 点击"Basic"选项,点击"Background Single Channel",进行背景扫描。

2. 样品的制备及检测。

(1) 固体样品——苯甲酸的制备及红外光谱绘制。称取 1~2 mg 苯甲酸固体样品与 100~200 mg 干燥的 KBr 粉末，混匀，于玛瑙研钵中充分研磨（粒度小于 2 μm）。将混合粉末小心地放入到压片机模具中进行压片，压力为 10 MPa 左右，时间约为 2~3 min。取下模具，将压好的试样薄片放到红外光谱仪样品池中进行样品扫描，测绘出红外光谱图。

(2) 液体样品——对二甲苯红外光谱绘制。在一片溴化钾窗片上滴一小滴对二甲苯，然后压上盐片，然后放入液体池中，用空白盐窗做背景。将制好的样品放到红外光谱仪的样品池中，点击"Sample Single Channel"进行样品扫描测量。

3. 谱图处理。

根据所需对谱图进行处理（点击 Manipulate）。如：扣除 CO_2 和 H_2O 补偿，进行基线校正、放大谱图、谱图标准化和标峰等。

4. 将处理好的谱图进行打印，得到标准红外光谱图。

五、数据记录及处理

1. 计算苯甲酸的不饱和度。
2. 从谱图中找出苯甲酸的—COOH 和—Ar 特征吸收峰及位置（波数 $\bar{\nu}$）。

—COOH 基团：

C═O 伸缩振动 $\nu=$？ C—O 伸缩振动 $\nu=$？ O—H 伸缩振动 $\gamma=$？

—Ar 基团：

C═C 骨架振动 $\nu=$？ C—H 伸缩振动 $\nu=$？

六、注意事项

1. 研磨固体样品时应注意防潮，研磨者不要对着研钵直接呼吸。
2. 样品中不应含有游离水，水干扰试样的吸收峰面貌，损坏吸收池。
3. 样品应当是纯品，否则各组分光谱互相重叠，使谱图无法解析。
4. 样品的浓度和测试厚度要适当，一张好的光谱图，其吸收峰的透过率应都处于 20%~60% 之间。

七、思考题

1. 化合物产生红外吸收的基本条件是什么？
2. 用压片法制样时，为什么要研磨到颗粒的粒度在<2 μm？
3. 红外光谱仪用什么做光源？
4. 画出红外光谱仪结构示意图。

实验 16 红外吸收光谱测定聚乙烯膜和聚苯乙烯膜

一、实验目的

1. 学习聚乙烯和聚苯乙烯膜的红外吸收光谱的测定方法。
2. 学习图谱的解析,掌握红外吸收光谱分析基本原理。

二、实验原理

由乙烯聚合成聚乙烯过程中,乙烯的双键被打开,聚合生成长链结构,因而聚乙烯分子中原子基团是饱和的亚甲基(—CH$_2$—CH$_2$—),其红外吸收光谱如图 16.1 所示。由图 16.1 可知聚乙烯的基本振动形式有:

A. $\nu_{C-H(CH_2)}$:2 926 cm^{-1},2 853 cm^{-1};

B. $\delta_{C-H(CH_2)}$:1 468 cm^{-1};

C. $\delta_{C-H(CH_2)_n}$,750 cm^{-1}($n>4$)。

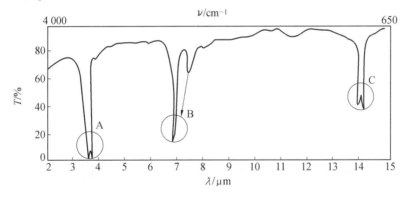

图 16.1 聚乙烯红外光谱图

由于 δ_{C-H} 1 363 cm^{-1} 和 δ_{C-H} 1 250 cm^{-1} 为弱吸收峰,因此只能观察到四个吸收峰。

在聚苯乙烯的结构中,除了亚甲基(—CH$_2$—)和次甲基(CH—)外,还有苯环上不饱和的碳氢基团(=CH—)的碳碳骨架(—C=C—),它们构成了聚苯乙烯分子中的基团基本振动形式。图 16.2 为聚苯乙烯的红外吸收光谱。由图 16.2 可知,聚苯乙烯的基本振动形式有:

A. $\nu_{=CH-}$(Ar 上):3 010 cm^{-1},3 030 cm^{-1},3 060 cm^{-1},3 080 cm^{-1}(Ar 代表苯环);

B. $\nu_{C-H(CH_2)}$:2 926 cm^{-1},2 853 cm^{-1} 和 $\nu_{C-H(CH)}$:2 955 cm^{-1};

C. δ_{C-H}:1 468 cm^{-1},1 360 cm^{-1},1 306 cm^{-1};

D. $\gamma_{C=C}$(Ar 上):1 605 cm^{-1},1 550 cm^{-1},1 450 cm^{-1};

E. δ_{C-H}(Ar 上单取代倍频峰):1 944 cm^{-1},1 871 cm^{-1},1 800 cm^{-1},1 749 cm^{-1};

F. δ_{C-H}(Ar 上邻接五氢):770~730 cm^{-1}和710~690 cm^{-1}。

可见,聚苯乙烯的红外吸收光谱比聚乙烯的复杂得多。由于聚苯乙烯是两种不同的有机化合物,因此,可以通过红外吸收光谱加以区别,进行定性鉴定和结构剖析。

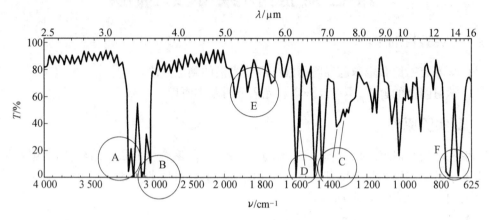

图16.2 聚苯乙烯红外光谱图

三、仪器及试剂

1. 仪器

红外光谱仪。

2. 试剂

厚度均为5 μm 的10 mm×30 mm 的聚乙烯和聚苯乙烯膜各一张。

四、实验步骤

1. 开机。预热20 min。

2. 测定参数设置。波长范围:波数4 000~650 cm^{-1};参比物:空气;扫描次数:16或32;分辨率:8 cm^{-1}或4 cm^{-1}。

3. 试样测定。

(1)采集背景后,将聚乙烯膜试样卡片置于试样窗口前,测定聚乙烯膜的红外吸收光谱。

(2)在同样条件下,测定聚苯乙烯膜的红外吸收光谱。

五、数据记录及处理

1. 记录实验条件。

2. 在获得的红外吸收光谱图上,从高波数到低波数,标出各特征吸收峰的波数,并指出各特征峰属于何种基团的什么振动形式。

六、注意事项

在解析红外吸收光谱时,一般从高波数到低波数,但不必对光谱图的每个吸收峰都进行解释,只需指出各基团的特征吸收峰即可。

七、思考题

1. 化合物的红外吸收光谱是怎样产生的?
2. 化合物的红外吸收光谱能提供哪些信息?
3. 单独依靠红外吸收光谱,能否判断待测试样是何种物质,为什么?

实验 17　氟离子选择电极测定水中的氟

一、实验目的

1. 了解离子选择电极的主要特性,掌握离子选择电极法的测定原理、方法及实验操作。
2. 了解总离子强度调节缓冲液的意义和作用。
3. 掌握标准曲线法、标准加入法的实际应用。

二、实验原理

氟离子选择电极(简称氟电极)是晶体膜电极。在一定的实验条件下(如溶液的离子强度、温度等),氟电极的膜电位 $\varphi_{膜}$ 与 F^- 活度的关系符合 Nernst 公式,若含氟溶液和指示电极组成电池时,其电池电动势($E_{电池}$)与试液中氟离子浓度的对数在一定范围内呈线性关系,即

$$E_{电池}=K+\frac{2.303RT}{F}\log a_{F^-}$$

式中　K——常数;

　　　R——摩尔气体常数,$R=8.314\ \mathrm{J\cdot mol^{-1}\cdot K^{-1}}$;

　　　T——热力学温度;

　　　F——法拉第常数,$F=96\ 485\ \mathrm{C\cdot mol^{-1}}$。

因此,可以用直接电位法测定 F^- 的浓度。

测定时,氟电极、饱和甘汞电极(外参比电极)和含氟试液组成下列电池

$$\mathrm{Hg\,|\,Hg_2Cl_2\,|\,KCl\,\|\,试液\,\|\,LaF_3\ 膜\,|\,NaF,NaCl\,|\,AgCl,Ag}$$

氟电极有较好的选择性,其主要的干扰物质是 OH^-。产生干扰的原因可能是由于在膜表面发生了如下反应

$$\mathrm{LaF_3+3OH^- \rightleftharpoons La(OH)_3+3F^-}$$

但当酸度高时,由于形成 HF_2^- 而使氟离子的活度降低,因此测定时应控制试液 pH 值在 5~6 之间。

膜电位测定的是离子的活度,由于不同溶液体系离子强度不同,浓度和活度值常常不等,所得出的响应曲线偏离直线关系。为了消除这一影响,常采用加入离子强度调节缓冲液来控制溶液的总离子强度。

本实验中加入含有氯化钠、柠檬酸钠及 HAc–NaAc 的总离子强度调节缓冲溶液(Total Ionic Strength Adjustment Buffer,TISAB)来控制酸度、保持一定的离子强度和消除干扰离子对测定的影响。测定水中氟离子的含量,可用标准曲线法或标准加入法。

三、仪器及试剂

1. 仪器

PHS-3C 型 pH 计;电磁搅拌器;氟离子选择电极和饱和甘汞电极各一支;100 mL 塑料杯6只。

2. 试剂

TISAB 溶液:称取氯化钠58 g,柠檬酸钠10 g,溶于800 mL 去离子水中,再加入冰醋酸57 mL,用40%的 NaOH 溶液调节 pH 至5.0~5.5,然后加去离子水稀释至总体积为1 L。

$0.1000\ mol \cdot L^{-1}$ NaF 标准储备液:准确称取0.4199 g NaF(已在120 ℃烘干2 h 以上)放入100 mL 烧杯中,加入去离子水溶解后转移至100 mL 容量瓶中,用去离子水稀释至刻度,摇匀,保存于聚乙烯塑料瓶中备用。

四、实验步骤

1. 氟离子选择电极的准备。将氟离子选择电极浸泡在 $1.0 \times 10^{-3}\ mol \cdot L^{-1}$ F^- 溶液中,约30 min,然后用新制作的去离子水清洗数次,直至测得的电极电位值达到本底值(约 -300 mV)方可使用(此值因各支电极不同而不同,由电极的生产厂标明)。

按要求调好 PHS-3C 型 pH 计至 mV 挡,装上氟电极和参比电极(SCE)。

2. 溶液的配制。

(1) 系列标准溶液的配制:取5个干净的100 mL 容量瓶,在第一个容量瓶中加入10 mL TISAB 溶液,其余加入9 mL TISAB 溶液。用10 mL 移液管吸取10 mL $0.1000\ mol \cdot L^{-1}$ NaF标准储备液放入第一个容量瓶中,加去离子水至刻度,摇匀即为 $1.000 \times 10^{-2}\ mol \cdot L^{-1}$ F^- 溶液。再用10 mL 移液管从第一个容量瓶中吸取10 mL 刚配好的 $1.000 \times 10^{-2}\ mol \cdot L^{-1}$ F^- 溶液放入第二个容量瓶中,加去离子水至刻度,摇匀即为 $1.000 \times 10^{-3}\ mol \cdot L^{-1}$ F^- 溶液。依此类推配制出 $1.000 \times 10^{-2} \sim 10^{-6}\ mol \cdot L^{-1}$ F^- 溶液。

(2) 待测溶液的配制:准确移取水样25 mL 于50 mL 容量瓶中,加入5 mL TISAB,用去离子水稀释至刻度,摇匀。

(3) 标准曲线的测绘:将上述(1)中所配好的系列标准溶液分别倒入100 mL 洁净干燥的塑料烧杯中(约50 mL),然后由稀至浓顺序,放入搅拌子,插入氟离子选择电极和饱和甘汞电极,在电磁搅拌器上搅拌3~4 min 后读下 mV 值。注意电极不要插得太深,以免搅拌子打破电极。

测量完毕后将电极用去离子水清洗,直至测得电极电位值为-300 mV 左右待用。

3. 试样中氟离子含量的测定。

(1) 标准曲线法:将待测溶液全部倒入一干燥的塑料烧杯中,插入电极,搅拌,待电极稳定后读取电位值 E_x(此溶液别倒掉,留作下步实验用)。重复测定两次取平均值。

(2) 标准加入法:在上述实验(1)所留用的溶液中准确加入1.00 mL 1.000×10^{-3} $mol \cdot L^{-1}$ F^- 标准溶液,用与上述同样的方法测得电位值 E_{x+s}(若读得的电位值变化 ΔE 小于20 mV,应使用 $1.000 \times 10^{-2}\ mol \cdot L^{-1}$ F^- 标准溶液,此时实验需重新开始)。重复测定两

次取平均值。

(3) 结束工作。用蒸馏水清洗电极数次,直至接近空白电位值,晾干电极后放入电极盒。关闭仪器电源开关。清洗试样杯,整理工作台。

五、数据记录及处理

1. 以测得的电位值 $E(\text{mV})$ 为纵坐标,以 $-\log C(\text{F}^-)$ 为横坐标,作标准曲线。从标准曲线上由 E_x 值求试样中 F^- 的浓度。

2. 根据标准加入法公式 $c_x = \dfrac{\Delta c}{10^{\frac{\Delta E}{S}} - 1}$,求试样中 F^- 离子浓度。

式中　ΔE——两次测得的电位值之差;

S——电极的实际斜率(25 ℃时,$S = \dfrac{0.059}{n}$)。

六、注意事项

1. 清洗玻璃仪器时,应先用大量的自来水清洗实验所使用的烧杯、容量瓶、移液管,然后用少量去离子水润洗。

2. 系列标准溶液测量时浓度由稀至浓,每次测定前用被测试液润洗电极、烧杯以及搅拌子。

3. 测定过程中更换溶液时,"测量"键必须处于断开位置,以免损坏离子计。

4. 测定过程中搅拌溶液的速度应恒定。

七、思考题

1. 为什么要加入离子强度调节剂?说明离子选择电极法中用 TISAB 溶液的意义。

2. 比较标准曲线法、标准加入法测得的 F^- 浓度有何不同。为什么?

实验 18　自动电位滴定法测定水中 Cl^- 和 I^- 的含量

一、实验目的

学习用自动电位滴定法测定离子浓度的方法。

二、实验原理

用银离子的溶液作为滴定剂的电位滴定法广泛应用于卤素离子的测定,可一次取样连续测定 Cl^-,Br^-,I^- 的含量。除卤素外,它还用于测定氰化物、硫化物、磷酸盐、砷酸盐、硫氰酸盐和硫醇等化合物的含量。

用 $AgNO_3$ 溶液滴定含 Cl^-,Br^-,I^- 的混合溶液时,由于 AgI 的溶度积小于 AgBr,所以 AgI 首先沉淀。随着 $AgNO_3$ 溶液的不断滴入,溶液中 $[I^-]$ 不断降低,$[Ag^+]$ 不断增加,当 $[Ag^+]$ 达到使 $[Ag^+][Br^-] \geq K_{sp(AgBr)}$ 时,AgBr 开始沉淀。如果溶液中 $[Br^-]$ 不是很大,则 AgI 几乎沉淀完全时,AgBr 才开始沉淀。同样,当溶液中 $[Cl^-]$ 不是很大时,AgBr 几乎沉淀完全,AgCl 才开始沉淀。这样就可在一次取样中连续分别测定 I^-,Br^-,Cl^- 的含量。若 I^-,Br^-,Cl^- 的浓度均为 0.1 mol/L,理论上各离子的测定误差小于 0.5%。然而在实际滴定中,当进行 Br^- 与 Cl^- 混合物滴定时,AgBr 沉淀往往引起 AgCl 的共沉淀,所以 Br^- 的测定值偏高而 Cl^- 的测定值偏低。而 Cl^- 和 I^- 或 I^- 和 Br^- 混合物滴定时可得到准确结果。

三、仪器及试剂

1. 仪器

自动电位滴定仪；银电极；双盐桥饱和甘汞电极；滴定管：25 mL；移液管。

2. 试剂

$AgNO_3$ 标准溶液：0.100 0 mol/L；含 Cl^-,I^- 的未知试液。

四、实验步骤

1. 手动滴定求滴定终点电位。接通仪器电源,预热 20 min。将 $AgNO_3$ 标准溶液装入滴定管中,滴定前调节至 0.00 mL。移取 25.00 mL 含 Cl^- 和 I^- 的未知试液,于 100 mL 烧杯中加入 10 mL 去离子水。插入电极,选择开关置于 mV 挡,工作开关置于"手动"位置,打开搅拌按钮,调节速度。按手动操作按钮,用 $AgNO_3$ 标准溶液进行滴定。每加 2.00 mL,记录一次电位值。当接近两个突跃点时,每加 0.05 mL 记录一次电位值。将电位 E 对 $AgNO_3$ 溶液的滴加体积 V 作图绘出滴定曲线,并求出两个终点电位 E_1 和 E_2 值。

2. 自动滴定测 Cl^- 和 I^- 的含量。将选择开关置"终点",将预定终点设定调节至第一终点电位 E_1 处,再将选择开关置 mV 挡位置,工作开关置"自动"位置。打开搅拌按钮,按"滴定"开始按钮,自动滴定开始。待滴定结束,读取 $AgNO_3$ 溶液消耗的体积 V_1。

将预定终点设定调节至第二个终点电位 E_2 处,继续滴定至第二个终点,读取 $AgNO_3$ 溶液消耗的体积 V_2。

重复上述操作 3 次。

五、数据记录及处理

由 $AgNO_3$ 溶液消耗的体积 V_1 计算未知试液中 I^- 的含量;由 V_2 计算未知试液中 Cl^- 的含量(mg/L)。计算 I^- 和 Cl^- 的含量的平均值与标准偏差。

六、注意事项

银电极表面易被氧化使性能下降,用细砂纸打磨,露出光滑新鲜表面可恢复活性。

七、思考题

用 Ag^+ 标准溶液滴定 A^-,B^- 混合溶液时,若 Ag^+ 标准溶液浓度为 $[Ag^+]$。A^-,B^- 的原始浓度分别为 $[A^-]$ 和 $[B^-]$。已知 AgA 和 AgB 的溶度积分别为 $K_{sp(AgA)}$,$K_{sp(AgB)}$,且 $K_{sp(AgA)} \geqslant K_{sp(AgB)}$。若要求终点突跃(指从 99.9% 被滴定到 100.1% 被滴定之间的 pAg 的差)不小于 1 个 pAg 单位,求滴定误差在 0.1% 以内能够分别滴定的条件(不考虑活度系数)。

实验 19　有机混合物气-质联用分离与鉴定

一、实验目的

1. 掌握 GC-MS 基本原理及其基本结构。
2. 学习 GC-MS 分离和鉴定有机混合物的方法。

二、实验原理

气-质联用仪由气相色谱、接口、质谱仪、真空泵和数据处理系统构成。有机混合物样品经过气相色谱分离后,每个组分经过接口,分别进入到质谱仪,在质谱离子源,气态样品分子被电离成不同质荷比的离子,这些离子经过质量分析器按照质荷比大小顺序被分开,经检测、记录得到质谱,经计算机采集并存储质谱,再经过适当处理得到样品的色谱图、质谱图。计算机检索后可得到化合物的分子结构及定性结果,同时还可由色谱图进行各组分的定量分析。

三、仪器及试剂

1. 仪器

气-质联用仪;毛细管柱:HP-5M;微量注射器。

2. 试剂

氦气:高纯;待测醇、醚、酮混合物。

四、实验步骤

1. 仪器条件。色谱柱:HP-5M 石英毛细管柱为 30 m×0.25 mm×0.25 μm;质谱条件:离子源 EI;离子源温度为 230 ℃;电离能量为 70 eV;四极杆质量分析器温度为 150 ℃。

2. 样品制备。气-质联用仪分析的样品应在气相色谱工作温度下能汽化的样品。样品中不应有大量水存在,样品浓度应与仪器的灵敏度相配。对于不满足要求的样品要进行预处理,经常选用的样品处理方法有萃取、浓缩、衍生化等,从而使样品达到仪器分析的要求。

3. 分析条件的设置。根据仪器操作说明和样品情况设置分析条件。包括气相色谱条件、接口条件、质谱条件和报告形式。气相色谱条件:进样方式、进样口参数、色谱柱参数和柱箱升温程序等。质谱条件:溶剂延迟时间、扫描范围和扫描速度等。

4. 样品分析。将处理好的样品通过微量注射器或自动进样器进样分析,并开始采集数据。

五、数据记录及处理

采集数据结束后,气相色谱和质谱自动恢复到初始设定状态,然后进行数据处理。调用采集的总离子色谱图,处理后得到每个组分的质谱图,对每个待测未知物质谱图计算机检索,得到样品的鉴定结果。

六、注意事项

1. 开机顺序。先通载气,使气体分压达到 0.5 MPa 以上。依次打开质谱和气相色谱,稳定仪器一般需要 24 h。

2. 调谐。质谱分析样品之前,仪器需要调谐。进标样调整仪器,使其处于最佳工作状态。

3. 关机顺序。质谱的工作环境需要高真空,关机时系统要先通大气,排空大约 40 min。排空完毕后,计算机自动显示允许关机后,才可以进行关机操作。依次关闭质谱、色谱和计算机,最后关闭载气。

七、思考题

1. 在进行 GC/MS 分析时,需要设置合适的分析条件,如条件设置不合适可能会产生什么结果?扫描范围过大或过小结果又如何?
2. 进样量过大或过小可能对色谱和质谱产生什么影响?
3. 如果把电子能量由 70 eV 变成 20 eV,质谱图可能会发生什么样的变化?
4. 醇、醚、酮的质谱各有什么特点。
5. 如果计算机检索结果可信度差,还有什么办法进行辅助定性分析?

实验20 综合定性分析简单有机未知物

一、实验目的

1. 进一步了解气质联用仪、紫外吸收光谱仪和红外光谱仪的工作原理。
2. 进一步熟悉气质联用仪、紫外吸收光谱仪和红外光谱仪的基本操作。
3. 练习对简单有机化合物的综合解析。

二、实验原理

气质联用仪由于是气相色谱仪把质谱仪作为检测器的较高端分析仪,它的检测性能高于普通气相色谱仪。通过色谱柱可以将混合物分离成纯物质,各种纯组分经过质谱检测器而得到的各质谱图,可推测出各组分的结构和相对分子质量。

紫外吸收光谱,可提供具有不饱和结构的有机化合物、特别是芳香族化合物的特征信息,为鉴定有机化合物提供了较简单的定性方法。

红外光谱在化学领域中主要用于分子结构的基础研究,其中应用最广泛的还是化合物结构的鉴定。

三、仪器及试剂

1. 仪器

气质联用仪:7890A/5975C,Agilent公司;毛细管柱:HP-5M;微量注射器。傅里叶变换红外光谱仪:带液体样品池。紫外分光光度计:具有波长扫描功能;带盖石英吸收池;具塞比色皿。

2. 试剂

未知物液体A(1∶250)的环己烷溶液;未知物液体B的纯液体。

四、实验步骤

1. 气质联用仪的预热和抽真空。
2. 分别设置气相色谱和质谱部分的分析参数。
3. 用微量注射器或自动进样器吸取0.1 μL各待测样品,进样分析。
4. 打印谱图。
5. 准确移取0.5 mL未知物液体A到10 mL具塞比色管中用环己烷稀释到刻度,摇匀,用环己烷做空白试液,得到红外光谱图;或者准确移取0.02 mL未知物液体B到10 mL具塞比色管中用甲醇稀释到刻度,摇匀,用甲醇做空白试液,得到红外光谱图。
6. 准确移取1.0 mL未知物液体A到5 mL具塞比色管中用四氯化碳稀释到刻度,摇匀,得到红外光谱图;准确移取 1.0 mL 未知物液体 B 到 5 mL 具塞比色管中用四氯化碳稀释到刻度,摇匀,得到红外光谱图。

五、数据记录及处理

综合解析得到的三张谱图。得出结论。

六、思考题

根据实验结果总结所使用的三种分析仪器在未知物质结构分析中的主要贡献。

实验 21　设计实验

一、设计实验的教学安排

在学生全部做完仪器分析基本实验的基础上,为了进一步发挥学生学习的主动性,巩固学过的基础知识和操作技术,使学生在查阅文献能力、解决问题和分析问题能力及动手能力等方面得到锻炼与提高,安排了一些设计实验。要求学生对教师给定的实验题目通过自己预先查阅参考文献,搜集文献上对该题目的各种分析方法,结合实验设备,选择其中的一种或两种方法,拟订具体实验步骤,写出实验设计报告。在此基础上,学生利用一定的时间交流各自设计的实验,并展开讨论,其内容包括以下方面:①解决具体测定对象的各种分析方法、原理,并比较它们的优缺点;②实验步骤合理性;③误差的来源及消除方法;④结果处理与分析;⑤注意事项;⑥试剂的配制等。然后在指导教师的指导下,确定具体的实验方法。实验时,根据各自设计的实验,从试剂的配制至最后完成实验报告都由学生独立完成。

设计实验题目如下:
(1) 人头发中微量元素铜和锌的测定。
(2) 奶粉中微量元素的分析。
(3) 矿泉水中金属微量元素分析。
(4) 尿中钙、镁、钠和钾的测定。
(5) 鱼或肉中铅的测定。
(6) 止痛片中阿司匹林、非哪西汀和咖啡因含量的测定。
(7) 番茄中维生素 C 的测定。
(8) 火焰原子吸收光谱法仪器条件的选择。
(9) 多环芳烃类的测定。

教学安排如下:
(1) 由指导教师安排学生的选题、分组和布置查阅文献及其他有关事宜。
(2) 每个学生在规定时间内写出设计实验报告,组织讨论。
(3) 每个学生根据各自确定的分析方法和经修改的实验报告,在指导教师的指导下独立完成实验。

二、常用书刊、手册

为了帮助学生迅速、准确地查阅到切合设计实验题目的文献资料,下面列出了一些常用的书刊、手册和电子资源供学生参考。

1. 教材

(1) 方惠群,于俊生,史坚. 仪器分析[M]. 北京:科学出版社,2002.

(2) 赵藻藩,周性尧,张悟铭,等. 仪器分析[M]. 北京:高等教学出版社,1990.

(3) 北京大学化学系仪器分析教学组. 仪器分析教程[M]. 北京:北京大学出版社,1997.

(4) 陈培榕,李景虹,邓勃. 现代仪器分析实验与技术[M]. 北京:清华大学出版社,2006.

(5) 北京大学化学系分析化学教学组. 基础分析化学实验[M]. 北京:北京大学出版社,1993.

(6) 赵文宽,张悟铭,王长发,等. 仪器分析实验[M]. 北京:高等教育出版社,1997.

(7) SKOOG D A, HOOLER F J, NIEMAN T A. Principles of Instrumental Analysis[M]. 5th ed. Philadelphia: Saunders College Pub. , 1998.

(8) SAWYER D T, HEINEMAN W R, BEEBE J M. 仪器分析实验[M]. 方惠群,等,译. 南京:南京大学出版社, 1989.

(9) SAWYER D T, HEINEMAN W R, BEEBE J M. Chemistry Experiments for Instrumental Methods[M]. New York: John Wiley & Sons, Inc. , 1984.

2. 辞典、全书、手册和图集

(1)《中国大百科全书化学卷》(分两册),北京:中国大百科全书出版社,1989。

(2)《化工百科全书》,共18卷,北京:化学工业出版社,1990。全书词目约有半数为物质类词条,从多方面对化学品及系列产品进行阐述,内容包括物理和化学性质、用途和应用技术、生产方法、分析测试等。

(3)《分析化学手册》,杭州大学化学系分析化学教研室、成都科技大学化学近代分析专业教研组、中国原子科学院药物研究所合编,1979年起由化学工业出版社陆续出版。

(4)《现代化学试剂手册》,梁树权、王夔、曹庭礼等编写,1987年起由化学工业出版社陆续出版。全书分通用试剂、化学分析试剂、金属有机试剂、无机离子显色剂、生化试剂、临床试剂、高纯试剂和总索引等分册。

(5) Reference Spectra Collection(萨特勒标准光谱集),由美国费城 Sadtler Research Laboratories(萨特勒研究实验室)收集、整理和编辑出版。收录了包括红外光谱、紫外光谱、核磁共振谱、荧光光谱、拉曼光谱以及气相色谱的保留指数等,是迄今为止光谱方面篇幅最大的综合性图谱集。

3. 期刊

(1)《分析化学》,创刊于1973年,现为月刊,中国化学会主办,该会分析学科委员会领导。

(2)《理化检验》,化学分册,创刊于1965年,双月刊,分为《物理分册》和《化学分册》,中国机械师学会、理化检验学会及上海材料研究所联合主办。刊载文章侧重黑色、有色金属及其原材料的化学分析与仪器分析等方面的研究成果及新技术、新方法等。

(3)《分析测试通报》,创刊于1982年,双月刊,中国分析测试学会主办,内容不限于分析化学本身,还涉及分析测试技术各个方面,除论文、简报、实验技术与方法、综述等栏目外,还有仪器的试制与维护、分析实验室管理。

(4)《色谱》,创刊于1984年,双月刊,中国化学会色谱专业委员会主办,涉及色谱各个领域的研究论文、简报、综述和应用实例等。

(5)《光谱学与光谱分析》,创刊于1981年,双月刊,中国光学学会主办,主要刊载研究报告与简报。

(6)《分析试验室》,创刊于1982年,双月刊,中国有色金属工业总公司与中国有色金属学会主办,以无机分析及有色分析为主要内容。

(7)《冶金分析》,创刊于1981年,双月刊,钢铁研究总院和中国金属学会主办,包括研究与实验报告、综述与评论、经验交流和工作简报等栏目。

(8)《药物分析杂志》,创刊于1981年,双月刊,中国药学会和中国药品生物制品检定所主办。

(9)《环境化学》,创刊于1982年,双月刊,中国环境科学学会环境化学专业委员会和中国科学院生态环境研究中心主办。

(10)《食品与发酵工业》,创刊于1974年,双月刊,中国食品发酵工业科学研究所、全国食品与发酵工业科技情报站主办。

(11)《高等学校化学学报》,创刊于1964年,现为月刊,教育部主办。

(12) Analytical Chemistry(分析化学),创刊于1949年,月刊,American Chemical Society 出版。

(13) Journal of Chromatographic Science(色谱科学杂志),创刊于1963年,月刊,美国 Preston Publications 出版。

(14) Spectrochimica Acta——Part A：Molecular Spectroscopy；Part B：Atomic Spectroscopy(光谱化学学报——A 辑:分子光谱;B 辑:原子光谱),创刊于1941年,月刊(7月和11月各出一期增刊,每年共14期),Pergamon Press Ltd. 出版。

三、电子资源

1. 中文电子资源

中文电子资源主要有全文数据库、电子期刊、电子图书等。以下介绍几种常用的中文电子资源：

(1)中国知网(CNKI 总库)。

CNKI 教育网入口:http://dlib3.edu.cnki.net。

CNKI 公共网入口:http://www.cnki.net。

CNKI 是目前世界上最大的连续动态更新的中国期刊全文数据库,全文期刊总数达7 400多种,积累全文文献2 550万篇。内容分为理工 A、理工 B、理工 C、医药卫生、农业、文史哲、政治军事与法律、教育与社会科学、电子技术及信息科学、经济与管理等十大专辑,168 个专题。拥有中国期刊全文数据库、中国优秀硕士论文全文数据库、中国优秀博士论文全文数据库、中国重要会议全文数据库、中国重要报纸全文数据库、中国年鉴全文库、中文工具书集锦在线等资源。收录年限为1994年至今。

(2)万方数字资源系统。

北京主站:http://www.wanfangdata.com.cn/。

万方数据资源系统服务平台包含以下内容:

①期限论文:数字化期刊数据库;数字化期刊刊名数据库;中国学位论文文摘数据库;中国医学学术会议论文文摘数据库;SPIE 会议文献数据库;中国科技论文引文分析数据库。

②中外专利技术:中国、美国、德国、法国、英国、瑞士、日本等国家专利技术数据库;世界专利组织专利技术数据库。

③中外标准:中外标准数据库。

④科技成果:中国科技成果数据库;科技成果精品数据库;中国重大科技成果数据库;国家级科技授奖项目数据库;全国科技成果交易信息数据库。

⑤法理法规:政策法规数据库;科技决策支持数据库。

⑥专题文献:中国化工、农业科学、机械工程、生物医学、计算机、光纤通信科技、有色金属、水利、畜牧、地震、环境、建材、船舶、煤炭、采矿、磨料磨具、人口与计划生育、粮油食品、麻醉、林业、金属材料、管理、冶金、铁路、航测、自动化、计量测试、包装等科技文献数据;中国科学工程期刊文摘数据库。

⑦资料目录:西文期刊馆藏目录数据库;中文期刊馆藏目录数据库;中国科技声像资料联合目录数据库。

⑧机构企业:中国高等院校及中等专业学校数据库;中国高新企业数据库;中国科研机构数据库;外商驻华机构数据库;中国企业公司与产品数据库/英文版/图文版;中国一级注册建筑师数据库;中国百万商务数据库。

⑨其他:汉英-英汉双语科技词典等。

(3)维普中文科技期刊全文数据库。

网址:http://www.cqvip.com。

该数据库收录期刊总数为 8 962 种,全文期刊总数为 6 746 多种。学科涵盖社会科学、自然科学、工程技术、医药卫生、农业、经济、教育和图书情报等。全文收录起始年为 1989 年。

(4)超星数字图书馆。

网址:http://www.ssreader.com。

该馆于 1998 年 7 月开始提供网上免费阅览,2000 年 1 月正式开通。至 2007 年初,《超星数字图书馆》共有 22 大类、53 万余种中文图书,数据按年度进行更新。

2. 外文电子资源

(1)美国化学学会数据库。

网址:http://pubs.acs.org/。

美国化学学会(American Chemical Society,ACS)成立于 1876 年。ACS 出版物涵盖化学及其相关的学科领域,其中以美国化学会志(Journal of the American Chemical Society,JACS)为代表的 35 种杂志最具影响力,是化学领域被引用次数最多的化学期刊。

（2）美国《化学文摘》网络数据库。

网址：http：www.cas.org/。

美国《化学文摘》（Chemical Abstracts，CA）由美国化学会下属的化学文摘社（Chemical Abstracts Service，CAS）编辑出版。创刊于1907年，是化学和生命科学研究领域必不可少的参考和研究工具，也是资料量最大、最权威的出版物。

（3）著名出版社电子期刊。

①Elsevier SDOS：荷兰Elsevier Scienc公司是全球最大的出版商，出版期刊、图书专著、教材和参考书的纸版和电子版，其出版历史可以追溯到1880年。SDOS是其网络全文期刊数据库，提供1998年以来Elsevier公司出版的1 700多种电子期刊全文数据库。网址：http://www.sciencedirect.com。

②SpringerLink全文期刊数据库：德国Springer出版社是全球第二大学术期刊出版商，创立于1842年。SpringerLink是其科学技术和医学类全文数据库，包括各类期刊1978种、丛书964套、图书27 830部、参考工具书130部以及回溯文档。网址：http://www.springerlink.com/home/main.mpx。

③Oxford University Press：世界最大的大学出版社，创于15世纪末。按收录年代可分为两部分：1996年以后部分称为Oxford Journals Online（OJO），包括现有194种期刊；1995年以前部分称为Oxford Journals Digital Archive（OJDA），包括1949~1995年142种期刊。网址：http：www.oxfordjournals.org/。

④Wiley InterScience：John Wiley & Sons Inc.是有近200年历史的国际知名专业出版机构。Wiley InterScience是其综合性的网络出版及服务平台，收录360多种生命科学、化学、医学及工程技术等领域相关专业期刊、30多种大型专业参考书、13种实验室手册的全文及500多个条目的Wiley学术图书的全文。其中被SCI收录的核心期刊近200种。网址：http://www3.interscience.wiley.Com/cgi-bin/home。

附 录

附录1 紫外-可见分光光度计的常见故障和排除方法

常见故障	排除方法
接通电源仪器不动作、不能自检、主机风扇不转	1. 检查电源线与电源开关是否正常 2. 检查仪器保险丝 3. 检查计算机与仪器主机连线是否正常
自检时出现错误	1. 重新开机进行自检 2. 重新安装软件后再检查 3. 检查计算机与仪器主机连线是否正常
自检时出现钨灯、氘灯能量高的错误	1. 检查钨灯电源电压是否超过 13 V 以上或氘灯电源电流是否超过 350 mA 2. 检查计算机有无病毒,重装软件自检 3. 检查计算面与主机连线
自检时出现钨灯、氘灯能量低的错误	1. 检查信号线 2. 检查样品室是否有挡光物 3. 检查钨灯或氘灯是否点亮,若不亮,关机后更换灯
噪声指标异常	1. 检查光源和光源电压 2. 检查样品室是否有挡光,样品是否混浊,比色皿是否沾污 3. 查看周围有无强电磁场干扰
波长不准	1. 检查信号线和电源电压 2. 执行系统应用主菜单的波长校正 3. 重新自检
光度不准确	1. 检查样品配制是否准确、吸收池是否沾污 2. 检查波长是否准确 3. 光谱带宽选择是否适合 4. 重新进行暗电流校正 5. 仪器光度噪声、杂散光及基线平直度的影响
吸光重复性差	1. 检查样品是否太稀、是否光解 2. 强电磁场干扰 3. 光谱带宽太小 4. 吸收池是否沾污

常见故障	排除方法
杂散光大	1. 光学元件如光栅、反射镜、棱镜、透镜、滤光片等有损伤,被灰尘沾污,使用者不要轻易动手,请厂家解决 2. 样品室是否漏光
基线平直度指标超差	1. 基本平直度测试的仪器条件选择是否正确 2. 光源不稳 3. 重新作暗电流校正 4. 波峰不准,有平移
出怪峰	1. 试样是否有问题、吸收池是否被沾污 2. 狭缝上有无灰尘 3. 光学元件是否沾污 4. 周围有无电磁场干扰

附录2 比色皿的使用

比色皿的使用正确与否,对测定结果有很大的影响。为此,必须按照下列规定进行操作。

1. 比色皿要保持干燥与清洁,不能长时间盛装有色溶液,用后要立即清洗,一般用自来水、蒸馏水洗涤干净即可。可定期用盐酸+乙醇(1+2)洗涤液洗涤,蒸馏水洗净,切忌用碱或强氧化剂洗涤,也不能用毛刷进行刷洗。洗净后自然风干或冷风吹干,不能放入干燥箱内烘干。

2. 手拿取比色皿的磨砂面,手指不能接触透光面,防止沾污透光面,影响测试结果的准确性。放入液槽前,用细软而吸水的纸轻轻吸干外部液滴,再用擦镜纸擦拭,避免透光面擦出斑痕。

3. 溶液液面应允许达到比色皿高度的3/4左右,最多不得超过4/5。注入被测溶液前,比色皿要用被测溶液润洗几次,以免影响溶液的浓度。

4. 同组比色皿间透光度误差要小于0.5%。通常一个盛放参比溶液,另一个或几个盛放待测溶液,同一组测量时两者不要互换,各台仪器所配套的比色皿也不能互换。有的比色皿磨砂面带有箭头标记,每次测量时要按箭头标记的同一方向放入光路,并使比色皿紧靠入射光方向,透光面垂直于入射光。

附录3　红外光谱仪的常见故障和排除方法

常见故障	排除方法
打开主机后,不能自检或干涉仪不扫描	1. 检查电源开关是否正常,检查保险丝或更换、检查计算机与仪器主机连线是否正常,可重新启动计算机和光学台 2. 检查电源输出电压是否正常 3. 分束器损坏或没有固定好,没有到位,更换分束器或重新固定 4. 检查空气轴承干涉仪是否通气,压力是否足够 5. 检查室温是否太高或太低 6. 检查 He-Ne 激光器是否点亮或能量是否太低 7. 主光台和外光路转换后,穿梭镜没有移动到位。可反复切换光路使之移动到位 8. 检查控制电路板元件,若损坏,请公司更换 9. 重新安装红外软件
干涉图能量溢出	1. 动镜移动速度太慢 2. 使用高灵敏度检测器时没有插入光衰减器 3. 增益太大,光阑孔径太大
干涉图能量太低	1. 检查分束器是否有裂缝,更换分束器 2. 红外光源能量太低 3. 检查检测器是否损坏或 MCT 检测器无液氮 4. 各种红外反射镜太脏 5. 光阑孔径太小,光路没有准直好,光路中有衰减器
干涉图不稳定	1. 控制电路板元件损坏或疲劳 2. 水冷却光源没有通冷却水 3. MCT 检测器真空度下降,窗口有冷凝水
空光路检测时基线漂移	1. 仪器开机时间不够,尚未稳定 2. MCT 检测器工作时间不长,不稳定
空气背景单光束光谱有杂峰	1. 光学台中有污染气体 2. 反射镜、分束器或检测器上有污染物

附录4 原子吸收光谱仪的常见故障和排除方法

由于各厂家仪器机构不同,故障及排除方法也不同。使用者应对仪器常见故障与原因比较,有助于正确处理排除故障,使仪器尽快恢复正常,减少不必要的损失。

故障现象	发生故障可能原因	处置方法
仪器总电源指示灯不亮	1.连接电线未接通 2.仪器保险丝熔断	检查电线、插座的连接,检查电源电路及电源电压
灯能量降低	1.原子化器挡光 2.波长设置是否正确 3.石英窗严重污染 4.空心阴极灯发生强度弱	1.将原子化器位置调整好 2.检查使用灯的波长设置 3.可用脱脂棉蘸乙醇-乙醚混合液轻轻擦拭 4.对灯作反接处理,如仍无效则应更换新灯
空心阴极灯不亮	1.灯自身故障,管插脚与灯电极接触不好或未接通 2.空心阴极灯坏	1.接通电源,重新安装空心阴极灯 2.更换新灯
火焰原子化器 1.火焰不能点火 2.吸收信号不稳定 3.吸收值无重性,噪声大 4.测试灵敏度低 5.火焰不稳定,两端翘离燃烧缝 6.点火喷雾时吸光度波动大 7.点火后无吸收	1.燃气管道内空气没有排尽,燃气供气量过小 2.燃烧器缝隙堵塞,气流不畅 3.雾化室内部沾污;吸喷有机样品污染了燃烧器;水封管状态不对,排液异常 4.元素灯背景太大,燃烧器位置不对;燃助比不合适;火焰高度不行当 5.燃助比不合适 6.喷雾内吸液毛细管堵塞 7.波长选择不正确,标准溶液配制不合适	1.开启燃气管道,顶出空气后再次点火,增加燃气流量 2.清除燃烧器缝堵塞物,堵塞严重时卸下燃烧器清洗 3.拆开雾化室进行清洗;清洗燃烧器;更换排液管,重新设置水封 4.选择发射背景合适的元素灯;检查缝隙与光束的相对位置和高度,调节最佳位置;正确选择合适的燃助比及火焰高度 5.增加燃气流量,调整合适的燃助比 6.卸下喷雾器,疏通吸液毛细管 7.重新选择波长,避开干扰谱线,正确配制标准曲线
石墨炉原子化器 1.石墨炉电源不启动 2.吸光度值逐渐降低 3.吸收信号出现双峰或多峰 4.分析时没有吸收信号 5.同一样品重复进样,吸收信号逐渐加大 6.吸收峰形信号不回零 7.石墨管使用寿命短	1.主机与石墨炉电源通信中断,石墨炉电源内部控制电路损坏 2.石墨炉坏损 3.原子化条件设置不合适,样品共存元素干扰 4.原子化条件设置不正确,待测元素出现丢失 5.石墨管产生记忆效应 6.高温元素空烧不尽 7.原子化器内有水	1.检查并接通中断的连线,检查修复电源控制电源 2.更换新石墨管 3.重新设置原子化条件,加入基体改进剂,消除共存元素的干扰 4.重新调整干燥和灰化温度 5.提高空烧温度,增加空烧时间 6.适当地提高原子化温度,延长原子化时间或在原子化阶段载气流量减小 7.拆下电极检查,擦干水后使保护气继续流出一定时间,疏通保护气

附录5 气相色谱仪的常见故障和排除方法

色谱仪的操作手册都有一般故障排除的方法及分析人员能够进行的维修指导。

异常情况	可能原因	排除方法
基线不能调零	1. 信号线短路 2. 检测器参数设定不当 3. FID喷嘴局部堵塞	1. 排除短路 2. 调整检测器参数设定 3. 清洗
基线出现小毛刺	1. 供电电源电压不稳定 2. 接地不良 3. 载气管路中有凝聚物 4. 电路接触不良 5. 有固体颗粒进入检测器	1. 检查电压,排除有干扰的用电设备 2. 检查地线及各单元的接地连接 3. 加热管路吹除,或清洗管路 4. 检查 5. 检查填充柱后玻璃棉是否填好
基线抖动	1. 放大器或记录器的灵敏度过高 2. FID的燃气流速过高 3. TCD电桥的电流过高 4. 载气不纯	1. 适当降低放大器或记录器的灵敏度 2. 减小燃气流速 3. 减小TCD的桥流 4. 更换净化器
基线波动	1. 炉温控制精度差,检测室温度控制失灵 2. TCD电桥的电流不稳 3. 系统没有达到稳定 4. 气瓶压力不足 5. 固定液流失或色谱柱没有老化 6. 流量阀控制精度差 7. 气源供给压力波动 8. 漏气 9. 检测器故障	1. 检查 2. 检查 3. 等待温度达到平衡 4. 更换气瓶 5. 降低柱温试验,若基线变好,确定为固定液流失引起 6. 检查 7. 调整 8. 排除 9. 检修
进样后不出峰	1. 注射器可能堵塞 2. 没有接入检测器,或载气流没有通到检测器 3. 氢火焰检测器的氢火焰熄灭 4. 氢火焰的高阻、衰减设定不当 5. 进样器的温度太低 6. 柱箱温度太低 7. 无载气流 8. 毛细管柱断裂 9. 柱效下降(逐渐发生)	1. 用新注射器试验 2. 检查仪器设定及通向检测器的气路 3. 检查氢火焰是否点着 4. 检查 5. 检查温度,调整 6. 检查温度,调整 7. 分段检查:检查压力调节器,检查泄漏,检查柱子出口流速 8. 检查,如果柱断裂是在柱进口端或检测器末端,可以切去柱断裂部分,重装 9. 检测色谱柱

异常情况	可能原因	排除方法
前伸峰	1. 柱超载 2. 两个化合物共洗脱 3. 样品冷凝 4. 样品分解	1. 将进样量减 2. 提高灵敏度和减少进样量,柱温降低 10~20 ℃,以使峰分开 3. 检查进样器温度和柱温,如有必要可升温 4. 采用失活化进样器衬管或调低进样器温度
拖尾峰	1. 进样器被套或柱吸附活性样品 2. 两个化合物共洗脱 3. 柱污染 4. 柱温或进样器温度太低 5. 柱损坏	1. 更换被套。如无效,将柱进气端截去 1~2 圈 2. 提高灵敏度,减少进样量,柱温度降低 10~20 ℃,试试能否将峰分开 3. 解决柱污染,如无效,毛细管柱从柱进口端去掉 1~2 圈 4. 升高柱温。进样器温度应比最高沸点的样品组分高 25 ℃ 5. 更换柱
只有溶剂峰	1. 由于柱安装不当,在进样口产生死体积 2. 进样技术差(进样速度太慢) 3. 进样器温度太低 4. 样品溶剂与所用检测器不适合(二氯甲烷/ECD) 5. 柱内残留样品溶剂 6. 硅橡胶垫清洗不当 7. 分流比不正确(分流排气流速不足)	1. 重新安装柱 2. 用快速平稳进样技术 3. 提高进样器的温度 4. 更换样品溶剂 5. 更换样品溶液 6. 清洗 7. 调整流速
假峰	1. 进样技术差(进样速度太慢) 2. 样品量太大 3. 注射器污染 4. 柱吸附样品,随后解吸 5. 系统污染和漏气	1. 用快速平稳进样技术 2. 减少进样量 3. 用新注射器及干净的溶剂试验,如假峰消失,彻底清洗注射器 4. 更换衬管,如无效,将柱进气端截去 1~2 圈 5. 解决污染及漏气
出现反峰	1. 记录器输入接反 2. 载气和燃气不纯 3. TCD 用氮气做载气有的组分出反峰	1. 重接 2. 更换气体或净化器 3. 正常,选用氢气作为载气

异常情况	可能原因	排除方法
FID 出大峰后基线下降	1. 喷口堵塞 2. 进样垫泄漏 3. 燃气或空气流速降低 4. 进样量过大 5. 氢火焰熄灭	1. 清洗 2. 更换 3. 排除降低的原因 4. 减少进样量 5. 重新点火,消除熄灭原因
峰分不开	1. 柱温过高 2. 固定液已流失过多 3. 载气流速太高 4. 固定相选择不当	1. 降低柱温 2. 更换色谱柱 3. 降低载气流速 4. 另选固定相,更换色谱柱
保留值正常,峰面积变小	1. 柱降解 2. 极性物质拖尾影响 3. 色谱柱破损 4. 柱温太靠近固定液的温度下限或超过温度上限 5. 进样量太大 6. 程序升温过程中,流速变化大 7. 程序升温操作,升温重复性差 8. 柱温没有达到平衡 9. 载气流速控制不好 10. 漏气或有微漏 11. 进样技术不佳	1. 截去毛细管柱头 0.5 m,更换填充柱固定相或换新柱 2. 加选色谱柱 3. 更换 4. 调节柱温 5. 减少进样量或稀释样品 6. 恒流操作或更新好的色谱仪 7. 每次程序升温前,应设有足够的等待时间,使起始温度相同 8. 柱温升至工作温度后应有一段平衡时间 9. 增加柱入口压力 10. 进样垫要经常更换,特别是高温操作时 11. 提高进样技术
基线不稳定	1. 柱温箱污染 2. 载气泄漏 3. 载气有杂质或气路污染 4. 进样器硅胶垫材料流失 5. 检测器或进样器污染 6. 载气控制不稳定 7. 检测器故障	1. 清洗或老化柱 2. 更换隔垫,检查柱泄漏 3. 更换气瓶,使用载气净化装置,清洗气路 4. 老化或更换隔垫 5. 清洗 6. 检查载气源压力是否充足 7. 检查
程序升温时基线漂移	1. 色谱柱被沾污 2. 载气流速不平衡 3. 色谱柱没有老化好	1. 重新老化或更换色谱柱 2. 调节双柱流速使平衡 3. 老化色谱柱

附录6 高效液相色谱仪的常见故障和排除方法

压力异常可能原因和排除方法

故障现象	可能原因	排除方法
开泵后无压力,无溶液输出	1.泵头内有空气 2.流动相液面过低 3.单向阀故障 4.漏液	1.用注射器从排液阀处抽吸流动相,或打开排液阀,用较小流量排液冲出气泡 2.添加流动相 3.清洗或更换配件 4.查出漏液处并解决
压力持续偏低	1.流速设定过低 2.排液阀没有关紧	1.检查并重新设定 2.关好排液阀
柱后流量低于设定值	1.柱塞密封垫泄漏 2.溶剂过滤器、入口单向过滤片、色谱柱入口滤片等有阻塞	1.更换 2.清洗或更换
压力波动	1.泵内有空气 2.单向阀污染或损坏 3.柱塞密封垫泄漏 4.泵中两溶剂不互溶 5.流路中有气泡 6.漏液 7.使用梯度洗脱时	1.排除空气 2.清洗或更换部件 3.更换 4.通入另一能溶解两者的溶剂 5.流动相充分脱气 6.查找并解决 7.属于正常压力变化
柱压不断上升	1.流速设定过高 2.进样阀位置不对或损坏 3.流路中过滤片、色谱柱头和检测池有堵塞的地方 4.盐类析出 5.样品析出	1.设定适当的流速 2.检查 3.查找并排除 4.改变流动相中盐的浓度 5.改变样品配制的溶剂和浓度

色谱图异常可能的原因和排除方法

故障现象	可能原因	排除方法
基线噪声大	记录仪与检测器信号输出接触不良	用合格的接地线
偶然噪声	1. 接地线不好 2. 电干扰,供电电压不稳定 3. 泵或检测池有气泡 4. 溶剂纯度低,背景吸收强 5. 检测池污染 6. 检测器光源故障 7. 光学系统老化或污染 8. 与泵的冲程有关的规则脉冲	1. 用合格的接地线 2. 用稳压措施,查找并排除电干扰 3. 流动相脱气;加背压管、可试用下法:瞬间堵住检测池出口管路,突然放开,重复数次以排除气泡 4. 改用纯度较高的溶剂或改变溶剂的品种 5. 清洗检测池 6. 检查灯能量,必要时更换灯 7. 检修 8. 连接脉冲阻尼装置
基线不能回零	基线漂移项下的问题严重时,不能调零	逐项检查并解决
基线漂移	1. 新流动相还没置换完全 2. 上次样品中的强保留组分从柱上洗脱 3. 互不相溶的溶剂在系统中出现分层 4. 色谱污染或固定相流失 5. 检测池窗口污染 6. 检测池温度变化 7. 室温不稳定(没有使用柱温箱) 8. 检测池光源故障	1. 完全置换原流动相 2. 确认上一个样品组分完全流出色谱柱后再进行下一个样品分析 3. 选用合适溶剂 4. 更换或再生色谱柱 5. 清洗 6. 系统恒温 7. 检查及更换光源灯
进样后不出峰或峰高很小	1. 进样阀泄漏 2. 进样注射器堵塞或泄漏 3. 样品浓度太低 4. 检测器或其参数选择不合理,如UV,样品无吸收 5. 样品分解 6. 流动相选择不当	1. 维修,必要时更换部件 2. 更换注射器 3. 提高样品浓度 4. 改用其他检测器 5. 了解样品的性质 6. 改变流动相
保留时间不重复	1. 更换流动相后没有达到平衡 2. 柱温发生变化 3. 缓冲溶液容量不够 4. 柱污染 5. 柱塌陷或柱内有短路 6. 泵压或泵脉冲输液不稳定	1. 一般需要用 20 倍柱体积的流动相平衡柱 2. 柱恒温 3. 用大于 25 mmol/L 的缓冲溶液 4. 清洗柱 5. 更换柱 6. 维修输液泵

故障现象	可能原因	排除方法
基线噪声大	记录仪与检测器信号输出接触不良	用合格的接地线
保留时间缩短	1. 流速变快 2. 样品超载 3. 键合相流失 4. 流动相组成发生变化 5. 温度降低	1. 检查流速 2. 降低样品深度 3. 流动相 pH 值应保持在 3~7.5 之间,检查柱的液流方向 4. 防止流动相蒸发或沉淀 5. 柱恒温
保留时间延长	1. 流速下降 2. 键合相流失 3. 流动相组成变化 4. 温度降低	1. 管路泄漏,更换泵密封圈,排除泵内气泡 2. 流动相 pH 值应保持在 3~7.5 之间,检查柱的液流方向 3. 防止流动相蒸发或沉淀 4. 柱恒温
出现增头峰	1. 记录仪灵敏度过高 2. 色谱柱超载	1. 降低灵敏度 2. 减小进样量
负峰	1. 记录仪或检测器极性接反 2. RID 样品的折射率小于流动相的折射率 3. 溶解样品的溶剂与流动相不互溶 4. UV 流动相不纯,流动相含有紫外吸收的杂质,无吸收的组分产生倒峰	1. 检查 2. 可改变接线的极性 3. 用与流动相互溶的溶剂溶样 4. 用 HPLC 级溶剂做流动相
鬼峰	1. 进样阀交叉污染,残余峰 2. 样品中未知物 3. 柱没有平衡 4. 用做流动相的水不纯(反相)	1. 每次进样后清洗阀 2. 处理样品 3. 平衡柱,用流动相做样品溶剂(尤其是离子对色谱) 4. 通过改变流动相配比检查水质量,用 HPLC 级的水
出现肩峰或分叉	1. 进样器损坏 2. 保护柱失效 3. 柱或保护柱被污染 4. 柱内烧结不锈钢片失效 5. 柱塌陷或开成短路通道 6. 样品溶剂过强 7. 样品过载(浓度高或体积大)	1. 更换进样器转子密封垫 2. 更换新的保护柱 3. 拆去保护柱试验,清洗色谱柱 4. 更换烧结不锈钢片,过滤样品 5. 更换色谱柱,尽量用对柱损伤小的色谱条件 6. 用较弱的样品溶剂 7. 减小样品量,用流动相配样,样品体积小于第一个样品的 15%

故障现象	可能原因	排除方法
峰拖尾	1. 柱超载 2. 干扰峰没有分开 3. 柱或流动相选择不当；硅羟基的吸附作用 4. 与出现肩峰可能相同的原因 5. 死体积或柱外体积过大 6. 在进样阀中造成峰扩展 7. 柱效下降	1. 除低样品量,增加柱直径用较高容量的固定相 2. 清洁样品,调整流动相 3. 更换柱或流动相添加减尾剂,改变流动相 pH 值 4. 参照出现肩峰的项排除 5. 尽量减小死体积和柱外体积,检查连接管路,消除死区 6. 更换新色谱柱,用保护柱
峰展宽	1. 样品过载 2. 柱外体积过大 3. 保留时间过长 4. 检测池体积过大 5. 流动相黏度过高 6. 进样体积过大或浓度太高	1. 将样品浓度、体积减小 2. 将连接管径和连接管长度降至最小 3. 等度洗脱时增加溶剂强度,或可用梯度洗脱 4. 用小体积池 5. 增加柱温,用低黏度流动相 6. 控制进样体积,降低样品浓度
分离度变差	1. 进样量过大或样品浓度过大 2. 样品没有完全溶解 3. 试样黏度大 4. 色谱柱污染,柱效下降 5. 色谱柱已到寿命	1. 减小进样量及降低样品浓度 2. 更换样品溶剂 3. 降低进样浓度 4. 以强溶剂清洗柱或更换 5. 更换柱子
峰高或峰面积重现性差	1. 样品溶解度小,在流动相中析出 2. 注射器或进样阀故障 3. 流速或柱温等发生变化 4. 进样技术欠佳 5. 仪器没有达到稳定	1. 更换溶剂 2. 排除 3. 稳定实验条件 4. 掌握正确的进样技术 5. 充分稳定仪器

附录7　固定萃取操作

固相萃取的一般操作过程如下。

1. 活化吸附剂

在萃取样品之前要用适当的溶剂淋洗固相萃取小柱,使吸附保持湿润,可以吸附目标化合物或干扰化合物。不同模式的固相萃取小柱活化用溶剂不同。

(1)反相固相萃取所用的弱极性或非极性吸附剂,通常用水溶性有机溶剂,如甲醇淋洗,然后用水或缓冲溶液淋洗。也可用甲醇淋洗之前先用强溶剂(如己烷)淋洗,以消除吸附的杂质及其对目标化合物的干扰。

(2)正相固相萃取所用的极性吸附剂,通常用目标化合物所在的有机溶剂进行淋洗。

(3)离子交换固相萃取所用的吸附剂,在用于极性溶剂的样品时,可用水溶性有机溶剂淋洗后,再用适当 pH 值的、并含有一定有机溶剂和盐的水溶液进行淋洗;在用于非极性有机溶剂中的样品时,可用样品溶剂来淋洗。

为了使固相萃取小柱中的吸附剂在活化后到样品加入前能保持湿润,应在活化处理后在吸附剂上面保持约 1 mL 活化处理用的溶剂。

2. 上样

将液态或溶解后的固态样品倒入活化后的固相萃取小柱,然后利用抽真空(附图 1)、加压(附图 2)或离心(附图 3)的方法使样品进入吸附剂。

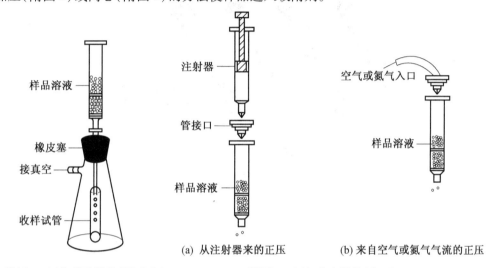

附图 1　固相萃取操作(抽真空)　　附图 2　固相萃取操作(加压)

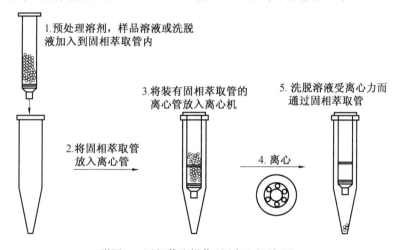

附图 3　固相萃取操作(用离心机处理)

3. 洗涤和洗脱

在样品进入吸附剂,目标化合物被吸附后,可先用较弱的溶剂将弱保留干扰化合物洗掉,然后用再用较强的溶剂将目标化合物洗脱下来,并加以收集。淋洗和洗脱同前所述一样,可采用抽真空、加压或离心的方法使淋洗液或洗脱液流过吸附剂。

如果在选择吸附剂时,选择对目标化合物吸附很弱或不吸附,而对干扰化合物有较强的吸附的吸附剂时,也可让目标化合物先淋洗下来加以收集,而使干扰化合物保留在吸附剂上,两者得到分离。在大多数情况下是使目标化合物保留在吸附剂上,最后用强溶剂洗脱,这样有利于样品的净化。附图4给出了固相萃取所采用的一般程序示意图。

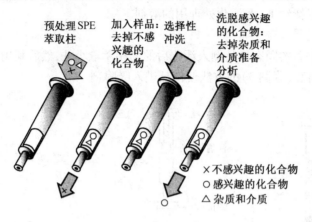

附图4　固相萃取的一般程序示意图

参考文献

[1] 朱明华,胡坪. 仪器分析[M]. 北京:高等教育出版社,2008.
[2] 周春梅. 仪器分析[M]. 武汉:华中科技大学出版社,2008.
[3] 张华,刘志广. 仪器分析简明教程[M]. 大连:大连理工大学出版社,2007.
[4] 吴谋成. 仪器分析[M]. 北京:科学出版社,2003.
[5] 杨守祥,李燕婷,王宜伦. 现代仪器分析教程[M]. 北京:化学工业出版社,2009.
[6] 向文胜,王相晶. 仪器分析[M]. 哈尔滨:哈尔滨工业大学出版社,2006.
[7] 武汉大学化学系. 仪器分析[M]. 北京:高等教育出版社,2001.
[8] 黄一石. 仪器分析[M]. 北京:化学工业出版社,2002.
[9] 陈培榕,李景虹,邓勃. 现代仪器分析实验与技术[M]. 北京:清华大学出版社,2006.
[10] 冯玉红. 现代仪器分析实用教程[M]. 北京:北京大学出版社,2008.
[11] 董慧茹. 仪器分析[M]. 北京:化学工业出版社,2000.
[12] 王永华. 气相色谱分析应用[M]. 北京:科学出版社,2006.
[13] 张晓丽. 仪器分析实验[M]. 北京:化学工业出版社,2006.
[14] 段科欣. 仪器分析实验[M]. 北京:化学工业出版社,2008.
[15] 白玲,石国荣,罗盛旭. 仪器分析实验[M]. 北京:化学工业出版社,2010.
[16] 张剑荣,余晓冬,屠一锋,等. 仪器分析实验[M]. 北京:科学出版社,2009.
[17] 韩喜江. 现代仪器分析实验[M]. 哈尔滨:哈尔滨工业大学出版社,2008.
[18] 中华人民共和国卫生部. GB 5413.9—2010 婴幼儿食品和乳品中维生素 A、D、E 的测定[S]. 北京:中国标准出版社,2010.
[19] 中华人民共和国卫生部. GB 5413.15—2010 婴幼儿食品和乳品中烟酸和烟酰胺的测定[S]. 北京:中国标准出版社,2010.
[20] 中华人民共和国卫生部. GB 5413.21—2010 婴幼儿食品和乳品中钙、铁、锌、钠、钾、镁、铜和锰的测定[S]. 北京:中国标准出版社,2010.
[21] 柯以侃,周心如,王崇臣,等. 化验员基本操作与实验技术[M]. 北京:化学工业出版社,2008.